节水供水重大水利工程规划设计技术研究

于向丽　吕勋博　刘宝新　著

吉林科学技术出版社

图书在版编目（CIP）数据

节水供水重大水利工程规划设计技术研究 / 于向丽，
吕勋博，刘宝新著．-- 长春：吉林科学技术出版社，
2022.11

ISBN 978-7-5578-9887-8

Ⅰ．①节… Ⅱ．①于… ②吕… ③刘… Ⅲ．①水利工
程－水利规划－研究 Ⅳ．① TV212

中国版本图书馆 CIP 数据核字（2022）第 204234 号

节水供水重大水利工程规划设计技术研究

著	于向丽　吕勋博　刘宝新
出 版 人	宛　霞
责任编辑	李　超
封面设计	树人教育
制　版	树人教育
幅面尺寸	185mm×260mm
字　数	300 千字
印　张	13.75
印　数	1-1500 册
版　次	2022年11月第1版
印　次	2023年3月第1次印刷

出　版	吉林科学技术出版社
发　行	吉林科学技术出版社
地　址	长春市福祉大路5788号
邮　编	130118
发行部电话/传真	0431-81629529 81629530 81629531 81629532 81629533 81629534
储运部电话	0431-86059116
编辑部电话	0431-81629518
印　刷	三河市嵩川印刷有限公司

书　号	ISBN 978-7-5578-9887-8
定　价	85.00元

前　言

　　人多水少、水资源时空分布不均是我国的基本国情水情，解决我国复杂的水问题，需要先进的治水理念和科技支撑，需要健全完善的制度保障，需要坚实的水利工程基础，这些都是不可或缺的。节水供水重大水利工程是水利基础设施体系的重点和关键，在保障水安全和促进区域经济社会发展中处于重要的先导地位，是促进区域、流域协同发展的重要手段。在继续抓好中小型水利设施建设的同时，集中力量有序推进一批全局性、战略性节水供水重大水利工程建设，是十分紧迫和必要的。这对夯实农业基础、保障粮食安全，提高水资源利用效率、改善水生态环境，促进集中连片特困地区脱贫、推动区域协调发展，将发挥长期的积极效益，也可以增加有效投资需求、带动相关产业发展、促进经济稳定增长。

　　规划设计是水利工程的灵魂，是水利工程建设的先行官。节水供水重大水利工程规模大、地质条件复杂、设计难度高，存在大埋深长隧洞高地应力、强岩溶、坝基深厚覆盖层处理等重大工程地质问题，且环境保护要求严格、移民安置政策性强、建设时间紧迫，规划设计工作面临诸多挑战。因此对水利工程的规划设计就显得尤为重要。

　　本书从水利的基础理论入手，论述了水利工程规划的意义所在，然后针对农田水利工程规划与设计、河道规划与设计进行了论述，并且对其中设计到的关键技术也进行了详细阐述，最后对水利输水工程绿色技术和水利工程规划管理现代化创新发展进行论述，指出了水利工程规划设计的发展方向。本书可为节水供水水利工程设计和节水供水重大水利工程规划设计技术研究的人员提供参考。

　　由于节水供水重大水利工程设计优化工作涉及的范畴比较广，需要探索的层面比较深，作者在撰写的过程中难免存在一定的不足，对一些相关问题的研究不透彻，提出的水利工程施工设计工作的提升路径也有一定的局限性，恳请前辈、同行以及广大读者斧正。

目　录

第一章　水利基础知识

第一节　水文与地质

一、水文知识

（一）河流和流域

地表上较大的天然水流称为河流。河流是陆地上最重要的水资源和水能资源，是自然界中水文循环的主要通道。我国的主要河流一般发源于山地，最终流入海洋、湖泊或洼地。沿着水流的方向，一条河流可以分为河源、上游、中游、下游和河口几段。我国最长的河流是长江，其河源发源于青海的唐古拉山，湖北宜昌以上河段为上游，长江的上游主要在深山峡谷中，水流湍急，水面坡降大。自湖北宜昌至安徽安庆的河段为中游，河道蜿蜒弯曲，水面坡降小，水面明显宽敞。安庆以下河段为下游，长江下游段河流受海潮顶托作用。河口位于上海市。

在水利水电枢纽工程中，为了便于工作，习惯上以面向河流下游为准，左手侧河岸为左岸，右手侧为右岸。我国的主要河流，多数流入太平洋，如长江、黄河、珠江等，少数流入印度洋（怒江、雅鲁藏布江等）和北冰洋。沙漠中的少数河流只有在雨季存在，成为季节河。

直接流入海洋或内陆湖的河流称为干流，流入干流的河流为一级支流，流入一级支流的河流为二级支流，依此类推。河流的干流、支流、溪涧和流域内的湖泊彼此连接所形成的庞大脉络系统，称为河系或水系，如长江水系、黄河水系、太湖水系。

一个水系的干流及其支流的全部集水区域称为流域。在同一个流域内的降水，最终通过同一个河口注入海洋，如长江流域、珠江流域。较大的支流或湖泊也能称为流域，如汉水流域、清江流域、洞庭湖流域、太湖流域。两个流域之间的分界线称为分水线，是分隔两个流域的界限。在山区，分水线通常为山岭或山脊，所以又称分水岭，如秦岭为长江和黄河的分水岭。在平原地区，流域的分界线则不甚明显。特殊的情况如黄河下游，其北岸为海河流域，南岸为淮河流域，黄河两岸大堤成为黄河流域与其他流域的分水线。流域的地表分水线与地下分水线有时并不完全重合，一般以地表分水线作为流域分水线。在平原地区，要划分明确的分水线往往是较为困难的。

描述流域形状特征的主要几何形态指标有以下几个。

（1）流域面积：流域的封闭分水线内，区域在平面上的投影面积。

（2）流域长度：流域的轴线长度。以流域出口为中心画许多同心圆，由每个同心圆与分水线相交作割线，各割线中点顺序连线的长度即为流域长度。

影响河流水文特性的主要因素包括流域内的气象条件（降水、蒸发等），地形和地质条件（山地、丘陵、平原、岩石、湖泊、湿地等），流域的形状特征（形状、面积、坡度、长度、宽度等），地理位置（纬度、海拔、临海等），植被条件和湖泊分布，人类活动等。

（二）河（渠）道的水文学和水力学指标

（1）河（渠）道横断面：垂直于河流方向的河道断面地形。天然河道的横断面形状多种多样，常见的有 V 形、U 形、复式等。人工渠道的横断面形状则比较规则，一般为矩形、梯形。河道水面以下部分的横断面为过水断面。过水断面的面积随河水水面涨落变化，与河道流量相关。

（2）河道纵断面：沿河道纵向最大水深线切取的断面。

（3）水位：河道水面在某一时刻的高程，即相对于海平面的高度差。我国目前采用黄海海平面作为基准海平面。

（4）河流长度：河流自河源开始，沿河道最大水深线至河口的距离。

（5）落差：河流两个过水断面之间的水位差。

（6）纵比降：水面落差与此段河流长度之比。河道水面纵比降与河道纵断面基本上是一致的，在某些河段并不完全一致，与河道断面面积变化、洪水流量有关。河水在涨落过程中，水面纵比降随洪水过程的时间变化而变化。在涨水过程中，水面纵比降较大，落水过程中则相对较小。

（7）水深：水面某一点到河底的垂直深度。河道断面水深指河道横断面上水位与最深点的高程差。

（8）流量：单位时间内通过某一河道（渠道、管道）的水体体积，单位 m^3/s。

（9）流速：流速单位 m/s。在河道过水断面上，各点流速不一致。一般情况下，过水断面上水面流速大于河底流速。常用断面平均流速作为其特征指标。

（10）水头：水中某一点相对于另一水平参照面所具有的水能。

（三）河川径流

径流是指河川中流动的水流量。在我国，河川径流多由降雨所形成。

河川径流形成的过程是指自降水开始，到河水从海口断面流出的整个过程。这个过程非常复杂，一般要经历降水、蓄渗（入渗）、产流和汇流几个阶段。

降雨初期，雨水降落到地面后，除了一部分被植被的枝叶或洼地截留外，大部分渗入土壤中。如果降雨强度小于土壤入渗率，雨水不断渗入土壤中，不会产生地表径流。在土壤中的水分达到饱和以后，多余部分在地面形成坡面漫流。当降水强度大于土壤的入渗率时，土壤中的水分来不及被降水完全饱和。一部分雨水在继续不断地渗入土壤的同时，另一部分雨水即开始在坡面形成流动。初始流动沿坡面最大坡降方向漫流。坡面水流顺坡面逐渐汇集到沟槽、溪涧中，形成溪流，从涓涓细流汇流形成小溪、小河，最后归于大江大河。渗入土壤的水分，一部分通过土壤和植物蒸发到空气中，另一部分通过渗流缓慢地从地下渗出，形成地下径流。相当一部分地下径流将补充注入高程较低的河道内，成为河川径流的一部分。

降雨形成的河川径流与流域的地形、地质、土壤、植被，降雨强度、时间、季节，以及降雨区域在流域中的位置等因素有关。因此，河川径流具有循环性、不重复性和地区性。

表示径流的特征值主要有以下几点：

（1）径流量：单位时间内通过河流某一过水断面的水体体积。

（2）径流总量：一定的时段内通过河流某过水断面的水体总量。

（3）径流模数：径流量在流域面积上的平均值。

（4）径流深度：流域单位面积上的径流总量。

（5）径流系数：某时段内的径流深度与降水量之比。

（四）河流的洪水

当流域在短时间内较大强度地集中降雨，或地表冰雪迅速融化时，大量水经地表或地下迅速地汇集到河槽，造成河道内径流量急增，河流中发生洪水。

河流的洪水过程是在河道流量较小、较平缓的某一时刻开始，河流的径流量迅速增长，并到达一峰值，随后逐渐降落到趋于平缓的过程。与此同时，河道的水位也经历一个上涨、下落的过程。河道洪水流量的变化过程曲线称为洪水流量过程线。洪水流量过程线上的最大值称为洪峰流量，起涨点以下流量称为基流。基流由岩石和土壤中的水缓慢外渗或冰雪逐渐融化形成。大江大河的支流众多，各支流的基流汇合，使其基流量也比较大。山区性河流，特别是小型山溪，基流非常小，冬天枯水期甚至断流。

洪水过程线的形状与流域条件和暴雨情况有关。

影响洪水过程线的流域条件有河流纵坡降、流域形状系数。一般而言，山区性河流由于山坡和河床较陡，河水汇流时间短，洪水很快形成，又很快消退。洪水陡涨陡落，往往几小时或十几小时就经历一场洪水过程。平原河流或大江大河干流上，一场洪水过程往往需要经历三天、七天甚至半个月。如果第一场降雨形成的洪水过程尚未完成又遇降雨，洪水过程线就会形成双峰或多峰。大流域中，因多条支流相继降水，也会造成双峰或其他组合形态。20世纪末，黄河发生第二个洪峰追上第一个洪峰而入海的现象，即在上游某处洪水过程线为双峰，到下游某处洪水过程线为单峰。流域形状系数大，表示河道相对较长，汇流时间较长，洪水过程线相对较平缓，反之则涨落时间较短。

影响洪水过程线的暴雨条件有暴雨强度、降雨时间、降雨量、降雨面积、雨区在流域中的位置等。洪水过程还与降雨季节，与上一场降雨的间隔时间等有关。例如，春季第一场降雨，因地表土壤干燥而使其洪峰流量较小，发生在夏季的同样的降雨可能因土壤饱和而使其洪峰流量明显变大。流域内的地形、河流、湖泊、洼地的分布也是影响洪水过程线的重要因素。

由于种种原因，实际发生的每一次洪水过程线都有所不同。但是，同一条河流的洪水过程还是有其基本的规律。研究河流洪水过程及洪峰流量大小，可为防洪、设计等提供理论依据。工程设计中，通过分析诸多洪水过程线，选择其中具有典型特征的一条，称为典型洪水过程线。典型洪水过程线能够代表该流域（或河道断面）的洪水特征，作为设计依据。

符合设计标准（指定频率）的洪水过程线称为设计洪水过程线。设计洪水过程线由典型洪水过程线按一定的比例放大而得。洪水放大常用方法有同倍比放大法和同频率放大法，其中同倍比放大法又有"以峰控制"和"以量控制"两种。下面以同倍比放大为例介绍放大方法。

收集河流的洪峰流量资料，通过数量统计方法，得到洪峰流量的经验频率曲线。根据水利水电枢纽的设计标准，在经验频率曲线上确定设计洪水的洪峰流量。"以峰控制"的同倍比放大倍数 $K_Q = Q_{mp}/Q_m$。其中 Q_{mp}、Q_m 分别为设计标准洪水的洪峰流量和典型洪水过程线的洪峰流量。"以量控制"的同倍比放大倍数 $K_w = W_{tp}/W_t$，其中 W_{tp}、W_t 分别为设计标准洪水过程线在设计时段的洪水总量和典型洪水过程线对应时段的洪水总量。有了放大倍比后，可将典型洪水过程线逐步放大为设计洪水过程线。

（五）河流的泥沙

河流中常挟带着泥沙，是水流冲蚀流域地表所形成。这些泥沙随着水流在河槽中运动。河流中的泥沙一部分是随洪水从上游冲蚀带来，一部分是从沉积在原河床冲扬起来的。当随上游洪水带来的泥沙总量与被洪水带走的泥沙总量相等时，河床处于冲淤平衡状态。冲淤平衡时，河床维持稳定。我国流域的水量：大部分是由降雨汇集而成。暴雨是地表侵蚀的主要因素。地表植被情况是影响河流泥沙含量多少的另一主要因素。在我国南方，尽管暴雨强度远大于北方，由于植被情况良好，河流泥沙含量远小于北方。位于北方植被条件差的黄河流经黄土地区，黄土结构疏松，抗雨水冲蚀能力差，使黄河成为高含沙量的河流。影响河流泥沙的另一重要因素是人类活动。近年来，随着部分地区的盲目开发，南方某些河流的泥沙含量也较之前有所增多。

　　泥沙在河道或渠道中有两种运动方式。颗粒小的泥沙能够被流动的水流扬起，并被带动着随水流运动，称为悬移质。颗粒较大的泥沙只能被水流推动，在河床底部滚动，称为推移质。水流挟带泥沙的能力与河道流速大小相关。流速大，则挟带泥沙的能力大，泥沙在水流中的运动方式也随之变化。在坡度陡、流速高的地方，水流能够将较大粒径的泥沙扬起，称为悬移质。这部分泥沙被带到河势平缓、流速低的地方时，落于河床上转变为推移质，甚至沉积下来，成为河床的一部分。沉积在河床的泥沙称为床沙。悬移质、推移质和床沙在河流中随水流流速的变化相互转化。

　　在自然条件下，泥沙运动不断地改变着河床形态。随着人类活动的介入，河流的自然变迁条件受到限制。人类在河床两岸筑堤挡水，使泥沙淤积在受到约束的河床内，从而抬高河床底高程。随着泥沙不断地淤积以及河床不断地抬高，人类被迫不断地加高河堤。例如，黄河开封段、长江荆江段均已成为河床底部高于两岸陆面十多米的悬河。

　　水利水电工程建成以后，破坏了天然河流的水沙条件和河床形态的相对平衡。拦河坝的上游，因为水库水深增加，水流流速大为减少，泥沙因此而沉积在水库内。泥沙淤积的一般规律是：从河流回水末端的库首地区开始，入库水流流速沿程逐渐减小。因此，粗颗粒首先沉积在库首地区，较细颗粒沿程陆续沉积，直至坝前。随着库内泥沙淤积高程的增加，较粗颗粒也会逐渐被带至坝前。水库中的泥沙淤积会使水库库容减少，降低工程效益。泥沙淤积在河流进入水库的口门处，抬高口门处的水位及其上游回水水位，增加上游淹没。进入水电站的泥沙会磨损水轮机。水库下游，因泥沙被水库拦截，下泄水流变清，河床因清水冲刷造成河床刷深下切。

　　在多沙河流上建造水利水电枢纽工程时，需要考虑泥沙淤积对水库和水电站的影响。需要在适当的位置设置专门的冲砂建筑物，用以减缓库区淤积速度，阻止泥沙进入发电输水管（渠）道，延长水库和水电站的使用寿命。

　　描述河流泥沙的特征值有以下几个：

　　（1）含沙量：单位水体中所含泥沙重量，单位 kg/m^3。

　　（2）输沙量：一定时间内通过某一过水断面的泥沙重量，一般以年输沙量衡量一条河流的含沙量。

　　（3）起动流速：使泥沙颗粒从静止变为运动的水流流速。

二、地质知识

地质构造是指由于地壳运动使岩层发生变形或变位后形成的各种构造形态。地质构造有五种基本类型：水平构造、倾斜构造、直立构造、褶皱构造和断裂构造。这些地质构造不仅改变了岩层的原始产状，破坏了岩层的连续性和完整性，甚至降低了岩体的稳定性和增大了岩体的渗透性。因此研究地质构造对水利工程建筑有着非常重要的意义。要研究上述五种构造必须了解地质年代和岩层产状的相关知识。

（一）地质年代和地层单位

地球形成至今已有 46 亿年，对整个地质历史时期而言，地球的发展演化及地质事件的记录和描述需要有一套相应的时间概念，即地质年代。同人类社会发展历史分期一样，可将地质年代按时间的长短依次分为宙、代、纪、世不同时期，对应于上述时间段所形成的岩层（地层）依次被称为宇、界、系、统，这便是地层单位。例如，太古代形成的地层被称为太古界，石炭纪形成的地层被称为石炭系等。

（二）岩层产状

1. 岩层产状要素

岩层产状指岩层在空间的位置，用走向、倾向和倾角表示，称为岩层产状三要素。

（1）走向。岩层面与水平面的交线叫走向线，走向线两端所指的方向即为岩层的走向。走向有两个方位角数值，且相差 180°，如 NW300° 和 SE120°。岩层的走向表示岩层的延伸方向。

（2）倾向。层面上与走向线垂直并沿倾斜面向下所引的直线叫倾斜线，倾斜线在水平面上投影所指的方向就是岩层的倾向。对于同一岩层面，倾向与走向垂直，且只有一个方向。岩层的倾向表示岩层的倾斜方向。

（3）倾角。指岩层面和水平面所夹的最大锐角（或二面角）。

除岩层面外，岩体中其他面（如节理面、断层面等）的空间位置也可以用岩层产状三要素来表示。

2. 岩层产状要素的测量

岩层产状要素需用地质罗盘测量。地质罗盘的主要构件有磁针、刻度环、方向盘、倾角旋钮、水准泡、磁针锁制器等。刻度环和磁针是用来测岩层的走向和倾向的。刻度环按方位角分划，以北为 0°，逆时针方向分划为 360°。在方向盘上用四个符号代表地理方位，即 N（0°）表示北，S（180°）表示南，E（90°）表示东，W（270°）表示西。方向盘和倾角旋钮是用来测倾角的。方向盘的角度变化介于 0°～90°。测量方法如下：

（1）测量走向。罗盘水平放置，将罗盘与南北方向平行的边与层面贴触（或将罗盘的长边与岩层面贴触），调整圆水准泡居中，此时罗盘边与岩层面的接触线即为走向线，磁针（无论南针或北针）所指刻度环上的度数即为走向。

（2）测量倾向。罗盘水平放置，将方向盘上的 N 极指向岩层层面的倾斜方向，同时使罗盘平行于东西方向的边（或短边）与岩层面贴触，调整圆水准泡居中，此时北针所指刻度环上的度数即为倾向。

（3）测量倾角。罗盘侧立摆放，将罗盘平行于南北方向的边（或长边）与层面贴触，并垂直于走向线，然后转动罗盘背面的倾角旋钮，使长水准泡居中，此时倾角旋钮所指方向盘上的度数即为倾角大小。

3. 岩层产状的记录方法

岩层产状的记录方法有以下两种：

（1）象限角表示法。一般以北或南的方向为准，记走向、倾向和倾角。如 N30° E，NW∠35°，即走向北偏东30°、向北西方向倾斜、倾角35°。

（2）方位角表示法。一般只记录倾向和倾角。如 SW230°∠35°，前者是倾向的方位角，后者是倾角，即倾向230°、倾角35°。走向可通过倾向 ±90° 的方法换算求得。上述记录表示岩层走向为北西320°，倾向南西230°，倾角35°。

（三）水平构造、倾斜构造和直立构造

1. 水平构造

岩层产状呈水平（倾角 $\alpha=0°$）或近似水平（$\alpha<5°$）。岩层呈水平构造，表明该地区地壳相对稳定。

2. 倾斜构造（单斜构造）

岩层产状的倾角 $0°<\alpha<90°$，岩层呈倾斜状。

岩层呈倾斜构造说明该地区地壳不均匀抬升或受到岩浆作用的影响。

3. 直立构造

岩层产状的倾角 $\alpha\approx90°$，岩层呈直立状。

岩层呈直立构造说明岩层受到强有力的挤压。

（四）褶皱构造

褶皱构造是指岩层受构造应力的作用后产生的连续弯曲变形。绝大多数褶皱构造是岩层在水平挤压力作用下形成的。褶皱构造是岩层在地壳中广泛发育的地质构造形态之一，它在层状岩石中最为明显，在块状岩体中则很难见到。褶皱构造的每一个向上或向下弯曲称为褶曲。两个或两个以上的褶曲组合叫褶皱。

1. 褶皱要素

褶皱构造的各个组成部分称为褶皱要素。

（1）核部。褶曲中心部位的岩层。

（2）翼部。核部两侧的岩层。一个褶曲有两个翼。

（3）翼角。翼部岩层的倾角。

（4）轴面。对称平分两翼的假象面。轴面可以是平面，也可以是曲面。轴面与水平面的交线称为轴线；轴面与岩层面的交线称为枢纽。

（5）转折端。从一翼转到另一翼的弯曲部分。

2. 褶皱的基本形态

褶皱的基本形态是背斜和向斜。

（1）背斜。岩层向上弯曲，两翼岩层常向外倾斜，核部岩层时代较老，两翼岩层依次变新并呈对称分布。

（2）向斜。岩层向下弯曲，两翼岩层常向内倾斜，核部岩层时代较新，两翼岩层依次变老并呈对称分布。

3. 褶皱的类型

根据轴面产状和两翼岩层的特点，将褶皱分为直立褶皱、倾斜褶皱、倒转褶皱、平卧褶皱、翻卷褶皱。

4. 褶皱构造对工程的影响

（1）褶皱构造影响着水工建筑物地基岩体的稳定性及渗透性。

选择坝址时，应尽量考虑避开褶曲轴部地段。因为轴部节理发育、岩石破碎，易受风化、岩体强度低、渗透性强，所以工程地质条件较差。当坝址选在褶皱翼部时，若坝轴线平行岩层走向，则坝基岩性较均一。再从岩层产状考虑，岩层倾向上游，倾角较陡时，对坝基岩体抗滑稳定有利，也不易产生顺层渗漏；当倾角平缓时，虽然不易向下游渗漏，但坝基岩体易于滑动。岩层倾向下游，倾角又缓时，岩层的抗滑稳定性最差，也容易向下游产生顺层渗漏。

（2）褶皱构造与其蓄水的关系。

褶皱构造中的向斜构造，是良好的蓄水构造，在这种构造盆地中打井，地下水常较丰富。

（五）断裂构造

岩层受力后产生变形，当作用力超过岩石的强度时，岩石就会发生破裂，形成断裂构造。断裂构造的产生，必将对岩体的稳定性、透水性及其工程性质产生较大影响。根据破裂之后的岩层有无明显位移，将断裂构造分为节理和断层两种形式。

1. 节理

没有明显位移的断裂称为节理。节理按照成因分为三种类型。第一种为原生节理：岩石在成岩过程中形成的节理，如玄武岩中的柱状节理；第二种为次生节理：风化、爆破等原因形成的裂隙，如风化裂隙等；第三种为构造节理：由构造应力所形成的节理。其中，构造节理分布最广。构造节理又分为张节理和剪节理。张节理由张应力作用产生，多发育在褶皱的轴部，其主要特征为：节理面粗糙不平，无擦痕，节理多开口，一般被其他物质充填，在砾岩或砂岩中的张节理常常绕过砾石或砂粒，节理一般较稀疏，而且延伸不远。剪节理由剪应力作用产生，其主要特征为：节理面平直光滑，有时可见擦痕，节理面一般是闭合的，没有充填物，在砾岩或砂岩中的剪节理常常切穿砾石或砂粒，产状较稳定，间距小、延伸较远，发育完整的剪节理呈 X 形。

2. 断层

有明显位移的断裂被称为断层。

（1）断层要素。

断层的基本组成部分叫断层要素。断层要素包括断层面、断层线、断层带、断盘及断距。

①断层面。岩层发生断裂并沿其发生位移的破裂面。它的空间位置仍由走向、倾向和倾角表示。它可以是平面，也可以是曲面。

②断层线。断层面与地面的交线。其方向表示断层的延伸方向。

③断层带。包括断层破碎带和影响带。破碎带是指被断层错动搓碎的部分，常由岩块碎屑、粉末、角砾及黏土颗粒组成，其两侧被断层面所限制。影响带是指靠近破碎带两侧的岩层受断层影响裂隙发育或发生牵引弯曲的部分。

④断盘。断层面两侧相对位移的岩块称为断盘。其中，断层面之上的称为上盘，断层面之下的称为下盘。

⑤断距。断层两盘沿断层面相对移动的距离。

（2）断层的基本类型。

按照断层两盘相对位移的方向，将断层分为以下三种类型。

①正断层。上盘相对下降，下盘相对上升的断层。

②逆断层。上盘相对上升，下盘相对下降的断层。

③平移断层。是指两盘沿断层面作相对水平位移的断层。

3. 断裂构造对工程的影响

节理和断层的存在，破坏了岩石的连续性和完整性，降低了岩石的强度，增强了岩石的透水性，给水利工程建设带来很大影响。例如，节理密集带或断层破碎带会导致水工建筑物的集中渗漏、不均匀变形，甚至发生滑动破坏。因此在选择坝址、确定渠道及隧洞线路时，尽量避开大的断层和节理密集带，否则必须对其进行开挖、帷幕灌浆等方法处理，甚至调整坝或洞轴线的位置。不过，这些破碎地带，有利于地下水的运动和汇集。因此，断裂构造对于山区找水具有重要意义。

第二节　水资源规划与水利枢纽

一、水资源规划知识

（一）规划类型

水资源开发规划是跨系统、跨地区、多学科和综合性较强的前期工作，按区域、范围、规模、目的、专业等可以有多种分类或类型。

水资源开发规划，除在《中华人民共和国水法》上有明确的类别划分外，当前尚未形成共识。不少文献针对规划的范围、目的、对象、水体类别等的不同而有多种分类。

1. 按水体划分

按不同水体可分为地表水开发规划、地下水开发规划、污水资源化规划、雨水资源利用规划和海咸水淡化利用规划等。

2. 按目的划分

按不同目的可分为供水水资源规划、水资源综合利用规划、水资源保护规划、水土保持规划、水资源养蓄规划、节水规划和水资源管理规划等。

3. 按用水对象划分

按不同用水对象可分为人畜生活饮用水供水规划、工业用水供水规划和农业用水供水规划等。

4. 按自然单元划分

按不同自然单元可分为独立平原的水资源开发规划、流域河系水资源梯级开发规划、小流域治理规划和局部河段水资源开发规划等。

5. 按行政区域划分

按不同行政区域可分为以宏观控制为主的全国性水资源规划和包含特定内容的省、地（市）、县域水资源开发现划。乡镇因常常不是一个独立的自然单元或独立小流域，而水资源开发不仅受到地域且受到水资源条件的限制，所以，按行政区划的水资源开发规划至少应是县以上行政区域。

6. 按目标单一与否划分

按目标的单一与否可分为单目标水资源开发规划（经济或社会效益的单目标）和多目标水资源开发现划（经济、社会、环境等综合的多目标）。

7. 按内容和含义划分

按不同内容和含义可分为综合规划和专业规划。

各种水资源开发规划编制的基础是相同的，相互间是不可分割的，但是各自的侧重点或主要目标不同，且各具特点。

（二）规划的方法

进行水资源规划必须了解和搜集各种规划资料，并且掌握处理和分析这些资料的方法，使之为规划任务的总目标服务。

1. 水资源系统分析的基本方法

水资源系统分析的常用方法包括以下四种：

（1）回归分析法。它是处理水资源规划资料最常用的一种分析方法。在水资源规划中最常用的回归分析方法有一元线性回归分析、多元回归分析、非线性回归分析、拟合度量和显著性检验等。

（2）投入产出分析法。它在描述、预测、评价某项水资源工程对该地区经济作用时具有明显的效果。它不仅可以说明直接用水部门的经济效果，还能说明间接用水部门的经济效果。

（3）模拟分析法。在水资源规划中多采用数值模拟分析。数值模拟分析又可分为两类：数学物理方法和统计技术。数值模拟技术中的数学物理方法在水资源规划的确定性模型中应用较为广泛。

（4）最优化方法。由于水资源规划过程中插入的信息和约束条件不断增加，处理和分析这些信息，以制订和筛选出最有希望的规划方案，使用最优化技术是行之有效的方法。在水资源规划中最常用的最优化方法有线性规划、网络技术动态规划与排队论等。

上述四类方法是水资源规划中常用的基本方法。

2. 系统模型的分解与多级优化

在水资源规划中，系统模型的变量很多，模型结构较为复杂，完全采用一种方法求解是困难的。因此，在实际工作中，往往把一个规模较大的复杂系统分解成许多"独立"的子系统，分别建立子模型，然后根据子系统模型的性质以及子系统的目标和约束条件，采用不同的优化技术求解。这种分解和多级最优化的分析方法在求解大规模复杂的水资源规划问题时非常有用，它的突出优点是使系统的模型更为逼真，在一个系统模型内可以使用多种模拟技术和最优化技术。

3. 规划的模型系统

在一个复杂的水资源规划中，可以有许多规划方案。因此，从加快方案筛选的观点出发，必须建立一套适宜的模型系统。对于一般的水资源规划问题可建立三种模型系统：筛选模型、模拟模型、序列模型。

系统分析的规划方法不同于"传统"的规划方法，它涉及社会、环境和经济方面的各种要求，并考虑多种目标。这种方法在实际使用中已显示出它们的优越性，是一种适合于复杂系统综合分析需要的方法。

我国水资源管理的规划总要求是：以落实最严格水资源管理制度、实行水资源消耗总量和强度双控行动、加强重点领域节水、完善节水激励机制为重点，加快推进节水型社会建设，强化水资源对经济社会发展的刚性约束，构建节水型生产方式和消费模式，基本形成节水型社会制度框架，进一步提高水资源利用效率和效益。

强化节水约束性指标管理。严格落实水资源开发利用总量、用水效率和水功能区限制纳污总量"三条红线"，实施水资源消耗总量和强度双控行动，健全取水计量、水质监测和供用耗排监控体系。加快制订重要江河流域水量分配方案，细化落实覆盖流域和省市县三级行政区域的取用水总量控制指标，严格控制流域和区域取用水总量。实施引调水工程要先评估节水潜力，落实各项节水措施。健全节水技术标准体系。将水资源开发、利用、节约和保护的主要指标纳入地方经济社会发展综合评价体系，县级以上地方人民政府对本行政区域水资源管理和保护工作负总责。加强最严格水资源管理制度考核工作，把节水作为约束性指标纳入政绩考核，在严重缺水的地区率先推行。

强化水资源承载能力刚性约束。加强相关规划和项目建设布局水资源论证工作，国民经济和社会发展规划以及城市总体规划的编制、重大建设项目的布局，应当与当地水资源条件和防洪要求相适应。严格执行建设项目水资源论证和取水许可制度，对取用水总量已达到或超过控制指标的地区，暂停审批新增取水。强化用水定额管理，完善重点行业、区域用水定额标准。严格水功能区监督管理，从严核定水域纳污容量，严格控制入河湖排污总量，对排污量超出水功能区限排总量的地区，限制审批新增取水和入河湖排污口，强化水资源统一调度。

强化水资源安全风险监测预警。健全水资源安全风险评估机制，围绕经济安全、资源安全、生态安全，从水旱灾害、水供求态势、河湖生态需水、地下水开采、水功能区水质状况等方面，科学评估全国及区域水资源安全风险，加强水资源风险防控。以省、市、县三级行政区为单元，开展水资源承载能力评价，建立水资源安全风险识别和预警机制。抓紧建成国家水资源管理系统，健全水资源监控体系，完善水资源监测、用水计量与统计等管理制度和相关技术标准体系，加强省界等重要控制断面、水功能区和地下水的水质水量监测能力建设。

二、水利枢纽知识

为了综合利用和开发水资源，常需在河流适当地段集中修建几种不同类型和功能的水工建筑物，以控制水流，并便于协调运行和管理。这种由几种水工建筑物组成的综合体，称为水利枢纽。

（一）水利枢纽的分类

水利枢纽的规划、设计、施工和运行管理应尽量遵循综合利用水资源的原则。

水利枢纽的类型很多，为实现多种目标而兴建的水利枢纽，建成后能满足国民经济不同部门的需要，称为综合利用水利枢纽。以某一单项目标为主而兴建的水利枢纽，常以主要目标命名，如防洪枢纽、水力发电枢纽、航运枢纽、取水枢纽等。在很多情况下水利枢纽是多目标的综合利用枢纽，如防洪 - 发电枢纽，防洪 - 发电 - 灌溉枢纽，发电 - 灌溉 - 航运枢纽等。按拦河坝的形式水利枢纽还可分为重力坝枢纽、拱坝枢纽、土石坝枢纽及水闸枢纽等。根据修建地点的地理条件不同，有山区、丘陵区水利枢纽和平原、滨海区水利枢纽之分。根据枢纽上、下游水位差的不同，水利枢纽有高、中、低水头之分，世界各国对此无统一规定。在我国，一般水头为70m以上的是高水头枢纽，水头为 30 ~ 70m 的是中水头枢纽，水头为 30m 以下的是低水头枢纽。

（二）水利枢纽工程基本建设程序及设计阶段划分

水利是国民经济的基础设施和基础产业。水利工程建设要严格按照建设程序进行。根据有关规定，水利工程建设程序一般分为项目建议书、可行性研究报告、初步设计、施工准备（包括招标设计）、建设实施、生产准备、竣工验收、评价等阶段。建设前期根据国家总体规划以及流域综合规划，开展前期工作，包括提出项目建议书、可行性研究报告和初步设计（或扩大初步设计）。水利工程建设项目的实施，必须通过基本建设程序立项。水利工程建设项目的立项过程包括项目建议书和可行性研究报告阶段。根据目前管理现状，项目建议书、可行性研究报告、初步设计由水行政主管部门或项目法人组织编制。

项目建议书应根据国民经济和社会发展长远规划、流域综合规划、区域综合规划、专业规划，按照国家产业政策和国家有关投资建设方针进行编制，是对拟进行工程项目的初步说明。项目建议书编制一般由政府委托有相应资质的设计单位承担，并按国家现行规定权限向主管部门申报审批。

可行性研究应对项目进行方案比较，对项目在技术上是否可行和经济上是否合理进行科学的分析和论证。经过批准的可行性研究报告，是项目决策和进行初步设计的依据。可行性研究报告，由项目法人（或筹备机构）组织编制。可行性研究报告经批准后，不得随意修改和变更，在主要内容上有重要变动，应经原批准机关复审同意。项目可行性报告批准后，应正式成立项目法人，并按项目法人责任制实行项目管理。

初步设计是根据批准的可行性研究报告和必要而准确的设计资料，对设计对象进行全面研究，阐明拟建工程在技术上的可行性和经济上的合理性，规定项目的各项基本技术参数，编制项目的总概算。初步设计任务应择优选择有相应资质的设计单位承担，依照有关初步设计编制规定进行编制。

建设项目初步设计文件已批准，项目投资来源基本落实，可以进行主体工程招标设计和组织招标工作以及现场施工准备。项目的主体工程开工之前，必须完成各项施工准备工作，其主要内容包括：①施工现场的征地、拆迁；②完成施工用水、电、通信、路和场地平整等工程；③必需的生产、生活临时建筑工程；④组织招标设计、工程咨询、设备和物资采购等服务；⑤组织建设监理和主体工程招标投标，并择优选定建设监理单位和施工承包商。

建设实施阶段是指主体工程的建设实施，项目法人按照批准的建设文件，组织工程建设，保证项目建设目标的实现。项目法人或建设单位向主管部门提出主体工程开工申请报告，按审批权限，经批准后，方能正式开工。随着社会主义市场经济机制的建立，工程建设项目实行项目法人责任制后，主体工程开工，必须具备以下条件：①前期工程各阶段文件已按规定批准，施工详图设计可以满足初期主体工程施工需要；②建设项目已列入国家年度计划，年度建设资金已落实；③主体工程招标已经决标，工程承包合同已经签订，并得到主管部门同意；④现场施工准备和征地移民等建设外部条件能够满足主体工程开工需要。

生产准备应根据不同类型的工程要求确定，一般应包括如下内容：①生产组织准备，建立生产经营的管理机构及相应管理制度；②招收和培训人员；③生产技术准备；④生产的物资准备；⑤正常的生活福利设施准备。

竣工验收是工程完成建设目标的标志，是全面考核基本建设成果、检验设计和工程质量的重要步骤。竣工验收合格的项目即从基本建设转入生产或使用。

工程项目竣工投产后，一般经过一至两年生产营运后，要进行一次系统的项目后评价，主要内容包括：①影响评价——项目投产后对各方面的影响进行评价；②经济效益评价——对项目投资、国民经济效益、财务效益、技术进步和规模效益、可行性研究深度等进行评价；③过程评价——对项目的立项、设计施工、建设管理、竣工投产、生产营运等全过程进行评价。项目后评价一般按三个层次组织实施，即项目法人的自我评价、项目行业的评价、计划部门（或主要投资方）的评价。

设计工作应遵循分阶段、循序渐进、逐步深入的原则进行。以往大中型枢纽工程常按三个阶段进行设计，即可行性研究、初步设计和施工详图设计。对于工程规模大，技术上复杂而又缺乏设计经验的工程，经主管部门指定，可在初步设计和施工详图设计之间，增加技术设计阶段。20世纪80年代以来，为适应招标投标合同管理体制的需要，初步设计之后又有招标设计阶段。例如，三峡工程设计包括可行性研究、初步设计、单项工程技术设计、招标设计和施工详图设计五个阶段。后来水电工程设计阶段的划分做了如下调整：

（1）增加预可行性研究报告阶段。在江河流域综合利用规划及河流（河段）水电规划选定的开发方案基础上，根据国家与地区电力发展规划的要求，编制水电工程预可行性研究报告。预可行性研究报告经主管部门审批后，即可编报项目建议书。预可行性研究是在江河流域综合利用规划或河流（河段）水电规划以及电网电源规划基础上进行的设计阶段。其任务是论证拟建工程在国民经济发展中的必要性、技术可行性、经济合理性。本阶段的主要工作内容包括：河流概况及水文气象等基本资料的分析；工程地质与建筑材料的评价；工程规模、综合利用及环境影响的论证；初拟坝址、厂址和引水系统线路；初步选择坝型、电站、泄洪、通航等主要建筑物的基本形式与枢纽布置方案；初拟主体工程的施工方法，进行施工总体布置、估算工程总投资、工程效益的分析和经济评价等。预可行性研究阶段的成果，为国家和有关部门做出投资决策及筹措资金提供基本依据。

（2）将原有可行性研究与初步设计两阶段合并，统称为可行性研究报告阶段。加深原有可行性研究报告深度，使其达到原有初步设计编制规程的要求，并以《水利水电工程初步设计报告编制规程》为准编制可行性研究报告。可行性研究阶段的设计任务在于进一步论证拟建工程在技术上的可行性和经济上的合理性，并要解决工程建设中重要的技术经济问题。主要设计内容包括：对水文、气象、工程地质以及天然建筑材料等基本资料做进一步分析与评价；论证本工程及主要建筑物的等级；进行水文水利计算，确定水库的各种特征水位及流量，选择电站的装机容量、机组机型和电气主结线以及主要机电设备；论证并选定坝址、坝轴线、坝型、枢纽总体布置及其他主要建筑物的形式和控制性尺寸；选择施工导流方案，进行施工方法、施工进度和总体布置的设计，提出主要建筑材料、施工机械设备、劳动力、供水、供电的数量和供应计划；提出水库移民安置规划；提出工程总概算，进行技术经济分析，阐明工程效益。最后提交可行性研究报告文件，包括文字说明和设计图纸及有关附件。

（3）招标设计阶段。暂按原技术设计要求进行勘测设计工作，在此基础上编制招标文件。招标文件分三类：主体工程、永久设备和业主委托的其他工程的招标文件。招标设计是在批准的可行性研究报告的基础上，将确定的工程设计方案进一步具体化，详细定出总体布置和各建筑物的轮廓尺寸、材料类型、工艺要求和技术要求等。其设计深度要求做到可以根据招标设计图较准确地计算出各种建筑材料的规格、品种和数量，混凝土浇筑、土石方填筑和各类开挖、回填的工程量，各类机械电气和永久设备的安装工程量等。根据招标设计图所确定的各类工程量和技术要求，以及施工进度计划，监理工程师可以进行施工规划并编制出工程概算，作为编制标底的依据。编标单位则可以据此编制招标文件，包括合同的一般条款、特殊条款、技术规程和各项工程的工程量表，满足以固定单价合同形式进行招标的需要。施工投标单位，也可据此进行投标报价和编制施工方案及技术保证措施。

（4）施工详图阶段。配合工程进度编制施工详图。施工详图设计是在招标设计的基础上，对各建筑物进行结构和细部构造设计；最后确定地基处理方案，进行处理措施设计；确定施工总体布置及施工方法，编制施工进度计划和施工预算等；提出整个工程分项分部的施工、制造、安装详图。施工详图是工程施工的依据，也是工程承包或工程结算的依据。

（三）水利工程的影响

水利工程是防洪、除涝、灌溉、发电、供水、围垦、水土保持、移民、水资源保护等工程及其配套和附属工程的统称，是人类改造自然、利用自然的工程。修建水利工程，是为了控制水流、防止洪涝灾害，并进行水量的调节和分配，从而满足人民生活和生产对水资源的需要。因此，大型水利工程往往显现出显著的社会效益和经济效益，带动地区经济发展，促进流域以至整个中国经济社会的全面可持续发展。

但是也必须注意到，水利工程的建设可能会破坏河流或河段及其周围地区在天然状态下的相对平衡。特别是具有高坝大库的河川水利枢纽的建成运行，对周围的自然和社会环境都将产生重大影响。

修建水利工程对生态环境的不利影响是：河流中筑坝建库后，上下游水文状态将发生变化。可能出现泥沙淤积、水库水质下降、淹没部分文物古迹和自然景观，还可能会改变库区及河流中下游水生生态系统的结构和功能，对一些鱼类和植物的生存和繁殖产生不利影响；水库的"沉沙池"作用，使过坝的水流成为"清水"，冲刷能力加大，由于水势和含沙量的变化，还可能改变下游河段的河水流向和冲积程度，造成河床被冲刷侵蚀，也可能影响到河势变化乃至河岸稳定；大面积的水库还会引起小气候的变化，库区蓄水后，水域面积扩大，水的蒸发量上升，因此会造成附近地区日夜温差缩小，改变库区的气候环境，如可能增加雾天的出现频率；兴建水库可能会增加库区地质灾害发生的频率，如兴建水库可能会诱发地震，增加库区及附近地区地震发生的频率；山区的水库由于两岸山体下部未来长期处于浸泡之中，发生山体滑坡、塌方和泥石流的频率可能会有所增加；深水库底孔下放的水，水温会较原天然状态有所变化，可能不如原来情况更适合农作物生长，此外，库水化学成分改变、营养物质浓集导致水的异味或缺氧等，也会对生物带来不利影响。

修建水利工程对生态环境的有利影响是：防洪工程可有效地控制上游洪水，提高河段甚至流域的防洪能力，从而有效地减免洪涝灾害带来的生态环境破坏；水力发电工程利用清洁的水能发电，与燃煤发电相比，可以减少大量的二氧化碳、二氧化硫等有害气体的排放，减轻酸雨、温室效应等大气危害以及燃煤开采、洗选、运输、废渣处理所导致的严重环境污染；能调节工程中下游的枯水期流量，有利于改善枯水期水质；有些水利工程可为调水工程提供水源条件；高坝大库的建设较天然河流大大增加了的水库面积与容积可以养鱼，对渔业有利；水库调蓄的水量增加了农作物灌溉的机会。

此外，由于水位上升使库区被淹没，需要进行移民，并且由于兴建水库导致库区的风景名胜和文物古迹被淹没，需要进行搬迁、复原等。在国际河流上兴建水利工程，等于重新分配了水资源，间接地影响了水库所在国家与下游国家的关系，还可能造成外交上的影响。

上述这些水利工程在经济、社会、生态方面的影响有利有弊，因此兴建水利工程，必须充分考虑其影响，精心研究，针对不利影响应采取有效的对策及措施，促进水利工程所在地区经济、社会和环境的协调发展。

第三节　水库与水电站知识

一、水库知识

（一）水库的概念

水库是指在山沟或河流的狭口处建造拦河坝形成的人工湖泊。水库建成后，可发挥防洪、蓄水、灌溉、供水、发电、养鱼等效益。有时天然湖泊也被称为水库（天然水库）。

水库规模通常按总库容大小划分，水库总库容不小于 $10 \times 10^8 m^3$ 的为大（1）型水库，水库总库容为（$1.0 \sim 10$）$\times 10^8 m^3$ 的是大（2）型水库，水库总库容为（$0.10 \sim 1.0$）$\times 10^8 m^3$ 的是中型水库，水库总库容为（$0.01 \sim 0.10$）$\times 10^8 m^3$ 的是小（1）型水库，水库总库容为（$0.001 \sim 0.01$）$\times 10^8 m^3$ 的是小（2）型水库。

（二）水库的作用

河流天然来水在一年间及各年间一般都会有所变化，这种变化与社会工农业生产及人们生活用水在时间和水量分配上往往存在矛盾。兴建水库是解决这类矛盾的主要措施之一。兴建水库也是综合利用水资源的有效措施。水库不仅可以使水量在时间上重新分配，满足灌溉、防洪、供水的要求，还可以利用大量的蓄水和抬高了的水头来满足发电、航运及渔业等其他用水部门的需要。水库在来水多时把水存蓄在水库中，然后根据灌溉、供水、发电、防洪等综合利用要求适时适量地进行分配。这种把来水按用水要求在时间和数量上重新分配的作用，称为水库的调节作用。水库的径流调节是指利用水库的蓄泄功能和计划地对河川径流在时间上和数量上进行控制和分配。

径流调节通常按水库调节周期分类，根据调节周期的长短，水库也可分为无调节、日调节、周调节、年调节和多年调节水库。无调节水库没有调节库容，按天然流量供水；日调节水库按用水部门一天内的需水过程进行调节；周调节水库按用水部门一周内的需水过程进行调节；年调节水库将一年中的多余水量存蓄起来，用以提高缺水期的供水量；多年调节水库将丰水年的多余水量存蓄起来，用以提高枯水年的供水量，调节周期超过一年。水库径流调节的工程措施是修建大坝（水库）和设置调节流量的闸门。

水库还可按水库所承担的任务划分为单一任务水库及综合利用水库；按水库供水方式，可分为固定供水调节及变动供水调节水库；按水库的作用，可分为反调节、补偿调节、水库群调节及跨流域引水调节等。补偿调节是指两个或两个以上水库联合工作，利用各库水文特性、调节性能及地理位置等条件的差别，在供水量、发电出力、泄洪量上相互协调补偿。通常，将其中调节性能高的、规模大的、任务单纯的水库作为补偿调节水库，而以调节性能差、用水部门多的水库作为被补偿水库（电站），考虑不同水文特性和库容进行补偿。一般是上游水库作为补偿调节水库补充放水，以满足下游电站或给水、灌溉引水的用水需要。反调节水库又称再调节水库，是指同一河段相邻较近的两个水库，下一级反调节水库在发电、航运、流量等方面利用上一级水库下泄的水流。

（三）水量平衡原理

水量平衡是水量收支平衡的简称。对于水库而言，水量平衡原理是指任意时刻，水库（群）区域收入（或输入）的水量和支出（或输出）的水量之差，等于该时段内该区域储水量的变化。如果不考虑水库蒸发等因素，某一时段 Δt 内存蓄在水库中的水量（体积）ΔV 可用式（1-1）表达

$$\Delta V = \frac{Q_1 + Q_2}{2}\Delta t - \frac{q_1 + q_2}{2}\Delta t \qquad （1\text{-}1）$$

式中 Q_1、Q_2——时段 Δt 始、末的天然来水流量，m^3/s；

q_1、q_2——时段 Δt 始、末的泄水流量，m^3/s。

（四）水库的特征水位和特征库容

水库的库容大小决定着水库调节径流的能力和它所能提供的效益。因此，确定水库特征水位及其相应库容是水利水电工程规划、设计的主要任务之一。水库工程为完

成不同任务，在不同时期和各种水文情况下，需控制达到或允许消落的各种库水位称为水库的特征水位。相应于水库的特征水位以下或两特征水位之间的水库容积称为水库的特征库容。水库的特征水位主要有正常蓄水位、死水位、防洪限制水位、防洪高水位、设计洪水位、校核洪水位等；主要特征库容有兴利库容、死库容、重叠库容、防洪库容、调洪库容、总库容等。

1. 水库的特征水位

正常蓄水位是指水库在正常运用情况下，为满足兴利要求在开始供水时应该蓄到的水位，又称正常水位、兴利水位或设计蓄水位。它是决定水工建筑物的尺寸、投资、淹没、水电站出力等指标的重要依据。选择正常蓄水位时，应根据电力系统和其他部门的要求及水库淹没、坝址地形、地质、水工建筑物布置、施工条件、梯级影响、生态与环境保护等因素，拟订不同方案，通过技术经济论证及综合分析比较确定。

防洪限制水位是指水库在汛期允许兴利蓄水的上限水位，又称汛前限制水位。防洪限制水位也是水库在汛期防洪运用时的起调水位。选择防洪限制水位，要兼顾防洪和兴利的需要，应根据洪水及泥沙特性，研究对防洪、发电及其他部门和对水库淹没、泥沙冲淤及淤积部位、水库寿命、枢纽布置以及水轮机运行条件等方面的影响，通过对不同方案的技术经济比较，综合分析确定。

设计洪水位是指水库遇到大坝的设计洪水时，在坝前达到的最高水位。它是水库在正常运用情况下允许达到的最高洪水位，可采用相应于大坝设计标准的各种典型洪水，按拟定的调度方式，自防洪限制水位开始进行调洪计算求得。

校核洪水位是指水库遇到大坝的校核洪水时，在坝前达到的最高水位。它是水库在非常运用情况下，允许临时达到的最高洪水位，可采用相应于大坝校核标准的各种典型洪水，按拟定的调洪方式，自防洪限制水位开始进行调洪计算求得。

防洪高水位是指水库遇下游保护对象的设计洪水时在坝前达到的最高水位。当水库承担下游防洪任务时，需确定这一水位。防洪高水位可采用相应于下游防洪标准的各种典型洪水，按拟定的防洪调度方式，自防洪限制水位开始进行水库调洪计算求得。

死水位是指水库在正常运用情况下，允许消落到的最低水位。选择死水位，应比较不同方案的电力、电量效益和费用，并应考虑灌溉、航运等部门对水位、流量的要求和泥沙冲淤、水轮机运行工况以及闸门制造技术对进水口高程的制约等条件，经综合分析比较确定。正常蓄水位到死水位间的水库深度称为消落深度或工作深度。

2. 水库的特征库容

最高水位以下的水库静库容，称为总库容，一般指校核洪水位以下的水库容积，它表示水库工程规模的代表性指标，可作为划分水库等级、确定工程安全标准的重要依据。

防洪高水位至防洪限制水位之间的水库容积，称为防洪库容。它用以控制洪水，满足水库下游防护对象的防洪要求。

校核洪水位至防洪限制水位之间的水库容积，称为调洪库容。

正常蓄水位至死水位之间的水库容积，称为兴利库容或有效库容。

当防洪限制水位低于正常蓄水位时，正常蓄水位至防洪限制水位之间汛期用于蓄洪、非汛期用于兴利的水库容积，称为共用库容或重复利用库容。

死水位以下的水库容积，称为死库容。除特殊情况外，死库容不参与径流调节。

二、水电站知识

水电站是将水能转换为电能的综合工程设施，又称水电厂。它包括为利用水能生产电能而兴建的一系列水电站建筑物及装设的各种水电站设备。利用这些建筑物集中天然水流的落差形成水头，汇集、调节天然水流的流量，并将它输向水轮机，经水轮机与发电机的联合运转，将集中的水能转换为电能，再经变压器、开关站和输电线路等将电能输入电网。

在通常情况下，水电站的水头是通过适当的工程措施，将分散在一定河段上的自然落差集中起来而构成的。就集中落差形成水头的措施而言，水能资源的开发方式可分为坝式、引水式和混合式三种基本方式。根据三种不同的开发方式，水电站也可分为坝式、引水式和混合式三种基本类型。

（一）坝式水电站

在河流峡谷处拦河筑坝、坝前壅水，形成水库，在坝址处形成集中落差，这种开发方式称为坝式开发。用坝集中落差的水电站称为坝式水电站。其特点如下：

坝式水电站的水头取决于坝高。坝越高，水电站的水头越大，但坝高往往受地形、地质、水库淹没、工程投资、技术水平等条件的限制，因此与其他开发方式相比，坝式水电站的水头相对较小。目前坝式水电站的最大水头不超过300m。

拦河筑坝形成水库，可用来调节流量。坝式水电站的引用流量较大，电站的规模也大，水能利用比较充分。世界上装机容量超过2000MW的巨型水电站大都是坝式水电站。此外，坝式水电站水库的综合利用效益高，可同时满足防洪、发电、供水等兴利要求。

坝式水电站工程规模大，水库造成的淹没范围大，迁移人口多，因此其投资大，工期长。

坝式开发适用于河道坡降较缓，流量较大，有筑坝建库条件的河段。

坝式水电站按大坝和发电厂的相对位置的不同又可分为河床式、坝后式、闸墩式、坝内式、溢流式等。在实际工程中，较常用的坝式水电站是河床式和坝后式水电站。

1. 河床式水电站

河床式水电站一般修建在河流中下游河道纵坡平缓的河段上，为避免大量淹没，坝建得较低，故水头较小。大中型河床式水电站水头一般为25m以下，不超过30～40m；中小型水电站水头一般为10m以下。河床式电站的引用流量一般都较大，属于低水头大流量型水电站，其特点是：厂房与坝（或闸）一起建在河床上，厂房本身承受上游水压力，并成为挡水建筑物的一部分，一般不设专门的引水管道，水流直接从厂房上游进水口进入水轮机。我国湖北葛洲坝、浙江富春江、广西大化等水电站，均为河床式水电站。

2. 坝后式水电站

坝后式水电站一般修建在河流中上游的山区峡谷地段，受水库淹没限制相对较小，所以坝可建得较高，水头也较大，在坝的上游形成了可调节天然径流的水库，有利于发挥防洪、灌溉、航运及水产等综合效益，并给水电站运行创造了十分有利的条件。由于水头较高，厂房不能承受上游过大水压力而建在坝后（坝下游）。其特点是：水电站厂房布置在坝后，厂坝之间常用缝分开，上游水压力全部由坝承受。三峡水电站、福建水口水电站等，均属坝后式水电站。

坝后式水电站厂房的布置形式很多，当厂房布置在坝体内时，称为坝内式水电站；当厂房布置在溢流坝段之后时，通常称为溢流式水电站。当水电站的拦河坝为土坝或堆石坝等当地材料坝时，水电站厂房可采用河岸式布置。

（二）引水式开发和引水式水电站

在河流坡降较陡的河段上游，通过人工建造的引入道（渠道、隧洞、管道等）引水到河段下游，集中落差，这种开发方式称为引水式开发。用引水道集中水头的水电站，称为引水式水电站。

引水式开发的特点是：由于引水道的坡降（一般取1/1000～1/3000）小于原河道的坡降，因而随着引水道的增长，逐渐集中水头；与坝式水电站相比，引水式水电站由于不存在淹没和筑坝技术上的限制，水头相对较高，目前最大水头已达2000m以上；引水式水电站的引用流量较小，没有水库调节径流，水量利用率较低，综合利用价值较差，电站规模相对较小，工程量较小，单位造价较低。

引水式开发适用于河道坡降较陡且流量较小的山区河段。根据引水建筑物中的水流状态不同，可分为无压引水式水电站和有压引水式水电站。

1. 无压引水式水电站

无压引水式水电站的主要特点是具有较长的无压引水水道，水电站引水建筑物中的水流是无压流。无压引水式水电站的主要建筑物有低坝、无压进水口、沉沙池、引水渠道（或无压隧洞）、日调节池、压力前池、溢水道、压力管道、厂房和尾水渠等。

2. 有压引水式水电站

有压引水式水电站的主要特点是有较长的有压引水道，如有压隧洞或压力管道，引水建筑物中的水流是有压流。有压引水式水电站的主要建筑物有拦河坝、有压进水口、有压引水隧洞、调压室、压力管道、厂房和尾水渠等。

（三）混合式开发和混合式水电站

在一个河段上，同时采用筑坝和有压引水道共同集中落差的开发方式称为混合式开发。筑坝集中一部分落差后，再通过有压引水道集中坝后河段上另一部分落差，形成了电站的总水头。用坝和引水道集中水头的水电站称为混合式水电站。

混合式水电站适用于上游有良好坝址，适宜建库，而紧邻水库的下游河道突然变陡或河流有较大转弯的情况。这种水电站同时兼有坝式水电站和引水式水电站的优点。

混合式水电站和引水式水电站之间没有明确的分界线。严格说来，混合式水电站的水头是由坝和引水建筑物共同形成的，且坝一般构成水库。而引水式水电站的水头，只由引水建筑物形成，坝只起抬高上游水位的作用。但在工程实际中常将具有一定长度引水建筑物的混合式水电站统称为引水式水电站，而较少采用混合式水电站这个名称。

（四）抽水蓄能电站

随着国民经济的迅速发展以及人民生活水平的不断提高，电力负荷和电网日益扩大，电力系统负荷的峰谷差越来越大。

在电力系统中，核电站和火电站不能适应电力系统负荷的急剧变化，且受到技术最小出力的限制，调峰能力有限，而且火电机组调峰煤耗多，运行维护费用高。而水电站启动与停机迅速，运行灵活，适宜担任调峰、调频和事故备用负荷。

抽水蓄能电站不是为了开发水能资源向系统提供电能，而是以水体为储能介质，起调节作用。抽水蓄能电站包括抽水蓄能和放水发电两个过程，它有上下两个水库，用引水建筑物相连，蓄能电站厂房建在下水库处。在系统负荷低谷时，利用系统多余的电能带动泵站机组（电动机＋水泵）将下库的水抽到上库，以水的势能形式储存起来；当系统负荷高峰时，将上库的水放下来推动水轮发电机组（水轮机＋发电机）发电，以补充系统中电能的不足。

随着电力行业的改革，实行负荷高峰高电价、负荷低谷低电价后，抽水蓄能电站的经济效益将是显著的。抽水蓄能电站除了产生调峰填谷的静态效益外，还由于其特有的灵活性而产生动态效益，包括同步备用、调频、负荷调整、满足系统负荷急剧爬坡的需要、同步调相运行等。

（五）潮汐水电站

海洋水面在太阳和月球引力的作用下，发生一种周期性涨落的现象，称为潮汐。从涨潮到涨潮（或落潮到落潮）之间间隔的时间，即潮汐运动的周期（亦称潮期），约为 12h 又 25min。在一个潮汐周期内，相邻高潮位与低潮位间的差值，称为潮差，其大小受引潮力、地形和其他条件的影响因时因地而异，一般为数米。有了这样的潮差，就可以在沿海的港湾或河口建坝，构成水库，利用潮差所形成的水头来发电，这就是潮汐能的开发。

利用潮汐能发电的水电站称为潮汐水电站。潮汐电站多修建于海湾。其工作原理是修建海堤，将海湾与海洋隔开，并设泄水闸和电站厂房，然后利用潮汐涨落时海水位的升降，使海水流经水轮机，通过水轮机的转动带动发电机组发电。涨潮时外海水位高于内库水位，形成水头，这时引海水入湾发电；退潮时外海水位下降，低于内库水位，可放库中的水入海发电。海潮昼夜涨落两次，因此海湾每昼夜充水和放水也是两次。潮汐水电站可利用的水头为潮差的一部分，水头较小，但引用的海水流量可以很大，是一种低水头大流量的水电站。

潮汐能与一般水能资源不同，是取之不尽，用之不竭的。潮差较稳定，且不存在枯水年与丰水年的差别，因此潮汐能的年发电量稳定，但由于发电的开发成本较高和技术上的原因，所以发展较慢。

（六）无调节水电站和有调节水电站

水电站除按开发方式进行分类外，还可以按其是否有调节天然径流的能力而分为无调节水电站和有调节水电站。

无调节水电站没有水库，或虽有水库却不能用来调节天然径流。当天然流量小于电站能够引用的最大流量时，电站的引用流量就等于或小于该时刻的天然流量；当天然流量超过电站能够引用的最大流量时，电站最多也只能利用它所能引用的最大流量，超出的那部分天然流量只好弃水。

凡是具有水库，能在一定限度内按照负荷的需要对天然径流进行调节的水电站，统称为有调节水电站。根据调节周期的长短，有调节水电站又可分为日调节水电站、年调节水电站及多年调节水电站等，视水库的调节库容与河流多年平均年径流量的比值（称为库容系数）而定。无调节和日调节水电站又称径流式水电站。具有比日调节能力大的水库的水电站又称蓄水式水电站。

在上述的水电站中，坝后式水电站和混合式水电站一般都是有调节的；河床式水电站和引水式水电站则常是无调节的，或者只具有较小的调节能力，如日调节。

二、泵站知识

（一）泵站的主要建筑物

1. 进水建筑物

进水建筑物包括引水渠道、前池、进水池等。其主要作用是衔接水源地与泵房，其体型应有利于改善水泵进水流态，减少水力损失，为主泵创造良好的引水条件。

2. 出水建筑物

出水建筑物有出水池和压力水箱两种主要形式。出水池是连接压力管道和灌排干渠的衔接建筑物，起消能稳流作用。压力水箱是连接压力管道和压力涵管的衔接建筑物，起汇流排水的作用，这种结构形式适用于排水泵站。

3. 泵房

安装水泵、动力机和辅助设备的建筑物，是泵站的主体工程，其主要作用是为主机组和运行人员提供良好的工作条件。泵房结构形式的确定，主要根据主机组结构性能、水源水位变幅、地基条件及枢纽布置，通过技术经济比较，择优选定。泵房结构形式较多，常用的有固定式和移动式两种，下面分别介绍。

（二）泵房的结构型式

1. 固定式泵房

固定式泵房按基础型式的特点又可分为分基型、干室型、温室型和块基型四种。

（1）分基型泵房。

分基型泵房即泵房基础与水泵机组基础分开建筑的泵房。这种泵房的地面高于进水池的最高水位，通风、采光和防潮条件都比较好，施工容易，是中小型泵站最常采用的结构型式。

分基型泵房适用于安装卧式机组，且水源的水位变化幅度小于水泵的有效吸程，以保证机组不被淹没的情况。要求水源岸边比较稳定，地质和水文条件都比较好。

（2）干室型泵房。

干室型泵房即泵房及其底部均用钢筋混凝土浇筑成封闭的整体，在泵房下部形成一个无水的地下室。这种结构比分基型复杂，造价高，但可以防止高水位时，水通过泵房四周和底部渗入。

干室型泵房无论是卧式机组还是立式机组都可以采用，其平面形状有矩形和圆形两种，其立面上的布置可以是一层的或者多层的，视需要而定。这种形式的泵房适用于以下场合：水源的水位变幅大于泵的有效吸程；采用分基型泵房在技术和经济上不合理；地基承载能力较低和地下水位较高。设计中要校核其整体稳定性和地基应力。

（3）温室型泵房。

温室型泵房下部有一个与前池相通并充满水的地下室的泵房，一般分两层，下层是温室，上层安装水泵的动力机和配电设备，水泵的吸水管或者泵体淹没在温室的水面以下。温室可以起进水池的作用，温室中的水体重量可平衡一部分地下水的浮托力，温室中的水体重量可平衡一部分地下水的浮托力，增强了泵房的稳定性。口径1m以下的立式或者卧式轴流泵及立式离心泵都可以采用温室型泵房。这种泵房一般都建在软弱地基上，因此对其整体稳定性应予以足够的重视。

（4）块基型泵房。

块基型泵房是指用钢筋混凝土把水泵的进水流道与泵房的底板浇成一块整体，并作为泵房的基础的泵房。安装立式机组的这种泵房立面上按照从高到低的顺序可分为电机层、连轴层、水泵层和进水流道层。

水泵层以上的空间相当于干室型泵房的干室，可安装主机组、电气设备、辅助设备和管道等；水泵层以下进水流道和排水廊道，相当于温室型泵房的进水池。进水流道设计成钟形或者弯肘形，以改善水泵的进水条件。从结构上看，块基型泵房是干室型和温室型泵房的发展。由于这种泵房结构的整体性好，自身的重量大，抗浮和抗滑稳定性较好，它适用于以下情况：口径大于1.2m的大型水泵；需要泵房直接抵挡外河水压力；适用于各种地基条件。根据水力设计和设备布置确定这种泵房的尺寸之后，还要校核其抗渗、抗滑以及地基承载能力，确保在各种外力作用下，泵房不产生滑动倾倒和过大的不均匀沉降。

2. 移动式泵房

在水源的水位变化幅度较大，建固定式泵站投资大、工期长、施工困难的地方，应优先考虑建移动式泵站。移动式泵房具有较大的灵活性和适应性，没有复杂的水下建筑结构，但其运行管理比固定式泵站复杂。这种泵房可以分为泵船和泵车两种。

承载水泵机组及其控制设备的泵船可以用木材、钢材或钢丝网水泥制造。木制泵船的优点是一次性投资少、施工快，基本不受地域限制；缺点是强度低、易腐烂、防火效果差、使用期短、养护费高，且消耗木材多。钢船强度高，使用年限长，维护保养好的钢船使用寿命可达几十年，它没有木船的缺点；但建造费用较高，使用钢材较多。钢丝网水泥船具有强度高，耐久性好，节省钢材和木材，造船施工技术并不复杂，维修费用少，重心低，稳定性好，使用年限长等优点。

根据设备在船上的布置方式，泵船可以分为两种型式：将水泵机组安装在船甲板上面的上承式和将水泵机组安装在船舱底骨架上的下承式。泵船的尺寸和船身形状根据最大排水量条件确定，设计方法和原则应按内河航运船舶的设计规定进行。

选择泵船的取水位置应注意以下几点：河面较宽，水足够深，水流较平稳；洪水期不会漫坡，枯水期不出现浅滩；河岸稳定，岸边有合适的坡度；在通航和放筏的河道中，泵船与主河道有足够的距离防止撞船；应避开大回流区，以免漂浮物聚集在进水口，影响取水；泵船附近有平坦的河岸，作为泵船检修的场地。

泵车是将水泵机组安装在河岸边轨道上的车子内，根据水位涨落，靠绞车沿轨道升降小车改变水泵的工作高程的提水装置。其优点是不受河道内水流的冲击和风浪运动的影响，稳定性较泵船好，缺点是受绞车工作容量的限制，泵车不能做得太大，因而其抽水量较小。其使用条件如下：水源的水位变化幅度为 10 ～ 35m，涨落速度不大于 2m/h；河岸比较稳定，岸坡地质条件较好，且有适宜的倾角，一般以 10° ～ 30° 为宜；河流漂浮物少，没有浮冰，不易受漂木、浮筏、船只的撞击；河段顺直，靠近主流；单车流量在 1m³/s 以下。

（三）泵房的基础

基础是泵房的地下部分，其功能是将泵房的自重、房顶屋盖面积、积雪重量、泵房内设备重量及其荷载和人的重量等传给地基。基础和地基必须具备足够的强度和稳定性，以防止泵房或设备因沉降过大或不均匀沉降而引起厂房开裂和倾斜，设备不能正常运转。

基础的强度和稳定性既取决于其形状和选用的材料，又依赖于地基的性质，而地基的性质和承载能力必须通过工程地质勘测加以确定。设计泵房时，应综合考虑荷载的大小、结构、地基和基础的特性，选择经济可靠的方案。

1. 基础的埋置深度

基础的底面应该设置在承载能力较大的老土层上，填土层太厚时，可通过打桩、换土等措施加强地基承载能力。基础的底面应该在冰冻线以下，以防止水的结冰和融化。在地下水位较高的地区，基础的底面要设在最低地下水位以下，以避免因地下水位的上升和下降而增加泵房的沉降量和引起不均匀沉陷。

2. 基础的形式和结构

基础的形式和大小取决于其上部的荷载和地基的性质，需通过计算确定。泵房常用的基础有以下几种。

（1）砖基础。用于荷载不大、基础宽度较小、土质较好及地下水位较低的地基上，分基型泵房多采用这种基础。由墙和大方脚组成，一般砌成台阶形，由于埋在土中比较潮湿，需采用不低于 75 号的黏土砖和不低于 50 号的水泥砂浆砌筑。

（2）灰土基础。当基础宽度和埋深较大时，采用这种形式，以节省大方脚用砖。这种基础不宜做在地下水和潮湿的土中。由砖基础、大方脚和灰土垫层组成。

（3）混凝土基础。适合于地下水位较高，泵房荷载较大的情况。可以根据需要做成任何形式，其总高度小于 0.35m 时，截面常做成矩形；总高度在 0.35 ～ 1.0m，用踏步形；基础宽度大于 2.0m，高度大于 1.0m 时，如果施工方便常做成梯形。

（4）钢筋混凝土基础。适用于泵房荷载较大，而地基承载力又较差和采用以上基础不经济的情况。由于这种基础底面有钢筋，抗拉强度较高，故其高宽比较前述基础小。

第二章　水利工程规划管理的意义

第一节　我国水利工程和水利工程管理的地位

水利工程是指在江河、湖泊和地下水源上开发、利用、控制、调配和保护水资源的各类工程。人类社会为了生存和可持续发展的需要，采取各种措施，适应、保护、调配和改变自然界的水和水域，以求在与自然和谐共处、维护生态环境的前提下，合理开发利用水资源，并防治洪、涝、干旱、污染等各种灾害。为达到这些目的而修建的工程称为水利工程。在人类的文明史上，四大古代文明都发祥于著名的河流，如古埃及文明诞生于尼罗河畔，中华文明诞生于黄河、长江流域。因此丰富的水力资源不仅滋养了人类最初的农业，而且孕育了世界的文明。水利是农业的命脉，人类的农业史，也可以说是发展农田水利、克服旱涝灾害的战天斗地史。

人类社会自从进入 21 世纪，社会生产规模日益扩大，对能源需求量越来越大，而现有的能源又是有限的，人类渴望获得更多的清洁能源，补充现有能源的不足，同时加上洪水灾害一直威胁着人类的生命财产安全，人类在积极治理洪水的同时又努力利用水能源。水利工程既满足了人类治理洪水的愿望，又满足了人类的能源需求。水利工程按服务对象或目的可分为：将水能转化为电能的水力发电工程；为防止、控制洪水灾害的防洪工程；防止水质污染和水土流失，维护生态平衡的环境水利工程和水土保持工程；防止旱、渍、涝灾害而服务于农业生产的农田水利工程，即排水工程、灌溉工程；为工业和生活用水服务，排除、处理污水和雨水的城镇供、排水工程；改善和创建航运条件的港口、航道工程；增进、保护渔业生产的渔业水利工程；满足交通运输需要、工农业生产的海涂围垦工程等。一项水利工程同时为发电、防洪、航运、灌溉等多种目标服务的水利工程，称为综合水利工程。我国正处在社会主义现代化建设的重要时期，为满足社会生产的能源需求及保证人民生命财产安全的需要，我国已进入大规模的水利工程开发阶段。水利工程给人类带来了巨大的经济、政治、文化效益。它具备防洪、发电、航运功能，对促进相关区域的社会、经济发展具有战略意义。水利工程引起的移民搬迁，促进了各民族间的经济、文化交流，有利于社会稳定。水利工程是文化的载体，大型水利工程所形成的共同的行为规则，促进了工程文化的发展，人类在治水过程中形成的哲学思想指导着水利工程实践。长期以来繁重的水利工程任务也对我国科学的水利工程管理产生了巨大的需求。

一、我国水利工程在国民经济和社会发展中的地位

我国是水利大国，水利工程是抵御洪涝灾害、保障水资源供给和改善水环境的基础建设工程，在国民经济中占有非常重要的地位。水利工程在防洪减灾、粮食安全、供水安全、生态建设等方面起到了很重要的保障作用，其公益性、基础性、战略性毋庸置疑。水利工程在促进经济发展，保持社会稳定，保障供水和粮食安全，提高人民生活水平，改善人居环境和生态环境等方面具有极其重要的作用。

我们国家向来重视水利工程的建设，治水历史源远流长，一部中华文明史也就是中国人民的治水史。古人云：治国先治水，有土才有邦。水利的发展直接影响到国家的发展，治水是个历史性难题。历史上著名的治水英雄有大禹、李冰、王景等。他们的治水思想都闪耀着中国古人的智慧光华，在治水方面取得了卓越的成绩。人类进入21世纪，科学技术日新月异，为了根治水患，各种水利工程也相继开建。特别是近十年来水利工程投资规模逐年加大，各地众多大型水利工程陆续上马，初步形成了防洪、排涝、灌溉、供水、发电等工程体系。由此可见，水利工程是支持国民经济发展的基础，其对国民经济发展的支撑能力主要表现为满足国民经济发展的资源性水需求，提供生产、生活用水，提供水资源相关的经济活动基础，如航运、养殖等，同时为国民经济发展提供环境性用水需求，发挥净化污水、容纳污染物、缓冲污染物对生态环境冲击等作用。如以商品和服务划分，则水利工程为国民经济发展提供了经济商品、生态服务和环境服务等。

中华人民共和国成立以来，大规模水利工程建设取得了良好的社会效益和经济效益，水利事业的发展为经济发展和人民安居乐业提供了基本保障。

长期以来，洪水灾害是世界上许多国家都发生的严重自然灾害之一，也是中华民族的心腹之患。由于中国水文条件复杂，水资源时空分布不均，与生产力布局不相匹配。独特的国情水情决定了中国社会发展对科学的水利工程管理的需求，这包括防治水旱灾害的任务需求，国家投入大量人力、物力和财力对七大流域和各主要江河进行大规模治理。而中国又拥有世界上最多的人口，支撑的人口经济规模巨大，是世界第二大经济体，中国过去几十年创造了世界最快经济增长纪录，面临的生态压力巨大，中国生态环境状况整体脆弱，庞大的人口规模和高速经济增长导致生态环境系统持续恶化。随着人口的增长和城市化的快速发展，干旱造成的用水缺口将会不断增大，干旱风险及损失亦将持续上升，而水利工程在防洪减灾方面作用显著。随着经济社会的快速发展，水利建设进程加快，以三峡工程、南水北调工程为标志，一大批关系国计

民生和经济发展的重点水利工程相继开工建设，我国已初步形成了大江大河大湖的防洪排涝工程体系，有效地控制了常遇洪水，抗御了大洪水和特大洪水，减轻了洪涝灾害损失，特别是确保黄河岁岁安澜。总的来看，七大江河现有的防洪工程对占全国的1/3 的人口，1/4 的耕地，包括京、津、沪在内的许多重要城市，以及国家重要的铁路、公路干线都起到了安全保障作用。

在支撑经济社会发展方面，大量蓄水、引水、提水工程有效提升了我国水资源的调控能力和城乡供水保障能力。全国总供水量有显著增加。供水工程建设为国民经济发展、工农业生产、人民生活提供了必要的供水保障条件，发挥了重要的支撑作用，农村饮水安全人口、全国水电总装机容量、水电年发电量均有显著增加。因水利工程的建设以及科学的水利工程管理作用，全国水土流失综合治理面积也日益增加。

灌溉工程为农业发展特别是粮食稳产、高产创造了有利的前提条件，奠定了农业长期稳步发展的基础，巩固了农业在国民经济发展中的基础地位。大多数水利工程，特别是大型水利枢纽的建设地点多数选在高山峡谷、人烟稀少地区，水利枢纽的建设大大加速了地区经济和社会的发展进程，甚至出现跨越式发展。另外，我国的小水电建设还解决了山区缺电问题，不仅促进了农村乡镇企业发展和产业结构调整，还加快了老少边穷地区农牧民致富。在保护生态环境方面，水利建设为改善环境做出了积极贡献，其中水土保持和小流域综合治理改善了生态环境，水力发电的发展减少了环境污染，为改善大气环境做出了贡献，农村小水电不仅解决了能源问题，还为实施封山育林、恢复植被等创造了条件，另外污水处理与回用、河湖保护与治理也有效地保护了生态环境。

水利工程之所以能够发挥如此重要的作用，与科学的水利工程管理密不可分。由此可见，水利工程管理在我国国民经济和社会发展中占据十分重要的地位。

二、我国水利工程管理在工程管理中的地位

工程管理是指为实现预期目标，有效地利用资源，对工程进行决策、计划、组织、指挥、协调与控制。工程管理的对象和目标是工程，是指专业人员运用科学原理对自然资源进行改造的一系列过程，可为人类活动创造更多便利条件。工程建设需要应用物理、数学、生物等基础学科知识，并在生产生活实践中不断总结经验。水利工程管理作为工程管理理论和方法论体系中的重要组成部分，既有与一般专业工程管理相同的共性，又有与其他专业工程管理不同的特殊性，其工程的公益性（兼有经营性、安全性、生态性等特征），使水利工程管理在工程管理体系中占有独特的地位。水利工程管理又是生态管理、低碳管理和循环经济管理，是建设"两型"社会（资源节约型和环境友好型的社会形态）的必要手段，可以作为我国工程管理的重点和示范，对于我国转变经济发展方式、走可持续发展道路和建设创新型国家的影响深远。

水利工程管理是水利工程的生命线，贯穿于项目的始末，包含着对水利工程质量、安全、经济、适用、美观、实用等方面的科学、合理的管理，以充分发挥工程作用，提高使用效益。由于水利工程项目规模过大，施工条件比较艰难，涉及环节较多，服务范围较广，影响因素复杂，组成部分较多，功能系统较全，所以技术水平有待提高，在设计规划、地形勘测、现场管理、施工建筑阶段难免出现问题或纰漏。另外，由于水利设备长期处于水中作业受到外界压力、腐蚀、渗透、融冻等各方面影响，经过长时间的运作磨损速度较快，所以需要通过管理进行完善、修整、调试，以更好地进行工作，确保国家和人民生命与财产的安全，社会的进步与安定，经济的发展与繁荣，因此水利工程管理具有重要性和责任性。

第二节　我国水利工程管理对经济发展的推动作用

大规模水利工程建设可以取得良好的社会效益和经济效益，为经济发展和人民安居乐业提供基本保障，为国民经济健康发展提供有力支撑，水利工程是国民经济的基础性产业。大型水利工程是具有综合功能的工程，它具有巨大的防洪、发电、航运功能和一定的旅游、水产、引水和排涝等效益。它的建设对我国的华中、华东、西南三大地区的经济发展，促进相关区域的经济社会发展，具有重要的战略意义，对我国经济发展可产生深远的影响。大型水利工程将促进沿途城镇的合理布局与调整，使沿江原有城市规模扩大，促进新城镇的建立和发展，农村人口向城镇转移，使城镇人口上升，加快城镇化建设的进程。同时，科学的水利工程管理也与农业发展密切相关。而农业是国民经济的基础，建立起稳固的农业基础，首先要着力改善农业生产条件，促进农业发展。水利是农业的命脉，重点建设农田水利工程，优先发展农田灌溉是必然的选择。正是中华人民共和国成立之后的大规模农田水利建设，为我国粮食产量超过万亿斤，实现"十连增"奠定了基础。农田水利还为国家粮食安全保障做出巨大贡献，巩固了农业在国民经济中的基础地位，从而保证国民经济能够长期持续地健康发展以及社会的稳定和进步。经济发展和人民生活的改善都离不开水，水利工程为城乡经济发展、人民生活改善提供了必要的保障条件，科学的水利工程管理又为水利工程的完备建设提供了保障。

我国水利工程管理对国民经济发展的推动作用主要体现在如下几方面。

一、对转变经济发展方式和可持续发展的推动作用

可持续发展观是相对于传统发展观而提出的一种新的发展观。传统发展观以工业

化程度来衡量经济社会的发展水平。自 18 世纪初工业革命开始以来，在长达 200 多年的受人称道的工业文明时代，借助科学技术革命的力量，大规模地开发自然资源，创造了巨大的物质财富和现代物质文明，同时也使全球生态环境和自然资源遭到了最严重的破坏。显然，工业文明相对于小生产的"农业文明"而言，是一个巨大飞跃。但它给人类社会与大自然带来了巨大的灾难和不可估量的负效应，带来生态环境严重破坏、自然资源日益枯竭、自然灾害泛滥、人与人的关系严重异化、人的本性丧失等后果。"人口爆炸、资源短缺、环境恶化、生态失衡"已成为困扰全人类的四大显性危机，面对传统发展观支配下的工业文明带来的巨大负效应和威胁，自 20 世纪 30 年代以来，世界各国的科学家们开始不断地发出警告，理论界苦苦求索，人类终于领悟了一种新的发展观——可持续发展观。

从水资源与社会、经济、环境的关系来看，水资源不仅是人类生存不可替代的一种宝贵资源，而且是经济发展不可缺少的一种物质基础，也是生态与环境维持正常状态的基础条件。因此，可持续发展，也就是要求社会、经济、资源、环境的协调发展。然而，随着人口的不断增长和社会经济的迅速发展，用水量也在不断增加，水资源的有限与社会经济发展、水与生态保护的矛盾愈来愈突出，如出现的水资源短缺、水质恶化等问题。如果再按目前的趋势发展下去，水问题将更加突出，甚至对人类的威胁是灾难性的。

水利工程是实现现代化宏伟战略目标的命脉、基础和安全保障。在传统的水利工程模式下，单纯依靠兴修工程防御洪水，依靠增加供水满足国民经济发展对于水的需求，这种通过消耗资源换取增长、牺牲环境谋取发展的方式，是一种粗放、扩张、外延型的增长方式。这种增长方式在支撑国民经济快速发展的同时，也付出了资源枯竭、环境污染、生态破坏的沉重代价，因而是不可持续的。

面对新的形势和任务，科学的水利工程管理利于制定合理规范的水资源利用方式。科学的水利工程管理有利于我国经济发展方式从粗放、扩张、外延型转变为集约、内涵型。且我国水利工程管理有利于开源节流、全面推进节水型社会建设，调节不合理需求，提高用水效率和效益，进而保障水资源的可持续利用与国民经济的可持续发展。再者，其以提高水资源产出效率为目标，降低万元工业增加值用水量，提高工业水重复利用率，发展循环经济，为现代产业提供支撑。

当前，水资源供需矛盾突出仍然是可持续发展的主要瓶颈。马克思和恩格斯把人类的需要分成生存、享受和发展三个层次，从水利发展的需求角度就对应着安全性、经济性和舒适性三个层次。从世界范围的近现代治水实践来看，在水利事业发展面临的"两对矛盾"之中，通常优先处理水利发展与经济社会发展需求之间的矛盾。水利发展大体上可以由防灾减灾、水资源利用、水系景观整治、水资源保护和水生态修复五方面内容组成。以上五个方面之中，前三个方面主要是处理水利发展与经济社会系统之间的关系。后两个方面主要是处理水利发展与生态环境系统之间的关系，各种水利发展事项属于不同类别的需求，防灾减灾、饮水安全、灌溉用水等，主要是"安全性需求"；生产供水、水电、水运等，主要是"经济性需求"；水系景观、水休闲娱乐、高品质用水，主要是"舒适性需求"；水环境保护和水生态修复，则安全性需求和舒适性需求兼而有之，这是生态环境系统的基础性特征决定的。比如，水源地保护和供水水质达标主要属于"安全性需求"，而更高的饮水水质标准如纯净水和直饮水的需求，则属于"舒适性需求"。水利发展需求的各个层次，很大程度上决定了水利发展供给的内容。无论是防洪安全、供水安全、水环境安全，还是景观整治、生态修复，这些都具有很强的公益性，均应纳入公共服务的范畴。这决定了水利发展供给主要提供的是公共服务，水利发展的本质是不断提高水利的公共服务能力。根据需求差异，公共服务可分为基础公共服务和发展公共服务。基础公共服务主要是满足"安全性"的需求，为社会公众提供从事生产、生活、发展和娱乐等活动都需要的基础性服务，如提供防洪抗旱、除涝、灌溉等基础设施；发展公共服务是为满足社会发展需要所提供的各类服务，如城市供水、水力发电、城市景观建设等，更强调满足经济发展的需求及公众对舒适性的需求。一个社会存在各种各样的需求，水利发展需求也在其中。在经济社会发展的不同水平，水利发展需求在社会各种需求中的相对重要性在不断发生变化。随着经济的发展，水资源供需矛盾也日益突出：在水资源紧缺的同时，用水浪费严重，水资源利用效率较低。当前，解决水资源供需矛盾，必然需要依靠水利工程，而科学的水利工程管理是可持续发展的推动力。

二、对农业生产和农民生活水平提高的促进作用

水利工程管理是促进农业生产发展，提高农业综合生产能力的基本条件。农业是第一产业，民以食为天，农村生产的发展首先是以粮食为中心的农业综合生产能力的发展，而农业综合生产能力提高的关键在于农业水利工程的建设和管理。在一些地区农业水利工程管理落后，重建设轻管理，已经成为农业发展的瓶颈了。另外，加强农业水利工程管理有利于提高农民生活水平与质量。社会主义新农村建设的一个十分重要的目标就是增加农民收入，提高农民生活水平，而加强农村水利工程等基础设施建设和管理成为基本条件。例如，可以通过农村饮水工程保障农民饮水安全，通过供水工程的有效管理，可以带动农村环境卫生和个人条件的改善，降低各种流行疾病的发病率。

水利工程在国民经济发展中具有极其重要的作用，科学的水利工程管理会带动很多相关产业的发展，如农业灌溉、养殖、航运、发电等。水利工程使人类生生不息，且促进了社会文明的前进。从一定程度上讲，水利工程推动了现代产业的发展，若缺失了水利工程，也许社会就会停滞不前，人类的文明也将受到挑战。而科学的水利工程管理可推动各产业的发展。

科学的水利工程管理可推动农业的发展。"有收无收在于水、收多收少在于肥"的农谚道出了水利工程对粮食和农业生产的重要性。我国农业用水方式粗放，耕地缺少基本灌溉条件，现有灌区普遍存在标准低、配套差、老化失修等问题，严重影响农业稳定发展和国家粮食安全。近年来，水利建设在保障和改善民生方面取得了重大进展，一些与人民群众生产生活密切相关的水利问题尤其是农村水利发展的问题与农民的生活息息相关。而完备的水利工程建设离不开科学的水利工程管理。首先，科学的水利工程管理，有利于解决灌溉问题，消除旱情灾害。农业生产主要追求粮食产量，以种植水稻、小麦、油菜为主，但是这些作物如果在没有水或者在水资源比较缺乏的情况下会极大地影响它们的产量，因此加强农田水利工程建设可以满足粮食作物的生长需要，解决了灌溉问题，消除了灾情的灾害，给农民也带来了可观的收益。其次，科学的水利工程管理有利于节约农田用水，减少农田灌溉用水损失。

在大涝之年农田用水不缺少的情况下，可以利用水利工程建设将多余的水积攒起来，以便日后需要时使用。另外，蔬菜、瓜果、苗木实施节水灌溉是促进农业结构调整的必要保障，加大农业节水力度、减少灌溉用水损失，有利于解决农业面的污染，有利于转变农业生产方式，有利于提高农业生产力。这就大大减少了水资源不必要的浪费，起到了节约农田用水的目的。最后，科学的水利工程管理有利于减少农田的水土流失。大涝天气会引起农田水土流失，影响农村生态环境。当发生大涝灾害时，水土资源会受到极大的影响，肥沃的土地肥料会因洪涝的发生而减少，丰富的土质结构也会遭到破坏，农作物产量亦会随之减少。而科学的水利工程管理，促进渠道兴修，引水入海，利于减少农田水土流失。

三、对其他各产业发展的推动作用

水利工程建设和管理有效地带动和促进了其他产业如建材、冶金、机械、燃油等的发展，增加了就业的机会。由于受保护区抗洪能力明显提高，人民群众生产生活的安全感和积极性大大增强，工农业生产成本大幅度降低，直接提高经济效益和人均收入，为当地招商引资和扩大再生产提供重要支撑，促进了工农业生产加速发展。水利的前向效应远大于后向效应，表明水利投资对国民经济贡献大，水利应作为国家投资的重点。前向效应的大小顺序是防洪、供水、水电、灌溉、水土保持。间接就业效应带来的就业效益则要更大，就业总效远高于建材、冶金和机械等基础产业。

科学的水利工程管理可推动水产养殖业的发展。首先，科学的水利工程管理有利于改良农田水质。水产养殖受水质的影响很大。水污染带来的水环境恶化、水质破坏问题日益严重，水产养殖受此影响很大。而随着水产养殖业的发展，水源水质的标准要求也随之更加严格。当水源污染、水质破坏发生时，水产养殖业的发展就会受到影响。而科学的水利工程管理，有利于改良农田水质，促进水产养殖业的发展。其次，科学的水利工程管理有利于扩大鱼类及水生物生长环境，为渔业发展提供有利条件。例如，三峡工程建坝后，库区改变原来滩多急流型河道的生态环境，水面较天然河道增加近两倍，上游有机物质、营养盐将有部分滞留库区，库水湿度变肥、变清，有利于饵料生物和鱼类繁殖生长。冬季下游流量增大，鱼类越冬条件将有所改善。这些条件的改善，均利于推动水产养殖业的发展。

科学的水利工程管理可推动航运的发展。以三峡工程为例，据预测，川江下水运量到 2030 年将达到 5000 万吨。三峡工程修建后，航运条件明显改善，万吨级船队可直达重庆，运输成本可降低近三分之一。不修建三峡工程，虽可采取航道整治辅以出川铁路分流，满足 5000 万吨出川运量的要求，但工程量很大，且无法改善川江坡陡流急的现状，万吨级船队不能直达重庆，运输成本也难大幅度降低。三峡水利工程的修建，推动了三峡附近区域的航运发展。而欲使三峡工程尽最大限度地发挥其航运作用，需对其予以科学的管理。故而科学的水利工程管理可推动航运的发展。

科学的水利工程管理还可为旅游业发展起到推动作用。水利工程的建设推动了各地沿河各种水景区景点的开发建设，科学的水利工程管理有助于水利工程旅游业的发展。水利工程旅游业的发展既可以发掘各地沿河水资源的潜在效益，带动沿线地方经济的发展，促进经济结构、产业结构的调整，也可以促进水生态环境的改善，美化净化城市环境，提高人民生活质量，并提高居民收入。由于水利工程旅游业涉及交通运输、住宿餐饮、导游等众多行业，依托水利工程旅游，可提高地方整体经济水平，并增加就业机会，甚至吸引更多劳动人口，进而推动旅游服务业的发展，提高居民的收入水平和生活标准。

科学的水利工程管理还有助于优化电能利用。现在，水电工程已成为维持整个国家电力需求正常供应的重要来源。而科学的水利工程管理有助于对水利电能的合理开发与利用。

第三节　我国水利工程管理对社会发展的推动作用

随着工业化和城镇化的不断发展，科学的水利工程管理有利于增强防灾减灾能力，强化水资源节约保护工作，扭转听天由命的水资源利用局面，进而推动社会的发展。

一、对社会稳定的作用

水利工程管理有利于构建科学的防洪体系，而科学的防洪体系可减轻洪水的灾害，保障人民生命财产安全和社会稳定。全国主要江河初步形成了以堤防、河道整治、水库、蓄滞洪区等为主的工程防洪体系，在抗御历年发生的洪水中发挥了重要作用，有利于社会稳定。

社会稳定首先涉及的是人与人、不同社会群体、不同社会组织之间的关系。这种关系的核心是利益关系，而利益关系与分配密切相关，利益分配是否合理，是社会稳定与否的关键。分配问题是个大问题。分配不公和收入差距拉大已经成为不争的事实，是导致社会不稳定的基础性因素。而科学的水利工程管理，有利于水利工程的修建与维护，有利于提高水利工程沿岸居民的收入水平，有利于缩小贫富差距，改善分配不均的局面，进而有利于维护社会稳定。科学的水利工程管理有助于构建社会稳定风险系统控制体系，从而将社会稳定风险降到最低，进而保障社会稳定。由于水利工程本来就是大型国家民生工程，其具有失事后果严重，损失大的特点，而水情又是难以控制的，一般水利工程都是根据百年一遇洪水设计，而无法排除是否会遇到更大设计流量的洪水，当更大流量洪水发生时，所造成的损失必然是巨大的，也必然会引发社会稳定问题，而科学的水利工程管理可将损失降到最小。同时水利工程的修建可能会造成大量移民，而这部分背井离乡的人是否能得到妥善安置也与社会稳定与否息息相关，此时必然得依靠科学的水利工程管理。

大型水利工程的移民促进了汉族与少数民族之间的经济、文化交流，促进了内地和西部少数民族的平等、团结、互助、合作、共同繁荣的谁也离不开谁的新型民族关系的形成。工程是文化的载体。而水利工程文化是其共同体在工程活动中所表现或体现出来的各种文化形态的集结或集合。水利工程在工程活动中会形成共同的风格、共同的语言、共同的办事方法及其存在着的共同行为规则。作为规则，水利工程活动则包含着决策程序、审美取向、验收标准、环境和谐目标、建造目标、施工程序、操作守则、生产条例、劳动纪律等，这些规则促进了水利工程文化的发展，哲学家将其上升为哲理指导人们的水利工程活动。李冰在修建都江堰水利工程的同时也修建了中华民族治水文化的丰碑，是中华民族治水哲学的升华。都江堰水利工程是一部水利工程科学全书：它包含系统工程学、流体力学、生态学，体现了尊重自然、顺应自然规律并把握其规律的哲学理念。它留下的"治水"三字经、八字真言如："深淘滩、低作堰""遇弯截角、逢正抽心"，至今仍是水利工程活动的主导哲学思想，其哲学思想促进了民族同胞的交流，促进了民族大团结。再者，水利工程能发挥综合的经济效益，给社会经济的发展提供强大的清洁能源支持，为养殖、旅游、灌溉、防洪等提供条件，从而提高相关区域居民的物质生活条件，促进社会稳定。概括起来，水利工程管理对社会稳定的作用主要可以概括为以下方面：

第一，水利工程管理为社会提供了安全保障。水利工程最初的一个作用就是可以进行防洪，减少水患的发生。依据以往的资料记载，我国的洪水主要发生在长江、黄河、松花江、珠江以及淮河等河流的中下游平原地区，水患的发生不仅仅影响到了社会经济的健康发展，同时对人民群众的安全也会造成一定的影响。通过在河流的上游进行水库的兴建，在河流的下游扩大排洪，使得这些河流的防洪能力得到了很好的提升。随着经济社会的快速发展，水利建设进程加快，以三峡工程、南水北调工程为标志，一大批关系国计民生的重点水利工程相继进入建设、使用和管理阶段。当前，我国已初步形成了大江大河大湖的防洪排涝工程体系，有效地控制了常遇洪水，抗御了大洪水和特大洪水，减轻了洪涝灾害损失，特别是确保黄河的岁岁安澜。总的来看，七大江河现有的防洪工程对占全国 1/3 的人口，1/4 的耕地，包括京、津、沪在内的许多重要城市，以及国家重要的铁路、公路干线都起到了安全保障作用。

第二，水利工程管理有助于促进农业生产。水利工程对农业有着直接的影响，通过兴修水利，可以使农田得到灌溉，农业生产的效率得到提升，促进农民丰产增收。灌溉工程为农业发展特别是粮食稳产、高产创造了有利的前提条件，奠定了农业长期稳步发展的基础，巩固了农业在国民经济发展中的基础地位。虽然我国人口众多，但是因为水利工程的兴建与管理使土地灌溉的面积大大增加，这使全国人民的基本口粮得到了满足，为解决 14 亿人口的穿衣吃饭问题立下不可代替的功劳。

第三，水利工程管理有助于提高城乡人民生产生活水平。大量蓄水、引水、提水工程有效提升了我国水资源的调控能力和城乡供水保障能力。水利工程管理向城乡提供清洁的水源，有效地推动了社会经济的健康发展，保障了人民群众的生活质量，也在一定程度上促进了经济和社会的健康发展。

二、对和谐社会建设的推动作用

社会主义和谐社会是人类孜孜以求的一种美好社会，马克思主义政党不懈追求的一种社会理想。构建社会主义和谐社会，是我们党以马克思列宁主义、毛泽东思想、邓小平理论和"三个代表"重要思想为指导，全面贯彻落实科学发展观，学习习近平新时代中国特色社会主义思想，从中国特色社会主义事业总体布局出发提出的重大战略任务，反映了建设富强民主文明和谐的社会主义现代化国家的内在要求，体现了全党全国各族人民的共同愿望。人与自然的和谐关系是社会主义和谐社会的重要特征，人与水的关系是人与自然关系中最密切的关系。只有加强和谐社会建设，才能实现人水和谐，使人与自然和谐共处，促进水利工程建设可持续发展。水利工程发展与和谐社会建设具有十分密切的关系，水利工程发展是和谐社会建设的重要基础和有力支撑，有助于推动和谐社会建设。

水利工程活动与社会的发展紧密相连，和谐社会的构建离不开和谐的水利工程活动。树立当代水利工程观，增强其综合集成意识，有益于和谐社会的构建。从历史的视野来看，中西方文化对于人与自然的关系有着不同的理解。中国古代哲学主张人与自然和谐相处和"天人合一"，如都江堰水利工程就是"天人合一"的最高典范。自然是人类认识改造的对象，工程活动是人类改造自然的具体方式。传统的水利工程活动通常认为水利工程是改造自然的工具，人类可以向自然无限制地索取以满足人类的需要，这样就导致水利工程活动成为破坏人与自然关系的直接力量。在人类物质极其缺乏，科技不发达时期，人类为满足生存的需要，这种水利工程观有其合理性。随着社会发展，社会系统与自然系统相互作用不断增强，水利工程活动不但对自然界造成影响，而且还会影响社会的运行发展。在水利工程活动过程中，会遇到各种不同的系统内外部客观规律的相互作用问题。如何处理它们之间的关系是水利工程研究的重要内容，因而，我们必须以当代和谐水利工程观为指导，树立水利工程综合集成意识，推动和谐社会的构建步伐：要使大型水利工程活动与和谐社会的要求相一致，就必须以当代水利工程观为指导协调社会规律、科学规律、生态规律，综合体现不同方面的要求，协调相互冲突的目标；摒弃传统的水利工程观念及其活动模式，探索当代水利工程观的问题，揭示大型水利工程与政治、经济、文化、社会、环境等相互作用的特点及其规律；在水利工程规划、设计、实施中，运用科学的水利工程管理，化冲突为和谐，为和谐社会的构建做出水利工程实践方面的贡献。

人与自然和谐相处是社会和谐的重要特征和基本保障，而水利是统筹人与自然和谐的关键。人与水的关系直接影响人与自然的关系，进而会影响人与人的关系、人与社会的关系。如果生态环境受到严重破坏，人民的生产生活环境恶化，如果资源能源供应高度紧张，经济发展与资源能源矛盾尖锐，人与人的和谐、人与社会的和谐就无法实现，建设和谐社会就无从谈起。科学的水利工程管理以可持续发展为目标，尊重自然，善待自然，保护自然，严格按自然经济规律办事，坚持防洪抗旱并举，兴利除害结合，开源节流并重，量水而行，以水定发展，在保护中开发，在开发中保护，按照优化开发、重点开发、限制开发和禁止开发的不同要求，明确不同河流或不同河段的功能定位，实行科学合理开发，强化生态保护。在约束水的同时，必须约束人的行为；在防止水对人的侵害的同时，更要防止人对水的侵害；在对水资源进行开发、利用、治理的同时，更加注重对水资源的配置、节约和保护；从无节制的开源趋利、以需定供转变为以供定需，由"高投入、高消耗、高排放、低效益"的粗放型增长方式向"低投入、低消耗、低排放、高效益"的集约型增长方式转变；由以往的经济增长为唯一目标，转变为经济增长与生态系统保护相协调，统筹考虑各种利弊得失，大力发展循环经济和清洁生产，优化经济结构，创新发展模式，节能降耗，保护环境；以水利工程管理手段进一步规范和调节与水相关的人与人、人与社会的关系，实行自律式发展，科学的水利工程管理利于科学治水，在防洪减灾方面，给河流以空间，给洪水以出路，建立完善工程和非工程体系，合理利用雨洪资源，尽量减少灾害损失，保持社会稳定；在应对水资源短缺方面，协调好生活、生产、生态用水，全面建设节水型社会，大力提高水资源利用效率；在水土保持生态建设方面，加强预防、监督、治理和保护，充分发挥大自然的自我修复能力，改善生态环境；在水资源保护方面，加强水功能区管理，制定水源地保护监管的政策和标准，核定水域纳污能力和总量，严格排污权管理，依法限制排污，尽力保证人民群众饮水安全，进而推动和谐社会建设。概括起来，水利工程管理对和谐社会建设的作用可以概括如下：

第一，水利工程管理通过改变供电方式有利于经济、生态等多方面和谐发展。

水力发电已经成为我国电力系统十分重要的组成部分。中华人民共和国成立之后，一大批大中型水利工程的建设为生产和生活提供大量的电力资源，极大地方便了人民群众的生产生活，也在一定程度上改变了我国过度依赖火力发电的局面，这也有利于环境的改善。我国不管是水电装机的容量还是水利工程的发电量，都处在世界前列，特别是农村小水电的建设有力地推动了农村地区乡镇企业的发展，为进行农产品的深加工、进行农田灌溉等做出了巨大的贡献。三峡工程、小浪底水利工程、二滩水利工程等一大批有着世界影响力的水利枢纽工程的建设，预示着我国水利工程的建设已经进入了一个十分重要的阶段。

第二，水利工程管理有助于保护生态环境，促进旅游等第三产业发展。

水利建设为改善环境做出了积极贡献，其中水土保持和小流域综合治理改善了生态环境，水力发电的发展减少了环境污染，为改善大气环境做出了贡献，农村小水电不仅解决了能源问题，还为实施封山育林、恢复植被等创造了条件；另外，污水处理与回用、河湖保护与治理也有效地保护了生态环境。水利工程在建成之后，库区的风景区使得山色、瀑布、森林以及人文等紧密地融合在一起，呈现出一派山水林岛的和谐画面，是绝佳的旅游胜地，如举世瞩目的三峡工程在建设之后成为一个十分著名的旅游景点，吸引了大量的游客前往参观，感受三峡工程的魅力，这在很大程度上促进了旅游收益的提升，增加了当地群众的经济收入。

第三，水利工程管理具有多种附加值，有利于推动航运等相关产业发展。

水利工程管理在对水利工程进行设计规划、建设施工、运营、养护等管理过程中，有助于发掘水利工程的其他附加值，如航运产业的快速发展。内河运输的一个十分重要的特点就是成本较低，通过进行水运可以增加运输量，降低运输的成本，满足交通发展需要的同时促进经济的快速发展。水利工程的兴建与管理使内河运输得到了发展，长江的"黄金水道"正是在水利工程的不断完善和兴建的基础之上得到发展和壮大的。

第四节　我国水利工程管理对生态文明的促进作用

生态，指生物之间以及生物与环境之间的相互关系与存在状态，亦即自然生态。

自然生态有着自在自为的发展规律，人类社会改变了这种规律，把自然生态纳入人类可以改造的范围之内，这就形成了文明。生态文明是人类文明发展的一个新阶段，即工业文明之后的文明形态；生态文明是人类遵循人、自然、社会和谐发展这一客观规律而取得的物质与精神成果的总和；生态文明是以人与自然、人与人、人与社会和谐共生、良性循环、全面发展、持续繁荣为基本宗旨的社会形态。它以尊重和维护生态环境为主旨，以可持续发展为根据，以未来人类的继续发展为着眼点。这种文明观强调人的自觉与自律，强调人与自然环境的相互依存、相互促进、共处共融。三百年的工业文明以人类征服自然为主要特征。世界工业化的发展使征服自然的文化达到极致；一系列全球性生态危机说明地球再无能力支持工业文明的继续发展。需要开创一个新的文明形态来延续人类的生存，这就是生态文明。如果说农业文明是黄色文明，工业文明是黑色文明，那生态文明就是绿色文明。生态文明在刘惊铎的《生态体验论》中被定义为从自然生态、类生态和内生态之三重生态圆融互摄的意义上反思人类的生存发展过程，系统思考和建构人类的生存方式。生态文明强调人的自觉与自律，强调人与自然环境的相互依存、相互促进、共处共融，既追求人与生态的和谐，也追求人与人的和谐，而且人与人的和谐是人与自然和谐的前提。可以说，生态文明是人类对传统文明形态特别是工业文明进行深刻反思的成果，是人类文明形态和文明发展理念、道路和模式的重大进步。

科学的水利工程管理可以转变传统的水利工程活动运转模式，使水利工程活动更加科学有序，同时促进生态文明建设。若没有科学的水利工程理念作指导，水利工程会对水生态系统造成某种胁迫，如水利工程会造成河流形态的均一化和不连续化，引起生物群落多样性水平下降，但科学合理的水利工程管理有助于减少这一现象的发生，尽量避免或减少水利工程所引起的一些后果。

若不考虑科学的水利工程管理，仅仅从水利工程出发，则势必会造成对生态的极大破坏。因为水利工程活动主要关注人对自然的改造与征服，忽视自然的自我恢复能力，忽略了过度地开发自然会造成自然对人类的报复，既不考虑水利工程对社会结构及变迁的影响，也不考虑社会对水利工程的促进与限制。且在水利工程的决策、运行与评估的过程中，只考虑人的社会活动规律与生态环境的外在约束条件，没将其视为水利工程活动的内在因素。但运用科学的水利工程管理，可形成科学的水利工程理念。此时水利工程考虑的不再仅仅是人对自然的征服改造，它是在科学发展观的基础上，协调人与自然的关系，工程活动既考虑当代人的需要又考虑到后代人的需求，是和谐的水利工程。运用科学水利工程管理理念的水利工程转变了传统水利工程的粗放发展方式。运用科学水利工程管理理念的水利工程活动是一种集约式的工程活动，与当代的经济发展模式相适应，其具备较完善的决策、实施、评估等相关系统，也会成为知识密集型、资源集约型的造物活动，具备更高的科技含量。再者，其在改造环境的同时保护环境，使生态环境能够可持续发展，将生态环境作为工程活动的外在约束条件，以生态因素作为水利工程决策、运行、评估的内在要素。

科学的水利工程管理对生态文明的促进作用主要体现在以下两方面：

一、对资源节约的促进作用

节约资源是保护生态环境的根本之策。节约资源意味着价值观念、生产方式、生活方式、行为方式、消费模式等多方面的变革，涉及各行各业，与每个企业、单位、家庭、个人都有关系，需要全民积极参与。必须利用各种方式在全社会广泛培育节约资源意识，大力倡导珍惜资源、节约资源风尚，明确确立和牢固树立节约资源理念，形成节约资源的社会共识和共同行动，全社会齐心合力共同建设资源节约型、环境友好型社会。资源是增加社会生产和改善居民生活的重要支撑，节约资源的目的并不是减少生产和降低居民消费水平，而是使生产相同数量的产品能够消耗更少的资源，或者用相同数量的资源能够生产更多的产品，创造更高的价值，使有限资源能更好地满足人民群众物质文化生活需要。只有通过资源的高效利用，才能实现这个目标，因此，转变资源利用方式，推动资源高效利用，是节约利用资源的根本途径。要通过科技创新和技术进步深入挖掘资源利用效率，促进资源利用效率不断提升，真正实现资源高效利用，努力用最小的资源消耗支撑经济社会发展。科学的水利工程管理，有助于完善水资源管理制度，加强水源地保护和用水总量管理，加强用水总量控制和定额管理，制订和完善江河流域水量分配方案，推进水循环利用，建设节水型社会。科学的水利工程管理，可以促进水资源的高效利用，减少资源消耗。

我国经济社会快速发展和人民生活水平提高对水资源的需求与水资源时空分布不均以及水污染严重的矛盾，对建设资源节约型和环境友好型社会形成倒逼机制。人的命脉在田，在人口增长和耕地减少的情况下保障国家粮食安全对农田水利建设提出了更高的要求，水利工作需要正确处理经济社会发展和水资源的关系，全面考虑水的资源功能、环境功能和生态功能，对水资源进行合理开发、优化配置、全面节约和有效保护。水利面临的新问题需要有新的应对之策，而水利工程管理又是由问题倒逼而产生，同时又在不断解决问题中得以深化。

二、对环境保护的促进作用

从宇宙来看，地球是一个蔚蓝色的星球，地球的储水量是很丰富的，共有约 14.5 亿立方千米之多，其 72% 的表面积覆盖水。但实际上，地球上 97.5% 的水是咸水，又咸又苦，不能饮用，不能灌溉，也很难在工业应用，能直接被人们生产和生活利用的，少得可怜。地球上淡水仅有 2.5%，而这其中将近 70% 冻结在南极和格陵兰的冰盖中，其余的大部分是土壤中的水分或是深层地下水，难以供人类开采使用。江河、湖泊、水库等来源的水较易于开采供人类直接使用，但其数量不足世界淡水的1%，约占地球上全部水的0.007%。全球淡水资源不仅短缺而且地区分布极不平衡，而我国又是一个干旱缺水严重的国家。水环境恶化，严重影响了我国经济社会的可持续发展，而科学的水利工程管理可以促进淡水资源的科学利用，加强水资源的保护，对环境保护起到促进性的作用。水利是现代化建设不可或缺的首要条件，是经济社会发展不可替代的基础支撑，当然也是生态环境改善不可分割的保障系统，其具有很强的公益性、基础性、战略性。

同时，科学的水利工程管理可以加快水力发电工程的建设，而水电又是一种清洁能源，水电的发展有助于减少污染物的排放，进而保护环境。水力发电相比于火力发电等传统发电模式在污染物排放方面有着得天独厚的优势，水力发电成本低，水力发电只是利用水流所携带的能量，无需再消耗其他动力资源，水力发电直接利用水能，几乎没有任何污染物排放。当前，大多数发达国家的水电开发率很高，有的国家甚至高达90%以上，而发展中国家的水电资源开发水平极低，一般在10%左右。水电是清洁、环保、可再生能源，可以减少污染物的排放量，改善空气质量；还可以通过"以电代柴"有效保护山林资源，提高森林覆盖率并且保持水土。

一般情况下，地区性气候状况受大气环流所控制，但修建大、中型水库及灌溉工程后，原先的陆地变成了水体或湿地，使局部地表空气变得较湿润，对局部小气候会产生一定的影响，主要表现在对降雨、气温、风和雾等气象因子的影响。而科学的水利工程管理就可对地区的气候施加影响，因时制宜，因地制宜，利于水土保持。而水土保持是生态建设的重要环节，也是资源开发和经济建设的基础工程，科学的水利工程管理，可以快速控制水土流失，提高水资源利用率，通过促进退耕还林还草及封禁保护，加快生态自我修复，实现生态环境的良性循环，改善生产、生活和交通条件，为开发创造良好的建设环境，对于环境保护具有重要的促进作用。

而大型水利工程通常既是一项具有巨大综合效益的水利枢纽工程，又是一项改造生态环境的工程。人工自然是人类为满足生存和发展需要而改造自然环境，建造一些生态环境工程。例如，三峡工程具有巨大的防洪效益，可以使荆江河段的防洪标准由十年一遇提高到百年一遇，即使遇到类似特大洪水，也可避免发生毁灭性灾害，这样就可以有效减免洪水灾害对长江中游富庶的江汉平原和洞庭湖区生态环境的严重破坏。最重要的是可以避免人口的大量伤亡，避免洪灾带来的饥荒、救灾赈济和灾民安置等一系列社会问题，可减免洪灾对人们心理上造成的威胁，减缓洞庭湖淤积速度，延长湖泊寿命，还可改善中下游枯水期的时间。三峡水电站与火电相比，为国家节省大量原煤，可以有效地减轻对周围环境的污染，具有巨大的环境效益，每年可少排放上万吨二氧化碳，上百万吨二氧化硫，上万吨一氧化碳，几十万吨氮氧化合物，以及大量的废水、废渣；可减轻因有害气体的排放而引起酸雨的危害。三峡工程还可使长江中下游枯水季节的流量显著增大，有利于珍稀动物白鳍豚及其他鱼类安全越冬，减免因水浅而发生的意外死亡事故，还有利于减少长江口盐水上溯长度和入侵时间，减少上海市区人民吃"咸水"的时间，由此看来，三峡工程的生态环境效益是巨大的。水生态系统作为生态环境系统的重要部分，在物质循环、生物多样性、自然资源供给和气候调节等方面起到举足轻重的作用。

三、对农村生态环境改善的促进作用

促进生态文明是现代社会发展的基本诉求之一，建设社会主义新农村要实现村容整洁，就必须加强农业水利工程建设，统筹考虑水资源利用、水土流失与污染等一系列问题及其防治措施，实现保护和改善农村生态环境的目的。水利工程管理是现代农业建设不可或缺的首要条件，是经济社会发展不可替代的基础支撑，是生态环境改善不可分割的保障系统，具有很强的公益性、基础性、战略性。加快水利工程发展，不仅事关农业农村发展，而且事关经济社会发展全局；不仅关系到防洪安全、供水安全、粮食安全，而且关系到经济安全、生态安全、国家安全。要把水利工程管理工作摆在党和国家事业发展更加突出的位置，着力加快农田水利工程建设和管理，推动水利工程管理实现跨越式发展。

水利工程管理对农村生态环境改善的促进作用可以具体归纳为以下几点：

（一）解决旱涝灾害

水资源作为人类生存和发展的根本，具有不可替代的作用，但是对于我国而言，由于不同气候条件的影响，水资源的空间分布极不均匀，南方水资源丰富，在雨季常常出现洪涝灾害，而北方水资源相对不足，常见干旱，这两种情况都在很大程度上影响了农业生产的正常进行，影响着人们的日常生产和生活。而水利工程管理，可以有效解决我国水资源分布不均的问题，解决旱涝灾害，促进经济的持续健康发展，如南水北调工程，就是其中的代表性工程。

（二）改善局部生态环境

在经济发展的带动下，人们的生活水平不断提高，人口数量不断增加，对于资源和能源的需求也在不断提高，现有的资源已经无法满足人们的生产和生活需求。而通过水利工程的兴建和有效管理，不仅可以有效消除旱涝灾害，还可以对局部区域的生态环境进行改善，增加空气湿度，促进植被生长，为经济的发展提供良好的环境支持。

（三）优化水文环境

水利工程管理，能够对水污染情况进行及时有效的治理，对河流的水质进行优化。以黄河为例，由于上游黄土高原的土地沙化现象日益严重，河流在经过时，会携带大量的泥沙，产生泥沙的淤积和拥堵现象，而通过兴修水利工程，利用蓄水、排水等操作，可以大大增加下游的水流速度，对泥沙进行排泄，保证河道的畅通。

第五节　我国水利工程管理与科技发展的互推作用

工程科技与人类生存息息相关。温故而知新。回顾人类文明历史，人类生存与社会生产力发展水平密切相关，而社会生产力发展的一个重要源头就是工程科技。工程造福人类，科技创造未来。工程科技是改变世界的重要力量，它源于生活需要，又归于生活之中。历史证明，工程科技创新驱动着历史车轮飞速旋转，为人类文明进步提供了不竭动力源泉，推动人类从蒙昧走向文明，从游牧文明走向农业文明、工业文明，走向信息化时代。中华人民共和国成立以来，中国经济社会快速发展，其中工程科技创新驱动功不可没。当今世界，科学技术作为第一生产力的作用愈益凸显，工程科技进步和创新对经济社会发展的主导作用更加突出。

一、水利工程管理对工程科技体系的影响和推动作用

古往今来，人类创造了无数令人惊叹的工程科技成果，古代工程科技创造的许多成果至今仍存在着，见证了人类文明编年史。如古埃及金字塔、古罗马斗兽场、柬埔寨吴哥窟、印度泰姬陵等古代建筑奇迹，再如中国的造纸术、火药、印刷术、指南针等重大技术创造和万里长城、都江堰、京杭大运河等重大工程，都是当时人类文明形成的关键因素和重要标志，都对人类文明发展产生了重大影响，都对世界历史演进具有深远意义。中国是有着悠久历史的文明古国，中华民族是富有创新精神的民族。五千年来，中国古代的工程科技是中华文明的重要组成部分，也为人类文明的进步做出了巨大贡献。

近代以来，工程科技更直接地把科学发展同产业发展联系在一起，成为经济社会发展的主要驱动力。每一次产业革命都同技术革命密不可分。18世纪，蒸汽机引发了第一次产业革命，导致从手工劳动向动力机器生产转变的重大飞跃，使人类进入了机械化时代。19世纪末至20世纪上半叶，电机和化工引发了第二次产业革命，使人类进入了电气化、核能、航空航天时代，极大提高了社会生产力和人类生活水平，缩小

了国与国、地区与地区、人与人的空间和时间距离，地球变成了一个"村庄"。20世纪下半叶，信息技术引发了第三次产业革命，使社会生产和消费从工业化向自动化、智能化转变，社会生产力再次大提高，劳动生产率再次大飞跃。工程科技的每一次重大突破，都会催发社会生产力的深刻变革，都会推动人类文明迈向新的更高的台阶。

中华人民共和国成立以来，中国大力推进工程科技发展，建立起独立的、比较完整的、有相当规模和较高技术水平的工业体系、农业体系、科学技术体系和国防体系，取得了一系列伟大的工程科技成就，为国家安全、经济发展、社会进步和民生改善提供了重要支撑，实现了向工业化、现代化的跨越发展。特别是改革开放40多年来，中国经济社会快速发展，其中工程科技创新驱动功不可没。"两弹一星"、载人航天、探月工程等一批重大工程科技成就，大幅度提升了中国的综合国力和国际地位，而科学的水利工程管理更是催生了三峡工程、南水北调等一大批重大水利工程建设成功，大幅度提升了中国的基础工业、制造业、新兴产业等领域创新能力和水平，推动了完整工程科技体系的构建进程，同时推动了农业科技、人口健康、资源环境、公共安全、防灾减灾等领域工程科技发展，大幅度提高了14亿中国人的生活水平和质量。

二、水利工程对专业科技发展的推动作用

工程科技已经成为经济增长的主要动力，推动基础工业、制造业、新兴产业高速发展，支撑了一系列国家重大工程建设。科学的水利工程管理可以推动专业科技的发展。例如，三峡水利工程就发挥了巨大的综合作用，其超临界发电、水力发电等技术已达到世界先进水平。

改革开放后，我国经济社会发展取得了举世瞩目的成就，经济总量跃居世界第二，众多主要经济指标名列世界前列。但我们必须清醒地认识到，虽然我国经济规模很大，但依然大而不强，我国经济增速很快，但依然快而不优。主要依靠资源等要素投入推动经济增长和规模扩张的粗放型发展方式是不可持续的。中国的发展正处在关键的战略转折点，实现科学发展、转变经济发展方式刻不容缓。而这最根本的是要依靠科技力量，提高自主创新能力，实施创新驱动发展战略，把发展从依靠资源、投资、低成本等要素驱动转变到依靠科技进步和人力资源优势上来。而水利工程的特殊性决定了加强技术管理势在必行。水利工程的特殊性主要表现在两个方面。一方面，水利工程是我国各项基础建设中最为重要的基础项目，其关系到农业灌溉，关系到社会生产正常用水，关系到整个社会的安定，如果不重视技术管理，极有可能埋下技术隐患，使水利工程质量出现问题。另一方面，水利工程的工程量大，施工中需要多个工种的协调作业，而且工期长，施工中容易受到各种自然和社会因素的制约。当然，水利工程技术要求较高，施工中会出现一些意想不到的技术难题，如果不做好充分的技术准备工作，极有可能导致施工的停滞。正是基于水利工程的这种特殊性，才可体现科学的

水利工程管理的重要性，其可为水利工程施工的顺利进行和高质量的完工奠定基础。具体说来，水利工程管理对专业科技发展的推动作用如下所述。

水利工程安全管理信息系统开发利用。水利工程管理工作推动现场自动采集系统、远程传输系统的开发研制；中心站网络系统与综合数据库的建立及信息接收子系统、数据库管理子系统、安全评价子系统与信息服务子系统以及中央指挥站等的开发应用。

土石坝的养护与维修。土石坝所用材料是松散颗粒状的，土粒间的连接强度低，抗剪能力小，颗粒间孔隙较大，因此易受到渗流、冲刷、沉降、冰冻、地震等的影响。在运用过程中常常会因渗流而产生渗透破坏和蓄水的大量损失；因沉降导致坝顶高程不够和产生裂缝；因抗剪能力小、边坡不够平缓、渗流等而产生滑坡；因土粒间连接力小，抗冲能力低，在风浪、降雨等作用下而造成坝坡的冲蚀、侵蚀和护坡的破坏，所以也不允许坝顶过水；因气温的剧烈变化而引起坝体土料冻胀和干缩等。故要求土石坝有稳定的坝身、合理的防渗体和排水体、坚固的护坡及适当的坝顶构造，并在运用过程中加强监测和维护。土石坝的各种破坏都有一定的发展过程，针对可能出现病害的形势和部位，加强检查，如在病害发展初期能够及时发现，并采取措施进行处理和养护，防止轻微缺陷的进一步扩展和各种不利因素对土石坝的过大损害，保证土石坝的安全，延长土石坝的使用年限。在检查过程中，经常会用到槽探、井探及注水检查法、甚低频电磁检查法（工作频率为 15～35 千赫，发射功率为 20～1000 千瓦）、同位素检查法（同位素示踪测速法、同位素稀释法和同位素示踪吸附法）。

混凝土坝及浆砌石坝的养护与维修。混凝土坝和浆砌石坝主要靠重力维持稳定，其抗滑稳定往往是坝体安全的关键，当地基存在软弱夹层或缺陷，在设计和施工中又未及时发现和妥善处理时，往往使坝体与地基抗滑稳定性不够，而成为最危险的病害。此外，由于温度变化、应力过大或不均匀沉陷，都可能使坝体产生裂缝，并沿裂缝产生渗漏。水下修补加固技术方面，水下不分散混凝土在众多工程中成功应用，水下裂缝、伸缩缝修补成套技术已研制成功，水下高性能快速密封堵漏灌浆材料得到成功应用。大面积防渗补强新材料、新技术方面，聚合物水泥砂浆作为防渗、防腐、防冻材料得到大范围推广应用，喷射钢纤维混凝土大面积防渗取得成功，新型水泥基渗透结晶防水材料在水工混凝土的防渗修补中得到应用。

碾压混凝土及面板胶结堆石筑坝技术。碾压混凝土坝涉及结构设计的改进、材料配比的研究、施工方法的改进、温控方法及施工质量控制。在水利工程管理中，需要做好面板胶结堆石坝，集料级配及掺入料配合比的试验；做好胶结堆石料的耐久性、坝体可能的破坏形态及安全准则、坝体及其材料的动力特性、高坝坝体变形特性及对上游防渗体系的影响分析。此外，水利工程抗震技术、地震反应及安全监测、震害调查、抗震设计以及抗震加固技术也不断得到应用。

堤防崩岸机理分析、预报及处理技术。水利工程管理需要对崩岸形成的地质资料及河流地质作用、崩岸变形破坏机理、崩岸稳定性、崩岸监测及预报技术、崩岸防治及施工技术、崩岸预警抢险应急技术及决策支持系统进行分析和研究。

深覆盖层堤坝地基渗流控制技术。水利工程管理需要完善防渗体系、防渗效果检测技术，分析超深、超薄防渗墙防渗机理，开发质优价廉的新型防渗土工合成材料，开发适应大变形的高抗渗塑性混凝土。

水利工程老化及病险问题分析技术。在水利管理中，水利工程老化病害机理、堤防隐患探测技术与关键设备、病险堤坝安全评价与除险加固决策系统、堤坝渗流控制和加固关键技术、长效减压技术、堤坝防渗加固技术、已有堤坝防渗加固技术的完善与规范化都在推动专业工程科技的不断发展。

高边坡技术。在水利工程管理中，高边坡技术包括高边坡工程力学模型破坏机理和岩石力学参数，高边坡研究中的岩石水力学，高边坡稳定分析及评价技术，高边坡加固技术及施工工艺，高边坡监测技术，以及高边坡反馈设计理论和方法。

新型材料及新型结构。水利新型材料涉及新型混凝土外加剂与掺和料、自排水模板、各种新型防护材料、各种水上和水下修补新材料、各种土工合成新材料，以及用于灌浆的超细水泥等。

水利工程监测技术。高精度、耐久、强抗干扰的小量程钢弦式孔隙水压力计，智能型分布式自动化监测系统，水利工程中的光导纤维监测技术，大型水利工程泄水建筑物长期动态观测及数据分析评价方法，网络技术在水利工程监测系统中的应用，大坝工作与安全性态评价专家系统，堤防安全监测技术，水利工程工情与水情自动监测系统，高坝及超高坝的关键技术：设计参数的分析，强度、变形及稳定计算的分析，高速及超高速水力学的分析等。

水库管理。对工程进行维修养护，防止和延缓工程老化、库区淤积、自然和人为破坏，延长水库使用年限。及时掌握各种建筑物和设备的技术状况，了解水库实际蓄泄能力和有关河道的过水能力，收集水文气象资料的情报、预报以及防汛部门和各用水户的要求。要在库岸防护、水库控制运用、水库泥沙淤积的防治等方面进行技术推广与应用。

溢洪道的养护与维修。对于大多数水库来说，溢洪道泄洪机会不多，宣泄大流量洪水的机会则更少，有的几年甚至十几年才泄一次水。但是，由于还无法准确预报特大洪水的出现时间，故溢洪道每年都要做好宣泄最大洪水的预防和准备工作。溢洪道的泄洪能力主要取决于控制段能否通过设计流量，根据控制段的堰顶高程、溢流前缘总长、溢流时堰顶水头用一般水力学的堰流或孔流公式进行复核，而且需要全面掌握准确的水库集水面积、库容、地形、地质条件和来水来沙量等基本资料。

水闸的养护与修理。水闸多数修建在软土地基上，是一种既挡水又泄水的低水头水工建筑物，因而它在抗滑稳定、防渗、消能防冲及沉陷等方面都有其自身的工作特点，当土工建筑物发生渗漏、管涌时，一般采用上游堵截渗漏，下游反虑导渗的方法进行及时处理，根据情况采用开挖回填或灌浆方法处理。

渠系输水建筑物的养护与修理。渠系建筑物属于渠系配套建筑物，承担灌区或城市供水的输配水任务，按照用途可分为控制建筑物、交叉建筑物、输水建筑物、泄水建筑物、量水建筑物。输水建筑物输水流量、水位和流速常受水源条件、用水情况和渠系建筑物的状态发生较大而频繁的变化。灌溉渠道行水与停水受季节和降雨影响显著，维护和管理与此相适应。位于深水或地下的渠系建筑物，除要承受较大的山岩压力、渗透压力外，还要承受巨大的水头压力及高速水流的冲击作用力。在地面的建筑物又要经受温差作用、冻融作用、冻胀作用以及各种侵蚀作用，这些作用极易使建筑物发生破坏。此外，在一个工程中，渠系建筑物数量多，分布范围大，所处地形条件和水文地质条件复杂，受到自然破坏和人为破坏的因素较多，且交通运输不便，维修施工不便，对工程科技的要求较高。

水利水电工程设备的维护。在水电站、泵站、水闸、倒虹、船闸等水利工程中均涉及一些相关设备，设备已成为水利工程的主要组成部分，对水利工程效益的发挥和安全运行起着至关重要的作用。金属结构设备的维护。金属结构是用型钢材料，经焊铆等工艺方法加工而成的结构体，在水闸、引水等工程中被广泛采用，有挡水类、输水类、拦污类及其他钢结构类型。一般钢结构在运行中要受水的冲刷、冲击、侵蚀、气蚀、振荡以及较大的水头压力等作用。这就需要对锈蚀、润滑等进行处理，需要在涂料保护、金属保护、外加电流阴极保护与涂料保护联合等技术方面进行开发。

防汛抢险。江河堤防和水库坝体作为挡水设施，在运用过程中由于受外界条件变化的作用，自身也发生相应结构的变化而形成缺陷，这样一到汛期，这些工程存在的隐患和缺陷都会暴露出来，一般险情主要有风浪冲击、洪水漫顶、散浸、陷坑、崩岸、管涌、漏洞、裂缝及堤坝溃决等。要做好雨情、水情和枢纽工情的测报、预报准备等，包括测验设施和仪器、仪表的检修、校验，报讯传输系统的检修试机，水情自动测报系统的检查、测试，以及预报曲线图表、计算机软件程序、大屏幕显示系统与历史暴雨、洪水、工程变化对比资料准备等，保证汛情测报系统运转灵活，为防洪调度提供准确、及时的测报、预报资料和数据。

地下工程。在水利工程管理中，需要进行复杂地质环境下大型地下洞室群岩体地质模型的建立及地质超前预报，不均匀岩体围岩稳定力学模型及岩体力学作用研究，围岩结构关系研究，岩石力学参数确定及分析研究，强度及稳定性准则研究，应力场与渗流场的耦合研究，大型地下洞室群工程模型研究，洞室群布置优化，洞口边坡与洞室相互影响及其稳定性和变形破坏规律研究，地下洞室群施工顺序、施工技术优化，地下洞室围岩加固机理及效应研究，大型地下洞室群监测技术研究，隧洞盾构施工关键技术研究，岩爆的监测、预报及防治技术以及围岩大变形支护材料和控制技术研究。

三、科技运用对水利工程管理的推进作用

水利工程管理通过引进新技术、新设备，改造和替代现有设备，改善水利管理条件；加强自动监测系统建设，提高监测自动化程度；积极推进信息化建设，提升监测、预报和决策的现代化水平。引进新技术、新设备是水利工程能长期稳定带来经济效益的有效途径。在原有资源基础上，不断改善运行环境，做到具有创新性且有可行性，从而提高工程整体的运营能力，是未来水利工程管理的要求。

20 世纪 80 年代以前，水利工程管理基本处于人工管理模式，即根据人们长期工作的实践经验，借助常规的工具、机电设施和普通的通信手段，采取人工观测、手工操作等工作方式，处理工程管理的各类图表绘制、数据计算和文字编辑，发布水情、工情调度指令和启闭调节各类工程建筑物。到 90 年代初期，通信、计算机技术在水利工程管理中开始得到初步应用，但也只是作为一般的辅助工具，主要用于通信联络、文字编辑、图表绘制和打印输出，最多作些简单的编程计算，通信、计算机等先进技术未能得到全面普及和应用，其技术特性和系统效益不能得以充分发挥。

近年来，随着现代通信和计算机等技术的迅猛发展，以及水利信息化建设进程不断加快，水利工程管理开始由传统型的经验管理逐步转换为现代化管理。各级工程管理部门着手利用通信、计算机、程控交换、图文视讯和遥测遥控等现代化技术，配置相应的硬、软件设施，先后建立通信传输、计算机网络、信息采集和视频监控等系统，实现水情、工情信息的实时采集、水工建筑物的自动控制、作业现场的远程监视、工程视讯异地会商及办公自动化等。具体来说，现代信息技术的应用对水利工程管理的推动作用如下所述：

（一）物联网技术的应用

物联网技术是完成水利信息采集、传输以及处理的重要方法，也是我国水利信息化的标志。近年来，伴随着物联网技术的日益发展，物联网技术在水利信息管理尤其是在水利资源建设中得到了广泛的应用并起到了决定性作用。目前，我国水利管理部已经完成了信息管理平台的构建和完善，用户想要查阅我国各地的水利信息，只要通过该平台就能完成。为了能够对基础水利信息动态实现实时把握，我国也加大了对基层水利管理部门的管理力度，给科学合理的决策提供了有效的信息资源。由于物联网具有快速传播的特点，水利管理部门对物联网水利信息管理系统的构建也不断加强。在水利管理服务中，物联网技术有两个作用，分别为在水利信息管理系统中的作用和对水利信息智能化处理的作用。为了能够通过物联网对水利信息及时地掌握并制定有效措施，可以采用设置传感器节点以及 RFID 设备的方法，完成对水利信息的智能感应以及信息采集。所谓的智能处理，就是采用计算技术和数据利用对收集的信息进行

处理，进而对水利信息加以管理和控制。气候变化、模拟出水资源的调度和市场发展等问题都可以采用云计算的方法，实现应用平台的构建和开发。水利工作视频会议、水利信息采集以及水利工程监控等工作中物联网技术都得到了广泛的综合应用。

（二）遥感技术的应用

在水利信息管理中遥感技术也得到了广泛应用。其获取信息原理就是通过地表物体反射电磁波和发射电磁波，实现对不同信息的采集。近几年，遥感技术也被广泛地应用到防洪、水利工程管理和水行政执法中。遥感技术在防洪抗旱过程中，能够借助遥感系统平台实现对灾区的监测，发生洪灾后，人工无法测量出受灾面积，遥感技术能够对灾区受灾面积以及洪水持续时间进行预测，并反馈出具体灾情情况以及图像，为决策部门提供有效的决策依据。信息新技术快速发展，遥感技术在水利信息管理中也越来越重要。在使用遥感技术获取数据时，还要求其他技术与其相结合，进行系统的对接，完成对水利信息数据的整合，充分体现了遥感技术集成化的特点；遥感技术能够为水利工作者提供大量的数据，使其能够根据数据制作图像。但是在使用遥感技术时，为了能够给决策者供应辅助决策，需要对遥感系统进行专业化的模型分析，充分体现了遥感技术数字模型化特点；为了能够对数据收集、数据交换以及数据分析等做出科学准确的预测，使用遥感技术时，要设定统一的标准要求，充分体现了遥感技术标准化特点。

（三）GIS 技术的应用

GIS 技术在水利信息管理服务中对水利信息自动化起到关键性作用，反映地理坐标是 GIS 技术最大的功能特点，由于其能够对水利资源所处的地形地貌等信息做出很好的反映，因此对我国水利信息准确位置的确定起到了决定性作用。GIS 技术可以在平台上将测站、水库以及水闸等水利信息进行专题信息展示；GIS 技术也能够对综合水情预报、人口财产和受灾面积等进行准确的定量估算分析；GIS 技术能够集成相关功能模块及相关专业模型。其中集成功能模块主要包括数据库、信息服务以及图形库等功能性模块；集成相关专业模型包括水文预报、水库调度以及气象预报等。GIS 技术在水利信息管理、水环境、防汛抗旱减灾、水资源管理以及水土保持等方面得到了广泛的应用，其应用能力也从原始的查询、检索和空间显示变成分析、决策、模拟以及预测。

（四）GPS 技术的应用

GPS（全球定位系统）技术被引入水利工程管理中，将使水利工程的管理工作变得非常方便。卫星定位系统其作用就是准确定位，它是在计算机技术和空间技术的基础上发展而来的，卫星定位技术一般都应用在抗洪抢险和防洪决策等水利信息管理工作中。卫星定位技术能够对发生险情的地理位置进行准确定位，进而给予灾区及时的救援。卫星定位系统在水利信息管理服务中有广泛应用，诸如 20 世纪末我国发生特大险情，就是通过卫星定位系统对灾区进行准确定位并进行及时救援，从而有效地控制了灾情，降低了灾害的持续发生。随着信息新技术的不断发展，卫星定位系统也与其他 RS 影像以及 GIS 平台等系统连接，进而被广泛应用到抗洪抢险工作中。采用该方法能够对灾区和险情进行准确定位，从而实施及时救援，降低了灾情的持续发展，保障了灾区人民的生命安全。

水工程管理与工程科技发展二者关系是相互依赖、相互依存的。在工程管理中，不能离开工程科技而单独搞管理，因为工程科技是管理的继续和实施，任何一种管理都离不开实施阶段，没有实施就没有效果，没有效果就等于管理失败，因此，离开工程科技，管理就不能进行。相反，也不能离开管理来单独搞技术，因为管理带动技术，技术只能通过管理才能发挥出来。没有管理做后盾，技术虽高也难以发挥，二者相互依存，缺一不可。随着水利工程在整个社会中重要性的逐渐突出，水利工程功能也要进一步拓展。这就使得水利工程的设计和施工技术要求也出现了相应的改变。水利施工必须与时俱进，要不断采用新技术、新设备，提高施工水平。相比较传统的水利工程项目，现代化的水利施工更需要有强大的技术作支撑，科学的水利工程管理可推动专业科技的发展。

第三章　农田水利工程规划与设计

第一节　农田水利概述

一、农田水利概念

水利工程按其服务对象可以分为防洪工程、农田水利工程（灌溉工程）、水力发电工程、航运及城市供水、排水工程。农田水利是水利工程类别之一，其基本任务是通过各种工程技术措施，调节和改变农田水分状况及其有关的地区水利条件，以促进农业生产的发展。农田水利在国外一般称为灌溉和排水。

农田水利主要的作用是中小型河道整治，塘坝水库及圩垸建设，低产田水利土壤改良，农田水土保持、土地整治以及农牧供水等。其主要是发展灌溉排水，调节地区水情，改善农田水分状况，防治旱、涝、盐、碱灾害，以促进农业稳产高产。本文所研究的农田水利亦主要是指灌溉系统、排水系统特征丰富的灌溉工程（灌区）。

二、农田水利工程构成

农田水利学，其内容主要包括农田水分和土壤水分运动、作物需水量与灌溉用水、灌溉技术、灌溉水源与取水枢纽、灌溉渠系的规划设计、排水系统规划设计、井灌井排、不同类型地区的水问题及其治理、灌溉排水管理。关于农田水利的构成与类型，按照农田水利工程的功能和属性可分为灌溉水源与取水枢纽、灌溉系统、排水系统三个部分。

（一）灌溉水源与取水枢纽

灌溉水源是指天然水资源中可用于灌溉的水体，有地表水、地下水和处理后的城市污水及工业废水。

取水枢纽是根据田间作物生长的需要，将水引入渠道的工程设施。针对不同类型的灌溉水源，相对应的灌溉取水方式选择上也有所不同。例如，地下水资源相对丰富的地区可以进行打井灌溉；从河流、湖泊等流域水源引水灌溉时，依据水源条件和灌区所处的相对位置，主要可分为引水灌溉、蓄水灌溉、提水灌溉和蓄引提相结合灌溉等几种方式。

1. 引水取水

当河流水量丰富，不经调蓄即能满足灌溉用水要求时，在河道的适当地点修建引水建筑物，引河水自流灌溉农田。引水取水分无坝取水和有坝取水。

无坝取水，当河流枯水时期的水位和流量都能满足自流灌溉要求时，可在河岸上选择适宜地点修建进水闸，引河水自流灌溉农田。

有坝取水，当河流流量能满足灌溉引水要求，但水位略低于渠道引水要求的水位，这时可在河流上修建壅水建筑物（堤坝或拦河闸），抬高水位，以达到河流自流引水灌溉的目的。

2. 抽水（提水）取水

当河流内水量丰富，而灌区所处地势较高，河流的水位和灌溉所需的水位相差较大时，修建自流引水工程不便或不经济时，可以在离灌区较近的河流岸边修建抽水站，进行提水灌溉农田。

3. 蓄水提水

蓄水灌溉是利用蓄水设施调节河川径流从而进行灌溉农田。当河流的天然来水流量过程不能满足灌区的灌溉用水流量过程时，可以在河流的适当地点修建水库或塘堰等蓄水工程，调节河流的来水过程，以解决来水和用水之间的矛盾。

4. 蓄引提结合灌溉

为了充分利用地表水源，最大限度地发挥各种取水工程的作用，常将蓄水、引水和提水结合使用，这就是蓄引提结合的农田灌溉方式。

（二）灌溉系统

灌溉系统是指从水源取水，通过渠道及其附属建筑物向农田供水、经由田间工程进行农田灌水的工程系统。完整的灌溉系统包括渠首取水建筑物、各级输配水工程和田间工程等，灌溉系统的主要作用是以灌溉手段，适时适量地补充农田水分，促进农业增产。

（三）排水系统

在大部分地区，既有灌溉任务也有排水要求，在修建灌溉系统的同时，必须修建相应的排水系统。排水系统一般由田间排水系统、骨干排水系统、排水泄洪区以及排水系统建筑物所组成，常与灌溉系统统一规划布置，相互配合，共同调节农田水分状况。农田中过多的水，通过田间排水工程排入骨干排水沟道，最后排入排水泄洪区。

三、古代农田水利

我国农田水利一词最早出现在北宋时期颁布的水利法规《农田水利约束》中，灌溉一词的起源更早，《庄子·逍遥游》有"时雨将矣，而犹浸灌"。《史记·河渠书》中已有水利一词，在当时主要指农田水利，其中有郑国渠"溉泽卤之地四万余顷"的记载。在《汉书·沟渡志》中，溉、溉灌与灌溉三词并用，共同表达灌溉农田之意，灌溉一词一直保留应用到现在。排水的排字意为排泄，《孟子·滕文公上》有"决汝、汉，排淮、泗"；《汉书·沟洫志》有"排水择而居之"等语。

我国在长江下游考古中，发现有新石器时代灌溉种稻的遗迹，约有 5000 年的历史。公元前 1600—前 1100 年中国实行井田制度，划分田块，利用沟洫灌溉排水。到西周时代，沟洫工程进一步发展，并出现了蓄水工程。约公元前 600 年，孙叔敖兴建期思 - 雩娄灌区，是中国最早见于记载的灌溉工程。春秋战国时代曾修建过多处大型自流灌区工程，著名的有引漳十二渠、都江堰、郑国渠等，在此期间也已经使用桔槔提水灌溉。当时人们已认识到农田水利的重要性，《荀子·王利》曾指出："高者不旱，下者不水，寒暑和节，而五谷以时熟，是天下之事也。"秦汉时期，灌溉排水及相关农田水利建设早已由黄河、长江和淮河流域逐渐扩展到浙江、云南、甘肃河西走廊以及新疆等地。隋、唐、宋时期，我国农田水利事业进入巩固发展的新时期，太湖下游地区兴修坪田、水网；黄河中下游大面积放淤；同时，水利法规也逐渐趋于完备，唐时期有《水部式》，宋时期有《农田水利约束》等。元、明、清时期，在长江、珠江流域，特别是两湖、两广地区附近，农田水利事业得到了更进一步的开发。明天启年间有《农政全书》，书中《水利》对中国农田水利学的发展起到了先导作用；《泰西水法》为介绍西方水利技术的最早著述。

我国古代农田水利工程设施，分输水、引水、泄水、控制水流、清沙等设备，多为就地取材，用竹、木、石材料制成。

四、现代农田水利

我国的农田水利有着悠久的历史，历代劳动人民创造了很多宝贵的治水经验，在我国水利史上放射着灿烂的光辉。但是漫长的封建社会，压抑着劳动人民的积极性和创造性，严重阻碍了我国农业生产的发展，农田水利建设进展缓慢。社会主义新中国的建立，为我国农田水利事业的发展开创了无限广阔的前景。中华人民共和国成立多年来，我国农田水利事业得到了巨大发展，主要江河都得到了不同程度的治理，黄河扭转了过去经常决口的险恶局面，淮河流域基本改变了"大雨大灾、小雨小灾、无雨旱灾"的多灾现象，海河流域减轻了洪、涝、旱、碱四大灾害的严重威胁，水利资源也得到初步开发。

农业是安天下、稳民心的产业。粮食安全直接关系社会稳定和谐，关系人民的幸福安康。我国特殊的人口和水土资源条件，决定我国既是一个农业大国，也是一个灌溉大国，灌溉设施健全与否对农业综合生产能力的稳定和提高有着直接影响。农田水利建设不仅是中国农业生产的物质基础，也是我国国民经济建设的基础产业。

随着我国水利建设的不断发展，在辽阔的土地上，已出现了许多宏伟的农田水利工程，在满足灌溉农田、保持水土流失等功能的同时还创造了独特的工程景观，凝聚着我国劳动人民无穷智慧和伟大的创造力。

五、农田水利特征与发展趋势

（一）农田水利特征

农田水利工程需要修建坝、水闸、进水口、堤、渡槽、溢洪道、筏道、渠道、鱼道等不同类型的专门性水工建筑物，以实现各项农田水利工程目标。农田水利工程与其他工程相比具有以下特点。

1. 农田水利工程工作环境复杂

农田水利工程建设过程中各种水工建筑物的施工和运行通常都是在不确定的地质、水文、气象等自然条件下进行的，它们又常承受水的渗透力、推力、冲刷力、浮力等作用，这就导致其工作环境较其他建筑物更为复杂，常对施工地的技术要求较高。

2. 农田水利工程具有很强的综合性和系统性

单项农田水利工程是所在地区、流域内水利工程的有机组成部分，这些农田水利工程是相互联系的，它们相辅相成、相互制约；某一单项农田水利工程其自身往往具有综合性特征，各服务目标之间既相互联系，又相互矛盾。农田水利工程的发展往往影响国民经济的相关部门发展。因此，对农田水利工程规划与设计必须从全局统筹思考，只有综合地、系统地分析研究，才能制订出合理的、经济的优化方案。

3. 农田水利工程对环境影响很大

农田水利工程活动不但对所在地区的经济、政治、社会发生影响，而且对湖泊、河流以及相关地区的生态环境、古物遗迹、自然景观，甚至对区域气候，都将产生一定程度的影响。这种影响有积极与消极之分，因此，在对农田水利工程规划设计时必须对其影响进行调查、研究、评估，尽量发挥农田水利工程的积极作用，增加景观的多样性，把其消极影响如对自然景观的损害降到最小值。

（二）农田水利发展趋势——景观化

随着农村经济社会的发展，农田水利也从原来单一农田灌溉排水为主要任务的农业生产服务，逐渐扩大到为农业生产、农民生活和农村生态环境提供涉水服务的广泛领域。各项农田水利工程设施在满足防洪、排涝、灌溉等传统农田水利功能的前提下充分融合景观生态、美学及其他功能，已经成为广大农田水利工作者更新、更迫切的愿望。

新时期的农田水利规划与设计要着力贯彻落实国家新时期的治水方针，适应农村经济的发展与社会主义新农村的建设要求，紧紧围绕适应农村经济发展的防洪除涝减灾、水资源合理开发、人水和谐相处的管理服务体系开展有前瞻性的规划思路。依据以人为本、人水和谐的水利措施与农业、林业及环境措施相结合，因地制宜采取蓄、排、截等综合治理方式，进行农田水利与农村人居环境的综合整治。

1. 水利是前提，是基础

农田水利基本任务是通过各种工程技术措施，调节和改变农田水分状况及其有关的地区水利条件，以促进农业生产的发展。农业是国民经济的基础，搞好农业是关系到我国社会主义经济建设高速发展的全局性问题，只有农业得到了发展，国民经济的其他部门才具备最基本的发展条件。

2. 景观是主题，是提升

水利是景观化水利，是融合到自然景观里的水利。从农田水利的角度，通过合理布置各类水工建筑设施，在保证农田灌溉排涝体系安全的同时达到景观作用。传统的农田水利工程外观形式固定，在视觉上给人粗笨呆板的视觉效果，在以后的规划设计过程中，将水工建筑物的工程景观、文化底蕴与周围自然环境相融合的综合性景观节点，在保证其功能的基础上赋予农田水工建筑物全新形象。

农田水利作用的对象就是水体，将水进行引导、输送从而进行农业灌溉，两者的联系紧密结合。在我国农田水利事业发展的历程中，同时也孕育了丰富的水文化。

第二节 农田水利规划基础理论

传统的水利建设只注重对水的资源功能的开发，其建设工程如围湖造田、毁林（草）造地、填塞河道（湿地）种养殖、河道裁弯取直、水利工程阻断水流自然流动、渠沟道大址混凝土衬砌、水旱分明的高低田全部平整、林网单一化、道路硬化等在解决农田高效节水、提高耕地质量的同时忽略了整个生态系统至关重要的生态调节功能，生态系统遭受了极大的破坏，因此带来了诸多弊端，如农业面源污染加剧、水面积减少、多水塘系统破坏、水陆交错带减弱、生物多样性丧失、水资源短缺严重、水旱灾害频发等。下面介绍土地供给理论、生态水工学理论、土地集约利用理论，为之后的农田水利规划设计提供理论支撑。

一、土地供给理论

　　土地供给是指地球能够提供给人类社会利用的各类生产和生活用地的数量，通常可将土地供给分为自然供给和经济供给。我国土地储备形式分为新增建设用地（增量用地）和存量土地两种形式。其中增量土地供给属于自然供给，主要方式是将农业用地转化为非农业用地。存量土地是指经济供给，主要方式是对城市内部没有开发的土地、老城区、企事业单位低效率利用的闲置土地进行利用及对污染工厂进行搬迁等。我国城镇土地供给主要途径是增量土地供给和存量土地供给。依据我国地少人多的基本国情，使用土地时必须严格遵守土地管理制度，严格控制城市土地的增加。因此，我国目前较常使用的城市土地供给途径为增量土地供给，这种途径一般需要通过出让土地的使用权或者租赁进入市场的土地。存量土地供给主要通过提高城市土地有效利用率来提高城市的土地供给，将城市中不合理的土地利用转化成合理的土地利用方式，对解决城市土地供给需求矛盾有很大的推动作用。

　　土地的自然供给是地球为人类提供的所有土地资源数量的总和，是经济供给的基础。土地经济供给只能在自然供给范围内活动，土地的经济供给是可活动的。土地供给方式不同，造成影响土地供给的因素也不同。土地经济供给是指在土地自然供给的基础上土地由自然供给变成经济供给后，才能为人类所利用。因此，影响土地经济供给的基本因素有自然供给量、土地利用方式、土地利用的集约度、社会经济发展需求变化和工业与科技的发展等。

　　随着经济增长、城市人口的增加，城市土地供给方式与农村土地供给方式存在差异性。我们主要研究在村镇农田土地基础上的水利规划，因此通过对土地供给理论的研究，对本文土地平整研究中耕地面积增加途径提供以下两种方式：

　　（1）对区域内不合理用地进行整治，村镇耕地增加可通过村庄的拆并规整，将零散的居民点集中以增加耕地的有效面积及对区域沟塘进行合理填埋等。

　　（2）增加土地投资，或更加集约化地利用现有的土地，通过内涵式扩大方式，即在不增加村镇非农业用地面积的情况下，合理利用土地，做到地尽其用，节约利用土地，相对地扩大土地供给以满足人类对土地的需求。

二、生态水工学理论

　　生态水工学是在水工学基础上吸收、融合生态学理论建立发展的新兴的工程学科。生态水工学是运用工程、生物、管理等综合措施，以流域生态环境为基础，合理利用和保护水资源，在确保可持续发展的同时注重经济效益，最大限度满足人们生活和生产需求。生态水利是建立在较完善的工程体系基础上，以新的科学技术为动力，运用现代生物、水利、环保、农业、林业、材料等综合技术手段发展水利的方法。生态水工学以工程力学与生态学为基础，以满足人们对水的开发利用为目标，同时兼顾水体本身存在于一个健全生态系统之中的需求，运用技术手段协调人们在防洪、供水、发电、航运效益方面与生态系统建设的关系。

生态水工学的指导思想是达到人与自然和谐共处。在生态水工学建设下的水利工程既能够实现人们对水功能价值的开发利用，又能兼顾建设一个健全的河流湖泊生态系统，实现水的可持续利用。

生态水工学原理对本次农田水利结合生态理论的规划提供的理论框架如下：

（1）现有的生态水工学以水文学、水力学、结构力学、岩土力学等工程力学为基础融合生态学理论，在满足人对水的开发利用的需求同时，还要兼顾水体本身存在于一个健全生态系统之中的需求。

（2）将河沟塘看作是生态系统组成的一部分，在规划中不仅要考虑其水文循环、水利功能，还要考虑在生态系统中生物与水体的特殊依存关系。

（3）在河道、沟塘整治规划中充分利用当地生物物种，同时慎重地引进可以提高水体自净能力的其他物种。

（4）为达到水利工程设施营造一种人与自然亲近的环境的目的，城市景观设计要注意在对江河湖泊进行开发的同时，尽可能保留江河湖泊的自然形态（包括其纵横断面），保留或恢复其多样性，即保留或恢复湿地、河湾、急流和浅滩。

（5）在水利规划中考虑提供相应的技术方法和工程材料，为当地野生的水生与陆生植物、鱼类与鸟类等动物的栖息繁衍提供方便条件。

运用上述介绍的生态水工学理论为本次规划提供理论依据。

三、土地集约利用

土地集约利用是指以布局合理、结构优化和可持续发展为前提，通过增加存量土地的投入，改善土地的经营和管理，使土地利用的综合效益和土地利用的效率不断得到提高。城市土地立体空间的多维利用，就是利用土地的地面、上空和地下进行各种建设。马克伟对土地集约经营的解释是：土地集约经营是土地粗放经营的对称，是指在科学技术进步的基础上，在单位面积土地上集中投放物化劳动和活劳动，以提高单位土地面积产品产量和负荷能力的经营方式。总结前人的理论研究成果，结合现代土地利用情况，得出土地集约利用不能单纯地追求提高土地利用强度，而应当在提高城镇土地经济效益的同时注重提高城镇的环境效益及社会效益，不能此消彼长，顾此失彼。

在可持续理论提出后，土地集约利用理论增加可持续发展概念。土地集约利用理论的指导思想是，人们利用土地满足生产生活需要，同时兼顾环境的改善及生态的平衡。土地集约利用包括土地改良等方面。通过土地集约利用措施，一方面可以提高土地的使用效率，减缓城市外延扩展的速度，从而节约宝贵的土地资源，尤其是耕地，另一方面还有利于土地的可持续利用，对土地的开发利用进行合理配置。

土地集约利用理论一般为在同一块土地面积上投入较多的生产资料和劳动，进行精耕细作，用提高单位面积产量的方法来增加产品总量并取得最高经济效益。在同一种用途建设用地中，集约化程度的高低是容易判断的。因此，应尽量结合实际，选择具有高度集约化水平的用地方式。

土地利用的集约程度一般应与一定生产力水平和科学技术水平相适应，随着科学技术化水平的提高，低集约化的土地利用必然向集约化程度高的方向发展。同时也可以说低集约化土地利用现状具有高集约化土地利用水平的巨大潜力。目前我国农村居民点的这种潜力是巨大的，这为村镇内涵发展提供了较为丰富的后备土地资源。

四、景观生态学理论

景观生态理论是 20 世纪 70 年代发展起来的一门新兴学科，是区别于生态学、地理学等学科的一门交叉学科。它既包含了现代地理学研究中的整体思想及对自然现象空间相互作用的分析方法，又综合了生态学中的系统分析、系统综合方法。景观生态学主要研究景观中的各个生态系统及他们之间的相互影响及作用，尤为注重研究人类活动对这些系统所产生的不同影响。国内对景观生态学的研究起步较晚，随着 20 世纪 80 年代初开始介绍景观生态学的概念，我国在地理学、生态学、农学、林学等方面的学者开始对景观生态学的研究给予了关注。

（一）景观生态学中"斑块 - 廊道 - 基底"模型及理论

景观生态学是研究在一个相当大的区域内，由许多不同生态系统所组成的整体（景观）的空间结构、相互作用、协调功能以及动态变化的生态学新分支。景观生态学的研究对象可分为三种：景观功能、景观结构、景观动态。其中景观功能是指景观结构单元之间的相互作用；景观结构是指景观组成单元的类型、多样性及其空间关系；景观动态是指景观在结构和功能方面随时间推移发生的变化。景观结构单元可分为三种：斑块、廊道和基底。在农田生态廊道和景观格局分析中，将农田中不同的土地利用方式看作景观斑块，这些斑块构成了景观的空间格局。按照土地利用方式将农村景观分为水田、旱田、园地、林地、水面、工矿用地、居民用地、其他建筑物用地、其他农用地以及未利用地等多种斑块类型。在农村景观中河流、沟塘系统构成廊道，运用景观生态学中基本原理分析其空间特征及景观生态影响，从而确定农田规划的可持续发展模式。

（二）景观格局理论

研究景观的结构（组成单元的特征及其空间格局）是研究景观功能和动态的基础。景观格局理论可分为基本景观格局和优化景观格局。基本景观格局是指不同区域的研究对象研究侧重点不同，在景观规划时着重廊道的建设和功能的设计，保持人工建设、水环境和自然环境的合理布局。优化景观格局是在基本景观格局的基础上综合了景观应用原理和格局指数量化分析方法，能为同等条件下不同方案策略的比较提供量化的参考。

在农田水利规划设计中应用景观生态学和景观规划理论，就是对参与其过程中的各项要素进行合理有效的配置规划，最大限度地实现土地的生态效益。工程实施时，要充分考虑到农田水利整治规划后的土地所带来的负面影响。不仅仅追求"量"的完成，还要追求"质"的提高，不仅要追求经济效益和社会效益，还要追求生态效益和视觉美观。

五、可持续发展理论

可持续发展研究涉及人口、资源、环境、生产、技术、体制及其观念等方面，是指既满足当代人的发展需要又不危害后代人自身需求能力的发展，在实现经济发展目标的同时也实现人类赖以生存的自然资源与环境资源的和谐永续发展，使子孙后代能够安居乐业，可持续发展是指满足当前需要而又不削弱子孙后代满足需要能力之发展，而且绝不包含侵害国家主权的含义。

可持续发展并不简单地等同于环境保护，而是从更高、更远的视角来解决环境与发展的问题，强调各社会经济因素与环境之间的联系与协调，寻求的是人口、经济、环境各要素之间相互协调的发展。

可持续发展承认自然环境的价值，以自然资源为基础，与环境承载能力相协调地发展。可持续发展在提高生活质量的同时，也与社会进步相适应。可持续发展理论涉及领域较多，在生态环境、经济、社会、资源、能源等领域有较多的研究。此处主要介绍可持续发展在农业水利与农业生态方面的研究。

农业水利的可持续发展是我国经济社会可持续发展的重要组成部分，具有极其重要的地位。可持续发展理论对农业具有长远的指导意义，农业水利的可持续发展遵循持续性、共同性、公正性原则。农业水利的可持续之意是指：第一，农业水利要有发展。随着人口的增长人类需求也不断地增长，农业只有发展才能不断地创造出财富和有利的价值满足需求。第二，农业水利发展要有可持续性。农业水利的发展不仅要考虑当代人的需求，还要考虑到后代人的生存发展，水利建设不仅关系着经济和社会的增长，还影响着生态、环境、资源的发展。农业水利在可持续发展过程中要树立以人为本、节约资源保护环境、人与自然和谐的观念。

　　生态领域的可持续发展研究是以生态平衡、自然保护、资源环境的永续利用等作为基本内容。随着人们意识到人口和经济需求的增长导致地球资源耗竭、生态破坏和河流环境污染等生态问题，可持续理论得到进一步发展。村庄农田规划建设中河流、耕地、塘堰等作为景观格局的构成之一，与村庄的可持续发展紧密联系。任何与生态过程相协调，尽量使其对环境的破坏影响达到最小的设计形式都称为生态设计。在生态设计中要注重尊重物种多样性，减少对资源的剥夺，保持营养和水循环，维持植物生存环境和动物栖息地的质量，以有助于改善人居环境及生态系统的健康为目的。

（一）提供指导方法和技术系统

　　可持续发展思想基本指导思想是建立极少产生污染物的工艺或技术系统，尽可能减少能源和其他自然资源的消耗，农田水利规划研究中的"生态性"离不开资源的利用，离不开技术系统的支持。通过生态保护与修复等管理措施和可持续的技术体系，实现农村的生态系统的可持续发展。

（二）提供完善的生态指导思想

　　规划方法的研究是建立在完善的指导思想之上，保证区域生态性是农田生态规划的核心思想，以可持续性作为设计标准，对农村农田进行生态规划。以"是否有利于整体生态系统的平衡和可持续发展"为评价标准，以"有利于整体生态系统的可持续发展"为工程设计的标准。这些标准为农田生态规划建设提供指导思想。

　　由上述可知，可持续发展指导思想对农田水利生态规划设计理论与方法体系建立具有多方面的指导意义。

第三节　田间灌排渠道设计

　　农渠是灌区内末级固定渠道，一般沿耕作田块（或田区）的长边布置，农渠所控制的土地面积称灌水地段。田间灌排渠道系指农渠（农沟）、毛渠（毛沟）、输水沟、输水沟畦。除农渠（农沟）以外，均属临时性渠道。下面主要介绍地面明渠方式下，田间灌溉渠道的设计。

　　合理设计田间灌溉渠道直接影响灌水力度的执行与灌水质量的好坏，对于充分发挥灌溉设施的增产效益关系很大。设计时，除上述有关要求以外，还应该注意以下几点：应与道路、林带、田块等设计紧密配合进行，对田、沟、渠、林、路进行综合考虑；应考虑田块地形，同时要满足机耕要求，必须制订出兼顾地形和机耕两方面要求的设计方案；临时渠道断面应保证农机具顺利通过，其流量不能引起渠道的冲刷和淤积。

一、平原地区

（一）田间灌排渠道的组合形式

1. 灌排渠道相邻布置

灌排渠道相邻的布置又称"单非正式""梳式"，适用于慢坡平原地区。这种布置形式仅保证从一面灌水，排水沟仅承受一面排水。

2. 灌排渠道相间布置

灌排渠道相间的布置又称"双非正式""篦式"，适用于地形起伏交错地区。这种布置形式可以从灌溉渠两面引水灌溉，排水沟可以承受来自其两旁农田的排水。

设计时，应根据当地具体情况（地形、劳力、运输工具等），选择合适的灌排渠道组合形式。

在不同地区，田间灌排渠道所承担任务有所不同，也影响到灌排渠道的设计。在一般易涝易旱地区，田间灌溉渠道通常有灌溉和防涝的双重任务。灌溉渠系可以是独立的两套系统，在有条件地区（非盐碱化地区）也可以相互结合成为一套系统（或部分结合，即农、毛渠道为灌排两用，斗渠以上渠道灌排分开），灌排两用渠道可以节省土地。根据水利科学研究院资料，灌排两用渠系统比单独修筑灌排渠系可以节省土地约 0.5%，但增加一定水量损失是它的不足之处。

在易涝易旱盐碱化地区，田间渠道在灌溉、除涝以外，还有降低地下水位，防治土壤盐碱化的任务。在这些地区，灌溉排水系统应分开修筑。

（二）临时灌溉渠（毛渠）的布置形式

1. 纵向布置（或称平行布置）

纵向布置即由毛渠从农渠引水通过与其相垂直的输水沟，把水输送到灌水沟或畦，这样，毛渠的方向与灌水方向相同。这种布置形式适用于较宽的灌水地段，机械作业方向可与毛渠方向一致。

2. 横向布置（或称垂直布置）

横向布置即灌水直接由毛渠输给灌水沟或畦，毛渠方向与灌水方向相垂直，也就是同机械作业方向相垂直。因此，临时毛渠应具有允许拖拉机越过的断面，其流量一般不应超过 20 ~ 40L/s。这种布置形式一般适用于较窄的灌水地段。

根据流水地段的微地形，以上两种布置形式，又各有两种布置方法，即沿最大坡降和沿最小坡降布置，设计时应根据具体情况选择运用。

（三）临时毛渠的规格尺寸

1. 毛渠间距

采用横向布置并为单向控制时，临时毛渠的间距等于灌水沟或畦的长度，一般为 50 ~ 120m。双向控制时，间距为其两倍，采用纵向布置并为单向控制时，毛渠间距等于输水沟长度，一般在 75 ~ 100m 以内，双向控制时，为其两倍。综上所述，无论何种情况，毛渠间距最好不宜超过 200m。否则，毛渠间距的增加，必然加大其流量和断面，不便于机械通行。

2. 毛渠长度

采用纵向布置时，毛渠方向与机械作业方向一致，沿着耕作田块（灌水地段）的长边，应符合机械作业有效开行长度（800 ~ 1000m），但随毛渠长度增加，必然增大其流量，加大断面，增加输水距离和输水损失，毛渠愈长，流速加大，还可能引起冲刷。采用横向布置时，毛渠长度即为耕作田块（灌水地段）的宽度，为 200 ~ 400m。因此，毛渠的长度不得大于 800 ~ 1000m，也不得小于 200 ~ 400m。

在机械作业的条件下，为了迅速地进行开挖和平整，毛渠断面可做成标准式的。一般来讲，机具顺利通过要求边坡为 1 ：1.5，渠深不超过 0.4m。采用半填半挖式渠道。

（四）农渠的规格尺寸

1. 农渠间距

农渠间距与临时毛渠的长度有着密切的关系。在横向布置时，农渠间距即为临时毛渠的长度，从灌水角度来讲，根据各种地面灌水技术的计算，临时毛渠长度（农渠的间距）为 200 ~ 400m 是适宜的。从机械作业要求来看，农渠间距（在耕作田块与灌水地段二为一时，即为耕作田块宽度）应有利于提高机械作业效率，一般来讲应使农渠间距为机组作业幅度（一般按播种机计算）的倍数，在横向作业比重不大的情况下，农渠间距在 200m 以内是能满足机械作业要求的。

2. 农渠长度

综合灌水和机械作业的要求，农渠长度为 800 ~ 1000m。在水稻地区农渠长度、宽度均可适当缩短。

水稻地区田间渠道设计应避免串流窜排的现象，以便控制稻田的灌溉水层深度和避免肥料流失。

二、丘陵地区

山区丘陵区耕地，根据地形条件及所处部位的不同，可归纳成三类：岗田、土田和冲田。

（一）岗田

岗田是位于岗岭上的田块，位置最高。岗田顶平坦部分的田间调节网的设计与平原地区无原则区别，仅格田尺寸要按岗地要求而定，一般较平原地区为小。

（二）土田

土田系指岗冲之间坡耕地，耕地面积狭长，坡度较陡，通常修筑梯田。梯田的特点是，每个格田的坡度很小，上下两个格田的高差则很大。

（三）冲田（垄田）

冲田（垄田）是三面环山形，如簸箕的平坦田地，从冲头至冲口逐渐开阔。沿山脚布置农渠，中间低洼处均设灌排两用农渠，随着冲宽增大，增加毛渠供水。

三、不同灌溉方式下田间渠道设计的特点

（一）地下灌溉

我国许多地区，为了节约土地、扩大灌溉效益，不断提高水土资源的利用率，创造性地将地上明渠改为地下暗渠（地下渠道），建成了大型输水渠道为明渠，田间渠道为暗渠的混合式灌溉系统。采用地下渠道形式可节省压废面积达 2%。目前地下渠道在上海、江苏、河南、山东等地得到了一些应用。

地下渠道是将压力水从渠首送到渠末，通过埋设在地下一定深度的输水渠道进行送水。采用较多的是灰土夯筑管道混凝土管、瓦管，也有用块石或砖砌成的。地下渠系是由渠首、输水渠道、放水建筑物和泄水建筑物等部分组成。渠首是用水泵将水提至位置较高的进水池，再从进水池向地下渠道输水；如果水源有自然水头亦可利用自压输水入渠。

地下渠系的灌溉面积不宜过大，根据江苏、上海的经验，对于水稻区，一般以1500 亩左右为宜。

地下渠道是一项永久性的工程，修成以后较难更改，一般应在土地规划基本定型的基础上进行设计布置。

地下渠道的平面布置，一般有两种形式。

1. 非字形布置（双向布置）

非字形布置适用于平坦地区，干管可以布置在灌区中间，在干渠上每隔 60 ~ 80m 左右建一个分水池，在分水池两边布置支渠，在支渠上每隔 60m 左右建一个分水和出

水联合建筑物。

2. 梳齿形布置（单向布置）

梳齿形布置适用于有一定坡度的地段，干渠可以沿高地一边布置，在干渠上每隔60～80m设一个分水池，再由此池向一侧布置支渠。在支渠上每隔30m左右建一个分水与出水联合建筑物，末端建一个单独的出水建筑物。

（二）喷水灌溉

喷灌是利用动力把水喷到空中，然后像降雨一样落到田间进行灌溉的一种先进的灌溉技术。这一方法最适于水源缺乏，土壤保水性差的地区，以及不宜进行地面灌溉的丘陵低洼、梯田和地势不平的干旱地带。

喷灌与传统地面灌溉相比，具有节省耕地、节约用水、增加产量和防止土壤冲刷等优点，与田块设计关系密切的是管道和喷头布置。

1. 管道（或汇道）的布置

对于固定式喷灌系统，需要布置干、支管；对于半固定式喷灌系统，需要布置干管。

（1）干管基本垂直等高线布置，在地形变化不大的地区，支管与干管垂直，即平行等高线布置。

（2）在平坦灌区，支管尽量与作物种植和耕作方向一致，这样对于固定式系统可以减少支管对机耕的影响；对于半固定式关系，则便于装拆支管和减少移动支管对农作物的损伤。

（3）在丘陵山区，干管或农渠应在地面最大坡度方向或沿分水岭布置，以便向两侧布置支管或毛渠，从而缩短干管或农渠的长度。

（4）如水源为水井，井位以在田块中心为宜，使干管横贯田块中间，以保证支管最短；水源如为明渠，最好使渠道沿田块长边或通过田中间与长边平等布置。渠道间距要与喷灌机所控制的幅度相适应。

（5）在经常有风地区，应使支管与主风方向垂直，以便有风时减小风向对横向射程（垂直风向）的影响。

（6）泵站应设在整个喷灌面积的中心位置，以减少输水的水头损失。

（7）喷灌田块要求外形规整（正方形或长方形），田块长度除考虑机耕作业的要求外，要能满足布置喷灌管道的要求。

在管道上应设置适当的控制设备，以便于进行轮灌，一般是在各条支管上装上闸阀。

2. 喷头的布置

喷头的布置与它的喷洒方式有关，应以保证喷洒不留空白为宜。单喷头在正常工作压力下，一般都是在射程较远的边缘部分湿润不足，为了全部喷灌地块受水均匀，应使相邻喷头喷洒范围内的边缘部分适当重复，即采用不同的喷头组合形式使全部喷洒面积达到所要求的均匀度。各种喷灌系统大多采用定点喷灌，因此，存在着各喷头之间如何组合的问题。在设计射程相同的情况下，喷头组合形式不同，则支管或竖管（喷点）的间距也就不同。

喷头组合原则是保证喷洒不留空白，并有较高的均匀度。

喷头的喷洒方式有圆形和扇形两种，圆形喷洒能充分利用喷头的射程，允许喷头有较大的间距，喷灌强度低，一般用于固定、半固定系统。

第四节　田间道路规划及护田林带设计

一、田间道路规划

田间道路系统规划是根据道路特点与田间作业需要对各级道路布置形式进行的规划。搞好道路规划，有助于合理组织田间劳作，提高劳动生产率。然而，道路的修建，道路网的形成也改变了其周围的景观生态结构，道路的建设、道路的运输活动也会给周围造成一定的生态破坏和环境污染。因而在对田间道路系统规划时还应结合景观生态学、生态水工学等理论对道路进行生态可持续规划。根据田间道路服务面积与功能不同，可以将其划分为干道、支道、田间道和生产路四种。

（一）道路的生态影响

道路在景观生态学中被称为廊道，作为景观的一个重要组成部分，它势必对周围地区的气候、土壤、动植物以及人们的社会文化、心理与生活方式产生一定程度的影响。

1. 道路的小气候环境影响

道路的小气候主要由下垫面性质及大气成分决定。下垫面性质不同对太阳的吸收和辐射作用不同，道路中水泥、沥青热容量小、反射率大、蒸发耗能极小势必造成下垫面温度高。道路下垫面与周围、温度、湿度、热量、风机土壤条件组成小气候环境，下垫面吸热最小、反射率大极易造成周围出现干热气候。道路两旁栽植树木可以起到遮阴、降温和增加空气湿度等作用。据测量数据显示，道路种植树木可有效降低周围温度达 3℃ 以上，空气湿度也增加 10% ~ 20%。树木还可以吸收二氧化碳、释放氧气改变空气成分。另外，田间道路两边种植树木还可以降低风速，防止土壤风蚀，减少污染物和害虫的传播，对周围农田生态系统有较好的保护作用。

2.道路城镇化效应

道路是地区间的关系纽带，道路运输刺激商品的交换发展，对于乡村来说道路的意义更为重要。道路刺激经济发展加快城镇化建设，在道路运输商品的过程中，也传递文化、信息、科技，这些不仅带动了地方的经济发展，也促使了人们文化观念的改变。城镇化的直接后果是城市景观不断代替乡村景观，造成乡村景观发生巨变。

3.道路对生态环境破坏

道路对生态环境的破坏主要体现在道路的建设及道路的运输。道路建设过程中开山取石、占用土地、砍伐树木对土壤、植被、地形地貌不可避免地造成生态破坏。另外，道口建成带动周边房屋建设占用田地，给周围地区带来较大的干扰。道路运输过程中产生大量的污染物。道路中产生的污染是线性污染，随着运输工具的行驶，污染物传播范围广、危害面积大、影响面广。汽车产生的尾气造成空气成分改变，影响太阳辐射，对周边动植物及人类有很大的危害。交通运输的噪声也是一大危害，道路噪声主要由喇叭、马达、振动机轮胎摩擦造成。据测量，道路产生的噪声高达 70 dB 以上，便会影响人们的正常生活。

道路的生态建设是在充分考虑地形地貌、地质条件、水文条件、气候条件以及社会经济条件等基础上，根据生态景观学原理规划设计。道路的曲度、宽度、密度及空间结构要根据实际需要进行合理规划，要因地制宜，不应造成大的生态破坏。

（二）田间道路及生产路规划内容

田间道路规划中，干道、支道是农田生态系统内外各生产单位相互联络的道路，可行机动车，交通流量较大，应该采用混凝土路面或泥结碎石路面。根据有利于灌排、机耕、运输和田间管理，少占耕地，交叉建筑物少，沟渠边坡稳定等原则确定其最大纵坡宜取 6% ~ 8%，最小纵坡在多雨区取 0.4% ~ 0.5%，一般取 0.3% ~ 0.4%。田间道路根据规划区原有道路状况、耕作田块、沟渠布局及农村居民点分布状况进行设置，以方便农民出行及下地耕作。

田间道是由居民点通往田间作业的主要道路。除用于运输外，还应能通行农业机械，以便田间作业需要。一般设置路宽为 3m ~ 4m，在具体设计时交叉道路尽量设计成正交；在有渠系的地区结合渠系布置。另外，田间道和生产路是系统内生产经营或居民区到地块的运输、经营的道路，数量大，对农田生态环境影响也较大。因此生态型田间道的设计模式应以土料铺面为主，铺以石料。

生产路的规划应根据生产与田间管理工作的实际需要确定。生产路一般设在田块的长边，其主要作用是为下地生产与田间管理工作服务。在路面有条件的地区考虑生态物种繁衍方面的问题，如生产路的设计可以选择土料铺面，以有利于花草生存及野生动物栖息，促进物种的多样性。在土质疏松、道路不平整地区，以满足正常行走为主要目标,可以选择泥结碎石路面,道路设计时还应保证居民与田间、田块之间联系方便,往返距离短,下地生产方便;尽量减少占地面积,尽量多地负担田块数量和减少跨越工程,减少投资。

道路两侧种植花草树木,可以营造野生动植物的栖息之所,也可以使斑块内生物更好地流通,有利于生物扩散,促进生物多样性。

二、护田林带设计

护田林带设计是农地整理设计的一项重要内容,它应同田块、灌排渠道和道路等项设计同时进行,采取植树与兴修农田水利、平整土地、修筑田间道路相结合,做到沟成、渠成、路成、植树成。

营造护田林带能够降低风速,减少水分蒸发,改善农田小气候,为农作物的生长发育创造有利的条件,从而起到护田增产的作用。根据辽宁省新章古台防林试验站提供的资料,在林带20H(H为带高)范围内,与空旷地相比,随林带结构的不同,风速平均降低24.7% ~ 56,5%,平均气温高1.2℃,相对空气湿度增加1.0% ~ 4.0%。平均地表温度提高3.3℃,蒸发量降低14.7mm,作物总产量比无林保护的耕地增产21.0% ~ 51.3%,高达一倍半。此外,林带对防止棉花蕾铃脱落和增产具有一定的作用。

(一)林带结构的选定

林带结构是造林类型、宽度、密度、层次和断面形状的综合体。一般采用林带透风系数,作为鉴别林带结构的指标。林带透风系数指林带背风面林缘1米处的带高范围内平均风速与旷野的相应高度范围内平均风速之比。林带透风系数0.35以下为紧密结构,0.35 ~ 0.60为稀疏结构,0.60以上为通风结构。

不同结构林带具有不同的防风效果。紧密结构林带其纵断面上下枝叶稠密,透风孔隙很少,好像一堵墙,大部分气流以林带顶部越过,最小弱风区出现在背风面1 ~ 3H处,风速减弱59.6% ~ 68.1%,相对有效防风距离为10H。在30H范围内,风速平均减低80.6%。

稀疏结构林带,其纵断面具有较均匀分布的透风孔隙,好像一个筛子。通常由较少行数的乔木,两侧各配一行灌木组成。大约有50%的风从林带内通过,在背风面林缘附近形成小旋涡。最小弱风区出现在背风面3 ~ 5H处。风速减弱53 ~ 56%,相对有效防风距离为25H(按减低旷野风速20%计算),在距林带47H处风速恢复100%。在30H范围内,风速平均减低56.5%。

通风结构林带没有下木,风能较顺利地通过,下层树干间的大孔隙形成许多“通风道”,背风面林缘附近风速仍然较大,从下层穿过的风受到压挤而加速。因此,带内的风速比旷野还要大,到了背风林缘,解除了压挤状态,开始扩散,风速也随之减弱,但在林缘附近仍与旷野风速相近，最小弱风区出现在背风3H～5H处，随着远离林带，风速逐渐增加。相对有效防风距离为30H范围内，风速平均降低24.7%。

从上述三种结构林带的防风性能来看，紧密结构林带的防风距离最小，所以农田防护林不宜采用这种结构。在风害地区和风沙危害地区，一般均采用通风结构林带和稀疏结构林带。

（二）林带的方向

大量实践证明，当林带走向与风向垂直时，防护距离最远。因此，根据因害设防的原则，护田林带应该垂直于主要害风方向。害风一般是指对于农业生产能造成危害的5级以上的大风，风速等于或大于8m/s。因此，要确定林带的方向，必须首先找出当地的主害风方向。

为了确定当地主要害风方向，必须对其大风季节多年的风向频率资料进行分析研究，找出其频率最高的害风方向，以决定林带的设置方向。例如，江苏苏北春季麦类灌浆乳熟期多为西南向干旱风为害，而在夏秋间棉花开花结铃时又有东北向台风侵袭。

一般以春秋两季风向频率最高的害风叫作主害风，频率次于主害风的叫次害风。垂直于主害风的林带称为主林带，沿着轮作田区或田块的长边配置。与主林带相垂直的林带称为副林带，一般沿着田块的短边配置。但是设计时往往受具体条件限制，为了尽量做到少占或不占，少切或不切耕地，充分利用固定的地形、地物，林带可与主害风方向有一定的偏离。当林带与主害风方向的垂直线的偏角小于30°时，林带的防护效果并无显著的降低。因此，主林带方向与主要害风的垂直线的偏角可达30°，最多不应超过45°，林带间距过大过小都不好，如果过大，带间的农田就不能受到全面的保护；过小，则占地、胁地太多。因此，林带间的距离最好等于它的有效防护距离。护田林带的有效防护距离即农田的有效受益范围，是决定林带间距和林带网格面积的主要因素。

有效防护距离，应根据当地的最大风速和需要把它降低到什么程度才不致造成灾害，以及种植树种的成林高度为依据为确定。

林带有效防风距离为树高的20～25倍（20～25H，H为树高），最多不超过30倍（30H）。一般来说，主林带的间距在300～500m，副林带间距，考虑到机械作业效率，可达800～1000m。例如，苏北沿海多采用主林带间距为200～300m，副林带间距为800～1000m，构成面积为240～250亩的网格。

（三）林带的宽度

林带宽度对于防护效果有着重要的影响，同时宽度的增减对占地多少，又有着直接的关系。因此，林带的适宜宽度的确定，必须建立在防风效率与占地比率统一的基础上。

林带的宽度是影响林带透风性的主要因素，林带越宽，密度越大，其透风性越小，否则相反。而林带透风性与林带防护效果关系很大，不同的带宽具有不同的防护效果。过窄的林带显然效果差，但过宽的林带也不好，过宽时，透风结构的林带也将随之转化为稀疏的以至紧密的防风效应，从而影响有效防护距离和防风效率。林带防风效果并不是随林带宽度的增加而无限制增大，当带宽超过一定的限度，防风效益就会停止增加。林带的防护效果最终以综合防风效能值来表示，它是有效防护距离和平均防风效率之积的算术值。综合防风值高，说明宽度适宜，防护作用大，反之，防护作用则低。

林带占地比率是随着宽度的增加而增加，网格面积相同，林带越宽，占地比率就越大。一般林带占地比率为 4% ~ 6%，一般来说，农田防护林以采用 5 至 9 行树木组成的窄林带为宜。

林带宽度可按下式计算：

$$林带宽度 =（植树行数 -1）× 行距 +2 倍由田边到林缘的距离$$

行距一般为 1.5m，由田边到林缘的距离一般为 1 ~ 2m。根据上式，8 ~ 9 行的主林带的宽度为 12 ~ 17m，5 ~ 7 行的副林带的宽度为 8 ~ 10m。江苏省沿海一些农场林带宽度多采用主林带 15 ~ 20m，副林带 10 ~ 12m 的设计。

第五节　农田水利与乡村景观融合设计

一、乡村景观内涵

根据乡村地区人类与自然环境的相互作用关系，确定乡村景观的核心内容包括以农业为主体的生产性景观、以聚居环境为核心的乡村景观聚落和以自然生态为目标的乡村生态景观。由此可见，乡村景观的基本内涵包含了这三个层面。

（一）生产层面

乡村景观的生产层面，即经济层面。以农业为主体的生产性景观是乡村景观的重要组成部分。农业景观不仅是乡村景观的主体，而且是乡村居民的主要经济来源，这关系到国家的经济发展和社会稳定。

（二）生活层面

乡村景观的生活层面，即社会层面，涵盖了物质形态和精神文化两个方面。物质形态主要是针对乡村景观的视觉感受而言，用以改善乡村聚落景观总体风貌，保持乡村景观的完整性，提高乡村的生活环境品质，创造良好的乡村居住环境。然而精神文化主要是针对乡村内居民的行为、活动以及与之相关的历史文化而言，主要是通过乡村的景观规划来丰富乡村居民的生活内容，展现与他们精神生活世界息息相关的乡土文化、风土民情、宗教信仰等。

（三）生态层面

乡村景观的生态层面，即环境层面。乡村景观在开发与利用乡村景观资源的同时，还必须做到保持乡村景观的稳定性和维持乡村生态环境的平衡性，为社会呈现出一个可持续发展的整体乡村生态系统。

二、农田水利与乡村景观联系

（一）农田水利工程创造乡村景观

人类是景观的重要组成部分，乡村景观是人类与自然环境连续不断相互作用的产物，涵盖了与之有关的生产、生活和生态三个层面，其中，农田水利是乡村景观表达的主线。正如古人所说的"得水而兴、弃水而废"，农田水利是农业的命脉，农业形成了乡村景观的主体，农田水利创造了独具地域特色的乡村景观。

早在我国古代就有将农田水利工程景观化的案例，苏堤的修建就是景观水利、人文水利的典型，西湖上横卧的苏堤既解决了交通问题，又解决了清淤的去处，同时营造了独特的靓丽的风景线，对西湖空间进行分割，内外湖由此而生。秦蜀守李冰主持（前256—前251年）修建了长江流域举世闻名的综合性水利枢纽工程——都江堰（今四川灌县），如今仍然发挥着重要作用，并成为著名的历史文化景观。

农田水利在发展农业的同时，作为乡村景观要素的一个重要组成部分，与乡村景观有机地结合在一起，增加了乡村景观多样性和生物多样性，丰富了乡村景观形态。

（二）乡村景观传递水文化

文化与景观在一个反馈环中相互作用，文化改变景观、创造景观；景观反映文化，影响文化。景观、文化、人构成了一个紧密联系的整体，人作为联系景观与文化的红线，在生产、生活的实践中，在时间的隧道中创造着文化，并将文化表现为一定的景观，同时景观也因为人的参与而具有了一定的文化内涵。工程是文化的载体，每一处农田水利工程都记载着人民治水兴农的历史踪影。

郑国渠是秦王嬴政元年（公元前246年）在关中动工兴建的大型引泾灌溉工程，郑国渠历经各个朝代建设，先后有汉代白公渠、唐代郑白渠、宋代丰利渠、元代王御史渠、明代广惠渠和通济渠、清代龙洞渠及我国著名水利先驱李仪祉先生20世纪30年代主持修建的泾惠渠。渠首10km²的三角形地带里密布着从战国至今2200多年的古渠口遗址 40 多处，映射了不同历史时期引水、蓄水灌溉工程技术的演变，水文化内涵极为丰富，被誉为"中国引水灌溉历史博物馆"。

可以说古代引泾灌溉的历史，就是我国封建社会以农为本，兴办水利发展生产的一部水利史诗，它记录了我国人民引泾灌溉、征服自然的伟大历程，是一幅波澜壮阔的灌溉工程历史画卷，向人们传递着厚重的历史文化。

三、农田水利与乡村景观融合形态的体系构建

形态在一定的条件下表现为结构，因此从形态构成的角度可以说明结果是形态的表现形式，而其中包含着点、线、面三个基本构成要素。从以上所述可知，农田水利景观是景观形态在一定条件下的表现形式。有研究人员认为，景观结构主要是指各景观组成的单元类型、多样性以及各景观之间的空间联系，而广泛比较了各种景观结构形态之后，又得出构成景观的单元有三种，即斑块、廊道和基质。因此以景观生态学的景观结构为基础，将景观单元与结构形态两者相结合，即下面内容所阐述的农田水利工程与乡村景观融合。

（一）"点"——水工建筑景观

点，即斑块，一般指的是与周围环境在外貌或性质上的不同空间范围，并内部具有一定的均质性的空间单元。斑块既可以是植物群落、湖泊、草原，也可以是居民区等，因此，不同类型的斑块，在大小、形状、边界和内部均质程度上都会有很大的差异。斑块的概念是相对的，识别斑块的原则是与周围的环境有所区别，且内部具有相对均质性。应该强调的是，这种所谓的内部均质性，是相对于其所处周围环境而言的，主要表现为农田水工建筑组合体与周边背景区域的功能关系。

（二）"线"——河流、渠道景观

线，即廊道，指景观中与之相邻两边自然环境的线性或带状结构，包括河流、田间渠道、道路、农田间的防风林带等。如新疆维吾尔自治区境内的慕士塔格山下宽广的冲积平原与河道某流域的蜿蜒线性河流。

（三）"面"——农田景观

面，即基质，亦称为景观的背景、基底。在景观营造过程中，面的分布最为广泛，并且具有联系各个要素的作用，具有一定的优势地位。面决定景观，也就是说基质决定着景观的性质，对景观的动态起着主导作用。森林基质、草原基质、农田基质等为比较常见的基质，如四川成都平原东部农田景观。

四、农田水利工程与乡村景观融合的具体方式

农田水利工程大多位于山川丘陵的乡野地区，工程融于自然，景色秀美，为发展乡村水利旅游提供了良好的规划思路与开发资源，主要以农田水利工程设施与其共生文化共同组成。乡村景观缺少的就是如何选择好的交汇点将农村的工程设施景观与文化景观结合起来，然而中国传统的农田水利正是这两种景观的完美交汇点。

（一）工程景观融合

1. 融合农田水利功能对景观进行划分

农田水利属于乡村景观中的生产性景观，根据农田水利工程的不同功能与属性来确定农田水利景观的景观单元，可将其分为取水枢纽景观、灌溉景观、雨水集蓄景观、井灌井排景观、田间排水景观、排水沟道景观、水工建筑景观、不同地域景观八个景观单元，通过划分出的景观单元能够系统地、逐步地向人们展示农田水利工程的工程景观。例如，取水枢纽景观单元中包括拦水坝、堤、泄洪建筑物等，灌溉景观单元中有渠道、分水闸、节水闸、喷灌微灌等。

2. 融合农田水利与水的形态对空间进行划分

水主要分为动态与静态的水，水的形态是指动态或静态的水景与周围静止相结合而表达出的动、静、虚、实关系。

农田水利工程设计的直接对象就是水体，水利工程设定了水的边界条件，规范了水的流动，并改变了水的存在，在兴利除害的同时，还应对自然作生态补偿，用不同的方式处理使其产生更美的水景空间。

（1）静空间

静空间的营造：通过拦河筑堤坝蓄江、河、湖泊、溪流等形成的水体是大面积静水。静态的水，它宁静、祥和、明朗，表面平静，能反射出周围景物的映像，虚实结合，增加整个空间的层次感，提供给游人无限的想象空间。水体岸边的植物、水工建筑、山体等在水中形成的倒影，丰富了静水水面，有意识的设计、合理的组织水体岸边各景观元素，可以使其形成各具特色的静空间景观。

（2）动空间

动空间的营造：通过溢洪道、泄洪洞汛期泄洪、喷灌等水利工程会形成动水。与静水相比，动水更具有活力，而令人兴奋、激动和欢快。似小溪中的潺潺流水、喷泉散溅的水花、瀑布的轰鸣等，都会不同程度地影响人的情感。

动水分为流水、落水、喷水景观等几种类型。

流水景观。农田水利工程中的下游河道生态用水，灌溉设施的渠道、水闸，田间

排水设施的明沟等都会形成或平缓，或激荡的流水景观。在景观规划和设计中合理布局，精心设计，均可形成动人的流水景观。

落水景观。落水景观主要分为瀑布和跌水两大类，瀑布是河床陡坎造成的，水从陡坎处滚落下跌形成瀑布恢宏的景观；跌水景观是指有台阶落差结构的落水景观。大型水库的溢洪道一般高度高，宽度大，其泄水时的景象非常壮观，为库区提供变化多样的动态水景。

喷水景观。喷水此处主要是指喷灌与微灌节水设施所形成的喷水景观。喷灌与微灌是农业节水灌溉的主要技术措施，在满足节水灌溉需求的同时也形成了乡村特有的喷水景观，更胜于城市环境中传统的喷泉喷水形式。

（二）文化景观融合

在农田水利景观资源的开发中，需挖掘的文化包括农田水利自身的工程文化、水利共生的水文化、资源所属的地域文化，三者共同组成农田水利景观资源非物质景观。

1. 融合农田水利工程文化

农田水利工程从最初的规划、设计到后期的施工、运行管理，每个环节都需要科学与技术的综合运用，涉及机械工程、电气工程、建筑工程、环境工程、管理工程等多学科的知识。农田水利工程的共有特性是先进技术与措施，这正是乡村旅游的关键看点所在。例如，运用图示、文字的形式展示工程当中的工艺流程、工作原理等内容，使旅游者更好地了解农田水利、认识农田水利，在学习水利知识的同时还能够增强旅游者的水患意识，促进人水和谐全面发展。

2. 融合农田水利水文化

我国古代的哲人老子说："上善若水，水利万物而不争。"水是农业的命脉，我国是古老的农耕国度，靠天吃饭一直是主旋律，但天有不测风云，"雨养农业"着实靠不住。于是，古人便"因天时，就地利"，修水库、开渠道，引水浇灌干渴的土地，从而开辟出物阜民丰的新天地。2000多年前，李冰修建都江堰，引岷江水进入成都平原，灌溉出"水旱从人""沃野千里"的"天府之国"，至今川西人民仍大受其益；20世纪60年代，河南林县人民建成红旗渠，引来漳河水，从此在红旗渠一脉生命之水、幸福之水的滋润下，苦难深重的林县人民摆脱了千百年旱渴的折磨，走上了丰衣足食的富裕之路。可通过将挖掘出的水文化作为中心，以文字篆刻等手段，将文化与景观结合，为公众展示我国历史悠久的水文化。

3. 融合农田水利地域文化

农田水利工程遍布大江南北，因其所处的地域不同，所以各具不同的地域文化，展现出浓郁的地方特色。乡村景观因地域差异而具特色，各有各的自然资源和历史文脉，正所谓江南水乡、白山黑水、巴山蜀水自有其形，各有千秋。

第四章　河道规划与设计

第一节　河道规划设计概述

一、研究意义

水利工程在防洪、灌溉、供水、发电、航运和旅游等诸多方面对于保障社会安全、促进经济社会可持续发展发挥着巨大的作用。但是一方面，水坝、堤防、电站、河道整治工程及跨流域调水工程等各类水利工程，以及纯水利工程指导下的河道治理已经对河流、湖泊等生态系统造成了巨大的胁迫效应；另一方面，各类水利工程设施的建设、河道的裁弯取直、景观的破坏、滨水游憩空间的减少都影响着城市河道的生态系统、滨水空间活力等，并且存在着大量的不顾景观及生态的水利工程建设而引起的诸多城市问题。

所以，面对这个复杂的问题，寻求水利工程建设与生态、景观建设之间的平衡点尤为重要，对于河道的规划设计也必须寻求多学科的交叉研究，在承认水利工程为经济、社会所带来的巨大利益的基础上，河道的整治必须统筹水利工程与河道生态及景观建设，这样，对于解决由于不科学的水利工程建设而引起的大量城市问题具有重要的意义，且对城市的生态建设、休闲游憩建设、城市品位的提升以及可持续发展都具有重要的意义。

（一）河道与城市生态建设

1. 生态城市建设的趋势

近些年，生态观念早已深入人心，并且在很多领域已经提倡生态性原则，特别是在城市建设领域中。自 20 世纪 80 年代，生态城市理论发展已经从最初的在城市中运用生态学原理，发展到城市自然生态观、城市经济生态观、城市社会生态观和复合生态观等综合城市生态理论，并从生态学角度提出了解决城市弊病的一系列对策。

2. 河道生态系统建立的意义

城市河道及滨河地带不仅是城市文明的发源地，为城市提供大量的饮用水、工业用水及灌溉用水，同时也是大量鱼类、鸟类、小型哺乳动物、两栖类动物、无脊椎动物、水生植物以及微生物的栖息生存环境和迁徙廊道。城市滨河生态系统不同于城市内部核心区的人工生态系统，又不同于城市外围流域的自然生态系统，它在城市中具有独特的魅力。所以，城市河道生态建设与整治在生态城市建设中具有重要的地位和作用。生态环境恢复和河道生态系统修复建设在人类生存发展和经济社会可持续发展中具有非常重要的意义。人类是影响河道生态系统的主要因子。人类从生态系统中获取资源维系自身发展，一旦超过了生态系统的承载能力，将破坏系统的平衡发展。生态系统一旦遭到破坏，将无法提供人类所需资源，从而限制人类的生存和发展。河道水系是环境中维持和调节生态平衡的一个重要部分。河道水系、驳岸、植被、绿化是城市区域环境改善的主要阵地，有一些河流则成为城市空气对流的绿色通道，因此，合理的河道生态景观的规划和建设对河道在保护城市生态环境和缓解城市热岛效应等方面起着举足轻重的作用。

（二）河道与城市休闲游憩建设

现代社会的快节奏给人们带来许多压力，而现代生活质量的提高给缓解工作压力提供了许多渠道。回归自然，领略自然风光是居住在城市中的人群所向往的。但城市建设使城市中的休闲空间不断减少，滨水空间是一个城市最具魅力和吸引力的地方，因此城市河道景观休憩功能的开发建设，并结合河岸进行城市滨水休闲绿地的建设，对于满足城市市民休闲、游憩及精神需求，增加城市吸引力，带动旅游，促进招商引资具有重要的意义。

（三）河道与城市景观品位的提升

河道改造是城市的基础设施建设，往往投资兴建以及方案决策都是政府行为。对滨水区及河道周边土地的开发建设早已超越了满足人类生存需求的层次，多数城市开发的目的是促进、拉动整个城市的经济发展以及提升整个城市的景观品位。良好的滨水区生态及景观环境吸引了众多房地产开发商的兴趣，使他们不惜重金参与改造建设位于他们用地边上的城市河道，同时，带动周边土地的开发建设，为城市的经济发展注入新的活力，成为城市经济发展新的增长点。

二、生态水工学与生态河道之间的关系

本着实践应用、构造水利工程实践中"工程 - 水"生态系统的多样性及人与自然和谐的原则，生态水利工程学和生态河道理论在我国的各类水利工程设计实践项目中都得到一定的发展。研究者们在研究的同时，往往忽略二者的关系，造成二者交错引用，有些实践工程即被归纳到生态水利工程的发展中，也被称为生态河道实践工程。从实质上来讲，河道治理工程隶属于水利工程的范畴，因此，生态河道理论从属于生态水利工程学，为生态水利工程学的分支。在相关研究中，就有学者把河道治理看作是生态水利工程学的实践和探索列出。但由于其在实践中的重要性和发展的独立性，导致认识中，绝大多数人认为生态河道理论和生态水利工程是两个不同的领域，或者把二者交错混乱使用，误认为二者各方面结构系统相等，这都是错误的认识，其实本质却是整体与部分的关系。

在研究河道规划之前，必须明确指出这个容易被忽视的小问题，以使研究者更明了地认识生态水利工程的理论框架，以及与生态河道之间的关系，在以后的应用中得以明确目标，选择相应的理论作为支持。在此，在设计和实施一项河道治理工程的时候，相应选择生态河道知识体系，在研究其他的水利工程的时候，可以选择生态水利工程学为理论基础。因为生态水利工程学研究面比较宏观和广泛，理论性强而实践少，因此不能面面俱到，而生态河道却单独针对河道治理这一问题产生而独立发展，它从属于生态水利工程学，也得到很大发展，并有很多工程实践作为基础，对于河道治理工程，有更好的针对性和适应性。

三、我国河道规划设计存在的问题

（一）城市河道规划蓝线、绿线相关规划指标问题

1.蓝线问题

为保证城市防洪、排涝及涵养水体的功能，城市规划中，一般会对河道有严格的蓝线、绿线规划。河道蓝线是指河道工程的保护范围控制线。河道蓝线范围包括河道水域、沙洲、滩地、堤防、岸线以及河道外侧因河道拓宽、整治、生态景观、绿化等目的而规划预留的河道控制保护范围。在城市化过程中，水利建设是基础之一。

作为城市总体规划的一个主要内容，河道蓝线是城市规划的控制要素之一，它是城市"规划"在平面、立面及相关附属工程上的直接体现。平面上主要表现为河道中心线、两侧河口线及两侧陆域控制线；立面上主要以河道规划断面为控制；附属工程是河道建设、日常管理及保护中不可缺少的内容，在河道蓝线划示中必须明确。

总规中对蓝线的划定主要是根据流域防洪规划、城市总体规划、城市防洪排涝规划；考虑河道沿线已建、在建及已规划的建筑并结合其他专业规划进行划定。其中不足之处有以下几点。

（1）缺乏对河道综合整治重要技术指标进行研究，一味依据河道的防洪排涝进行蓝线的划定。

（2）对河道的基础研究不够、预测手段不足，规划的依据往往是过去的不完整的资料，使得规划本身的合理性就缺乏保证，难以摆脱"头疼医头、脚疼医脚"的窘境。

（3）对整个河流流域的蓝线的平面没有清晰的规划，如河道中线的走向、河道线形等。

（4）蓝线的划定很少从生态和景观的角度去考虑，所以城市中现大量存在着为了泄洪，保证过水断面，裁弯取直、挖深河床的河道，导致河道生态功能衰退，所以也就带来了大量的生态化改造城市河道的实践，兴起了退地还河之势，恢复河道滨水地带，逐渐拆除视觉生硬、呆板的渠道硬护岸，尽量恢复河道的天然形态。

2. 绿线问题

所谓城市绿线是指城市中各类绿地范围的控制线。从这个意义上讲，城市绿线应涵盖城市所有绿地类型，在划定的过程中具体应包括城市总体规划、分区规划、控制性详规和修建性详规所确定的城市绿地范围的控制线。绿线还可以分为现状绿线和规划绿线。对现状绿线来说，它是一个保护线，绿线范围内不得进行非绿化建设；对规划绿线来说，它是一个控制线，绿线范围内将按照规划进行绿化建设或改造。

河道绿线指河道蓝线两侧的绿化带。一般蓝线、绿线内用地不得改作他用，有关部门不得违反规定在绿线范围内进行建设。对于绿线的规划，必须具有很强的可操作性，易于落实绿地建设指标和满足绿地建设各种要求。对于河道绿线的规划，存在着以下问题。

（1）现存的河道绿线的划定，往往是规划中较为简单的，没有系统的，从城市整体规划着眼，针对河道做统筹的绿线划定。

（2）河道绿线的划定很少有在大量的现场勘察与调查研究、分析评价基础上建立，并且与河道蓝线的划定相脱节。

（3）不重视河道绿地指标在时间和空间上的统一控制，也就是建立具有时序性的、分地块的、可操作性的绿地指标体系。这样，绿线就不能发挥应有的作用。

（二）城市防洪排涝与河道景观、生态建设的矛盾性问题

由于城市化建设，城市中的河道不断被占用，砌起了高高的防洪堤，在保证城市抵御洪水，缓解城区防洪压力的同时，也使得防洪排涝与城市的生态及景观建设的矛盾尤为突出，如防洪需拓宽河道，造成了防洪与城市其他用地的矛盾，填筑防洪堤与视觉景观的矛盾，修筑河道护岸与自然景观美的矛盾等。为了充分发挥城市内河道的双重功能，城市防洪工程建设必须与相关的景观设计、用地规划紧密结合，统一规划。

在城市防洪规划中，最常见的工程措施是将河道拓宽，清淤整治，裁弯取直，修筑堤防。这些工程措施能够有效地减少河道糙率，增加了河道泄洪能力，减少水流对凹岸的冲刷，降低堤防长度，从而达到抵御洪水的目的。从防洪角度看，综合采取以

上措施，可以达到减少防洪工程占地，减少工程投资等目的。

然而，从生态角度看，以上措施会破坏鱼类产卵场、阻隔洄游通道；对植被造成严重破坏，导致水土流失；破坏水生物的生态栖息地，影响流域的生态系统；给原本不稳定的地质情况和脆弱的生态环境带来更多不稳定的因素。从景观方面看，会影响城市水景观的建设及无法满足市民休闲、游憩、亲水的需求，由此损害河道的景观价值，及周边土地价值的提升。

（三）城市土地利用与河道景观、生态建设的矛盾性问题

由于城市人口密集，土地利用率高，河道被约束在很小的范围内，如果大范围调整或改变河流的地貌特征，对处于城市中的河流几乎是不现实的，当前对河道的改造也只局限在现有河道线形的基础上，两岸相应拓宽一定距离，并结合绿地进行景观、生态改造和建设。然而，往往河道两侧是城市其他用地，如道路、工厂、相关企事业单位、滨水住区、商业贸易区等，它们很少会与河道进行系统性的协调统一建设，之间往往相互规避，或争抢土地。

第二节　基于生态水利工程的河道治理

一、传统河道治理所产生的问题

传统河道治理主要以防洪为目的，借助于工程措施提高河道的排涝和河堤的防洪能力。传统河道治理形式相对单一，主要是依河两岸修筑驳坎，冲刷严重部位采用护岸丁坝，其工程优点是构筑物较为坚固，防洪排涝性能较好。但是，传统河道治理工程，较少或基本忽略了其工程带来的生态环境影响和景观的美学价值，造成不可估量的经济、社会和生态价值损失。在此，将传统河道治理设施产生的影响和问题归纳为以下几部分。

（一）河道纵横向的不连续性

在传统河道治理工程设施建成之后，我们不难发现，河流生态系统和周边陆地生态系统之间的联系被隔绝起来。横向来看，长长的河堤建设阻止了陆生动物的下河饮水觅食，同时，河道生活的两栖动物却无法跃上高高的河堤进入陆生的环境，比如农田觅食等，这样的结果导致生物群落之间的联系减少，生物链减弱甚至断裂，生物种群规模衰减，严重破坏了生态系统的平衡和稳定。纵向来看，尽管堰坝和水库的修筑

减缓了河床的底蚀速度，保护了沿河民居和农田不受破坏，但同时，堰坝和水库也隔绝了河流生态系统上下游之间的联系，上游的水生生物不能自然地进入下游的生态环境中，偶有在洪水的冲流下，来到下游，但是，其自身健康在穿过洪道或水道的时候都受到了不同程度的伤害，甚至死亡。据报道，每年通过泄洪道从上游来到下游的鱼类中 60% 以上都直接或间接死亡。在河道中建造堰坝，同样也阻止了下游生物向上游迁徙，尤其以葛洲坝建成后，中华鲟的洄游被阻隔的问题，尽管新的产卵地被鱼类自身重新找到，但是中华鲟种群的数量却仍然连年下降。再者，在一些城区河道中建有橡皮坝或河道建有堰的地方，如果我们留心察看，会看到所谓的"鲤鱼跳龙门"的现象，其实质不言而喻，就是下游鱼类想回到上游而不得不做的努力。

（二）河道治理的渠道化和同质性

传统河道治理工程模式的单一，简单的高驳岸建设和截弯取直，导致河道严重渠道化，河流自然的蜿蜒特性被破坏和改变，河水原有的流动特性不复存在。首先，渠道化的河流使洪水来时的速度增快，冲击力加大，破坏性更强，需要高强度的驳岸与之适应，增加了工程量，对构筑物的要求提高，导致资金投入增大。其次，渠道化的结果使水流对河床的底蚀能力增强，驳岸的高度随着时间推移而增加，当底蚀到驳岸地基上时，对沿岸农田和民居产生的威胁更大。最后，渠道化导致原有河道深潭和浅滩交错的布局消失，在以深潭和浅滩为栖息地的动植物遭到毁灭性打击，河流生态系统中的各类动植物数量急剧减少，生态环境遭到破坏。

传统河道治理导致的同质性主要是因为原有自然环境遭到破坏，而人为建设的水利工程忽略了其生态功能，河道截弯取直，深潭和浅滩交错的自然布局不复存在，沿河长距离的渠道化导致了河流上下游同质性的产生。纵观绝大多数河道治理工程，为了侵占河道，扩大土地面积，其中护岸工程单一简单，渠道化明显，虽然满足了防洪的需要，但其代价是河道生态系统的崩溃，河流上下游的同质化。在生态学中，生态系统的复杂性越高，其稳定性越好，而传统河道治理工程导致的河流上下游同质化的结果使河流生态系统趋于简单，其稳定性变差，生态系统变得脆弱，容易进一步遭受侵害。

（三）河流的隔水性和生境的破坏性

河流的隔水性主要体现在治理穿过城市河流时，河流的整治一般形成一个凹型的隔水水槽，使建造河段彻底失去了生态功能，同时也弱化了景观功能。在河道治理中，堤岸的材料一般选用石块混凝土，这样的结果使堤岸是隔水的，堤岸环境下的生态自我修复则难以实现。在穿过城区河道河床的治理中，现阶段，普遍存在的做法是对河床进行硬化处理，虽然避免了河水对河堤的冲击，保证了河岸民居和建筑物的安全，但使治理河段丧失了生态功能和景观功能。

对河流生境的破坏性，主要是因为河道截弯取直，深潭和浅滩交错的布局消失，河流原有生境遭到破坏。堰坝的建设对河流生境也造成一定的影响，尤其是城市河道段的橡皮坝建设。北方河道建造的橡皮坝，一般是枯水期落坝泄水，洪水期起坝蓄水。洪水期蓄水，使橡皮坝上河段水位大于正常水位，淹没河道，原有河道近水而生的植物长时间被水淹没而死，当枯水期来临时，落坝之后，水位恢复到之前水位，河漫滩没有植被保护，砂石裸露，生境遭到破坏，动植物的生长没有一个相对稳定安全的栖息场所，种群数量衰减，生物多样性降低。

二、生态河道治理的理论基础

针对传统河道治理造成的一些生态环境问题，随着生态水利工程学的发展，人们对河流的认识更为全面和深刻，生态水利工程在河道治理方面的应用也随之展开，从之前河道治理仅仅简单地满足泄洪防灾的需要之外，人们还认识到河流生态系统健康稳定的重要性，保护生物多样性的迫切性，以及在河道治理工程中要注意生态环境保护和生境恢复。至此产生了生态河道理论，伴随着一些生态河堤工程得以实施。结合现有生态河道理论的研究和实践成果，其中生态河堤工程的建设很大程度上提高了建设河道的自净能力，改善了河流的水环境。因此，综合已有理论和实践，以及水利工程学、环境学、生态学等学科，归纳分析得出以下五部分为生态河道的治理工程的基础理论。

（一）生态环境保全的孔隙理论

所谓河道治理的孔隙理论就是在河道治理中，采用一定结构和质地的材料，人为地构建适合生物生存的孔隙环境，保证在河道治理中，生态系统自然属性的完整性，为保护或恢复其系统的生态功能打好基础。河道生态系统的保护和恢复与河岸的构筑形式和使用材料有莫大关系。前文已经说明混凝土砌筑下连续硬化的堤岸和河床等对生态系统的危害。研究发现，河流生态系统中，处于食物链高层的动物都是依赖于洞穴、缝隙，或相对隐蔽隔离的区域繁衍生息。因此，动物与孔隙条件的依赖关系是一个普遍规律。基于这个规律，多孔结构的护岸和自然河床就能够很好地保护和恢复生态系统并促进其发展。

（二）退化河岸带的恢复与重建理论

顾名思义，河岸带就是低水位之上，直至河水影响完全消失为止的地带。河岸带生态系统是水—陆—气三相结合的地方，是复杂的生态系统。河岸带生态恢复与重建理论的基础是恢复生态学。

河岸带生态系统的恢复和重建是建立在河岸带生态系统演化和发展规律上的。有研究表明，首先，更大级别的系统是生物多样性存在和稳定的必要条件，因此，有必要置河岸系统于更大级别的生态系统中，使河岸带生物多样性的恢复更加稳健。其次，恢复河岸带与周边比邻生态系统的纵横向联系越密切，障碍越少，对生物多样性的建设越有利，因此，有必要加强恢复工程与周边系统的联系，并尽力消除二者之间障碍。再者，相邻类型一致的生态系统，利于彼此稳健发展，因此，要调查恢复的河岸带生态系统类型，可以使其与相邻系统类型一致，以有利于其恢复。最后，在河岸带生态系统恢复中，对于功能恢复弱的小区域，也要注意其对自然和人类活动的影响。

河岸带生态系统的恢复重建主要包括三方面内容，其依据河岸带的构成及生态系统特征概括为：第一，河岸带生物群落的恢复与重建；第二，缓冲带生态环境的恢复与重建；第三，河岸带生态系统的结构与功能的恢复。

（三）水环境修复原理

众所周知，河流水环境有很强的自净作用和修复功能。在河流自净能力承载范围内，污染物质进入河流水体后，一般是两个过程同步进行。一是污染物浓度的降低和降解，即污染物进入河流之后，经过河水扩散、沉淀以及生物的吸收和分解等作用，水质逐渐变好；二是有机污染物经过氧化作用变成无机物的过程。这一过程，归功于水环境中生存的微生物或生物，其为了生存繁衍所进行呼吸作用或获取食物等活动，使水环境中有机污染物经过氧化还原作用变成稳定的无机物质。其结果使物质在生态系统中沿着食物链转化和流动，得到有效利用的同时既改良了水质也改善了水环境。

但是，随着河流水体的污染和富营养化程度日益突出，水体中有机物和营养物质超过了水体自身的自净能力，就需要人为帮助水环境改善，对此一般采用水环境修复技术。修复技术很多，常见的有修复塘技术、生物岛等，适当地应用修复技术可以促进多种生物的共同生长，多种生物之间相互依存、相互制约，形成有机统一体，提高河流水环境的自净化能力，改善水质。

（四）生态用水理论

广义的生态环境用水，是指维持全球生物地理生态系统水分平衡所需用的水，狭义的生态环境用水是指为维护生态环境不再恶化并逐渐改善所需要消耗的水资源总量。生态需水量是一个特定区域内生态系统的需水量，而并非单指生物体的需水量或者耗水量。河流基本生态需水量的确定包括水量满足和水质保障两方面。从生态需水量概念可以得知，其本身是一个临界值，当实际河流生态系统持有的水量水质处于临界值时，生态系统将维持现状，满足其稳定健康；当河流生态系统持有水量水质大于这一临界值时，生态系统会向更稳定的高级方向演替，使系统的状态保持良性循环；

与此相反，当系统持水水量水质低于这一临界值时，河流生态系统将逐步衰弱，环境遭到改变，最典型的现象是河西黑河流域中游对黑河水的过度利用，导致黑河断流，下游胡杨林大面积死亡，居延海面积缩小，荒漠化加剧。

河流生态需水量包括多方面的内容，主要有保护当地生物正常繁衍生息水环境的需水和满足水体自净能力及自然状况下蒸散的需水量。为了避免河流生态系统需水量而产生的生态问题，在水资源开发和利用中，需要对其进行合理配置和规划，对生态需水、生活用水和工农业用水优化配给，并按照已有标准对排放污水进行处理，尽量使污水得到循环使用，以保障当地河流生态系统的稳健持续发展。

（五）景观价值理论

相比较于传统河道治理，现代生态河道治理工程在注重河道其他功能之外，也注重河道的景观价值，景观价值和河流的生态价值及社会价值并称为河流的三大价值，相对应于河流的景观功能、生态功能和社会功能。在生态水利工程理论部分，基本原则中对此已有所论述，在此不加以赘述。

三、生态河道治理研究的内容

生态河道治理研究的内容很多，在各个领域内都有学者研究，分析可归纳为以下部分：

第一，生态河道治理理论研究，主要研究河道治理中存在的问题和治理目标，并根据已有的工程或技术，针对问题或目标提出和研究一系列的理论方法，以使生态河道治理具有可行性和科学性，如上文中的理论基础就是现有的研究成果。

第二，生态河道治理工程技术研究。生态河道治理中会遇到很多实践问题，而这些问题的处理需要在现有工程技术的支持上得以解决，当现有工程技术不能解决一些问题时，就需要对新的工程技术加以研究。现有的工程技术有很多，比如河道生态修复技术，各样的施工技术等。

第三，生态河道工程设计研究，主要是对河道工程进行工程设计和方案的选取。在治理河道上，需要因地制宜，在现有工程技术的基础上，多方案规划设计，选取最优方案进行工程建设。

第四，生态河道治理工程的评价和管理研究。生态河道治理工程的评价体系分为前期评价和后期评价，前期评价即工程建设前就开始的评价，旨在评价工程的可行性、科学性以及影响预测评价；后期评价是对工程的持续监督，旨在观测工程带来的影响，以确保工程的危害性最小，并对出现的新问题得以及时处理。

生态河道工程管理主要有建设期间的管理和建成后的管理。建设期间的管理一般以工程建设方为管理主体，而建成后的管理主要是水务部门的管理。具体则需要根据当地情况而定。

四、生态河道治理中存在的问题和对策

河道治理处于生态河道治理发展阶段，自然存在一些不足。

第一，对于河道的治理仍然停留在传统地步，仅有一部分实现了河道的生态治理。河道治理整体上或局限于水利工程学、环境科学与生态学的浅显结合，或者仅仅以水利工程学为指导，忽视了与其他相关学科的交流联系和结合。具体表现在一些水利工程在建设之后造成了河流形态渠道化和间断，导致了河流生物物种的多样性下降。针对这种现象，需要水利部门加快生态水利工程研究，提倡生态水利建设，加大对其资金投入。

第二，缺少治理河道周边生物群落历史资料，并忽视其与水文要素之间的联系。对常规水文地质勘测的进行处于表象，存在对现状认识模糊，盲目从经验或表象来治理。对此需要建立河道生态系统长效监测机制，对河道的主要生态要素和水文要素进行定期定点或选点抽查监测，以确保做到对河道生态系统的长效监督控制和管理。

第三，河道治理工程的规划设计虽能结合水力学等学科，满足景观需要和河流的水力要求，但损害了河流的生态结构，造成河流生态功能的减弱，且设计创新性不够，仍然局限于传统河道治理工程的设计模型。对此要在河道治理工程设计规划建设之初，以构建生态系统结构完整为目标，以使河道工程确保河流功能的健全和健康持续发展。

第四，公众对生态河道治理理念的意识淡薄，其参与积极性有待提高，并应加强与公众之间的交流，使工程设施更加具有亲民亲水性。这样的问题，需要政府部门引导，并加大宣传力度，使广大群众能够认识并参与到生态河道保护中去，自觉保护河道环境，维护河流生态系统的持续发展。

第五，工程措施与非工程措施侧重不一。针对这一问题，在工程设计和实施上追求安全、实用和美观，非工程措施上需要加强建设与水资源有关的监督管理系统等，以做到工程措施与非工程措施并重。

第三节　生态河道设计

生态河道设计作为生态河道治理工程中的主要研究内容之一，是治理工程建设的基础和核心，只有良好的设计才可以使建设工程更好地发挥其作用。在生态河道设计方面的研究已有很多，生态水利工程的设计理论和应用技术都有所发展。生态河道的设计内容和设计类型等问题在具体的设计中虽有所差异，但大致相同。

一、相关规范、法规的解读

河道具有防洪、排涝、灌溉、航运等功能，相对的也就衍生了许多的工程规范、行业法规以确保河道的这些功能发挥作用。但是，往往景观设计师们在对某条河道进行生态、景观规划设计的时候，缺乏对这些规范与法规的了解，造成了很多景观或建筑占用河道，影响河道正常功能的发挥。或者，水利工程设计师们改造的河道偏重工程化，硬质化严重，缺乏优美的城市绿地景观与生态涵养地。

河道的规划设计作为一门交叉学科，需要水利、生态，景观、旅游等各个方向的专家、学者参与。但是，目前国内河道的整治、规划设计往往只有水利或只有景观方向的人参与，难免顾此失彼，造成河道无法综合考虑水利、生态、景观方面的法规、规范等因素，使得河道改造无法朝着人们期望的方向发展。

（一）河道防洪堤外侧保护范围的划定

依据《堤防工程管理设计规范》的要求，一般依据防洪标准的不同，防洪工程保护范围也会相应变化。在堤防工程背水侧紧邻护堤地边界线以外应划定一定的区域作为工程保护范围。

在城市规划中，河道绿线范围的划定不能小于河道防洪堤外侧保护范围的宽度。依据每个城市的土地利用情况和河道防洪工程等的不同，会有所调整。生境的质量和物种的数量都受到廊道宽度的影响。河岸植被的宽度至少在30m以上时才能有效发挥环境保护方面的功能，包括降温、过滤、控制水的流失、提高生境多样性的作用；河岸植被在60m的宽度，则可以满足动植物迁移和生存繁衍的需要，并起到生物多样性保护的功能。要逐步构建完整的生态系统保护带。

因此，在对河道规划设计时，河岸两侧的绿线保护范围的合理划定是工作的基础，对营造良好的生态及景观效果非常重要，是规划设计时必须满足的前提条件。

（二）整治工程总体布局

1. 堤线布置遵循的原则

（1）河堤堤线应与河势流向相适应，并与大洪水的主流线大致平行。一个河段两岸堤防的间距或一岸高地一岸堤防间的距离应大致相等，不宜突然放大或缩小（且与中水河槽岸边线大致平行）。

（2）堤线应力求平顺，各堤段平缓连接，不宜采用折线或急弯。

（3）堤防工程应尽可能利用现有堤防和有利地形，修筑在土质较好、比较稳定的滩岸上，留有适当宽度的滩地，尽可能避开软弱地基、深水地带、古河道、强透水地基。

（4）堤线应布置在占压耕地、拆迁房屋等建筑物少的地带，避开文物遗址，利于防汛抢险和工程管理。

（5）湖堤、海堤应尽可能避开强风暴潮正面袭击。

（6）海涂围堤、河口堤防及其他重要堤段的堤线布置应与地区经济和社会发展规划相协调，并应分析论证对生态环境和社会经济的影响。必要时应做河工模型试验。

2. 河道两岸堤防间距

治河段两岸堤防间距的确定应符合下列规定。

（1）两岸新建堤防的堤距应根据流域防洪规划分河段确定，上下游、左右岸兼顾。

（2）应根据河道的地形、地质条件，水文泥沙特性，河道演变规律，分析不同堤距的技术经济指标，综合权衡有关自然、社会因素后分析确定。

（3）应根据社会经济发展的要求，考虑现有水文资料系列的局限性，滩区长期的滞洪、淤积作用，生态环境保护和远期规划要求，留有余地。

（4）受山嘴、矶头或其他建（构）筑物等影响，泄洪能力明显小于上、下游的窄河段，应采取展宽堤距或清除障碍的措施。

3. 河岸整治线的确定

规定河道整治线宜用两条平顺、圆滑线表示，一般拟定整治线的步骤和方法如下：

（1）进行充分的调查研究，了解历史河势的变化规律，在河道平面图上概化出2～3条基本流路；

（2）根据整治目的，河道两岸国民经济各部门的要求，洪水、中水、枯水的流路情况及河势演变特点等优选出一种流路，作为整治流路。

（3）由整治河段开始逐个弯道拟定，直至整治河段末端。

（4）第一个弯道作图前首先分析来流方向，然后再分析凹岸边界条件，根据来流方向，现有河岸形状及导流方向规划第一个弯道。凹岸已有工程的，根据来流及导流方向选取能充分利用的工程规划第一个弯道，选取合适弯道半径，使凹岸整治线尽量多地相切于现有工程各坝头或滩岸线。按照设计河宽绘制与其平行的另一条线。

（5）接着确定下一弯道的弯顶位置，绘制下一个弯道的整治线。用公切线把上一弯道的凹（凸）岸整治线连接起来。如此绘制直至最后一个河弯。

（6）分析各弯道形态、上下弯关系、控制流势的能力、弯道位置对当地利益的兼顾程度，论证整治线的合理性，对整治线进行检查、调整、完善。

（7）必要时应进行河工模型试验，验证整治线的合理性和可行性。

（8）应依照整治线布置河道整治工程位置。坝、垛等河道整治工程头部的连线、称整治工程位置线。在进行河道整治工程位置平面布置时，首先要分析研究河势变化情况，确定最上的可能靠流部位，整治工程起点要布设到该部位以上。在整治工程的上段尽量采用较大的弯曲半径或采用与整治线相切的直线退离整治线，且不宜布置成折线，以利迎流入弯。一般情况下，整治工程中下段应与整治线重合。在工程中段采用较小的弯曲半径，在较短的弯曲段内调整水流方向，在整治工程下段，弯曲半径比中段稍大，以便顺利地送流出弯。

（三）河道内建（构）筑物建设规范

1.《提防防工程设计规范》的一般规定

（1）无论是天然河道，还是新开挖河道，都会建有或规划建设许多与河道连接和交叉的各种类型的建（构）筑物。经对我国大江、大河及新开挖的淮河入海水道、南水北调输水河道工程建设情况的调查，河道内建（构）筑物按功能、布置形式基本可分为穿堤、跨堤、穿河、跨河、临河、拦河等类型。

（2）河道内建（构）筑物的建设数最不断增多，影响河道行洪和河床稳定，对河道的管理运用和防洪工程安全产生不利影响。因此，在河道整治设计中，必须按照规划设计的河道行洪断面和水位，进行各类建（构）筑物工程的选址和布置，合理规划，满足河道行洪、河势稳定、防洪工程安全和工程管理运用的要求。

2.《河道整治设计规范》的一般规定

（1）跨河类建（构）筑物包括横跨河道以上的管道、桥梁、桥架、渡槽、各类架空线路等。

（2）跨河类建（构）筑物应少设支墩，支墩应对称布置，尺寸、形状应利于行洪通畅、流态平稳，支墩基础顶面应低于河道整治规划河底最大冲刷线2.0m以下。对通航河道，支墩间距应满足航道要求。

（3）跨河类建（构）筑物的上下游河岸和堤防应增做护岸、护堤工程，护岸、护堤的长度应按河道演变分析或河工模型试验成果确定。

（4）与上行对齐跨河类建（构）筑物中的桥梁、桥架、渡槽等的梁底必须高于所处河段的设计洪水位，并留有适当超高。不通航河道，超高不小于2.0m；通航河道，应按规划的航道标准确定。

3.《防洪法》的一般规定

河道、湖泊管理范围内的土地和岸线的利用，应当符合行洪、输水的要求。禁止在河道、湖泊管理范围内建设妨碍行洪的建筑物、构筑物，倾倒垃圾、渣土，从事影响河势稳定、危害河岸堤防安全和其他妨碍河道行洪的活动。禁止在行洪河道内种植阻碍行洪的林木和高秆作物。在船舶航行可能危及堤岸安全的河段，应当限定航速。限定航速的标志，由交通主管部门与水行政主管部门商定后设置。

对壅水、阻水严重的桥梁、引道、码头和其他跨河工程设施，根据防洪标准，有关水行政主管部门可以报请县级以上人民政府按照国务院规定的权限责令建设单位限期改建或者拆除。

建设跨河、穿河、穿堤、临河的桥梁、码头、道路、渡口、管道、缆线、取水、排水等工程设施，应当符合防洪标准、岸线规划、航运要求和其他技术要求，不得危害堤防安全，影响河势稳定、妨碍行洪畅通；其可行性研究报告按照国家规定的基本建设程序报请批准前，其中的工程建设方案应当经有关水行政主管部门根据前述防洪要求审查同意。

因此，考虑到河道的行洪排涝，在对河道进行规划设计或改造的时候应该严格遵循《堤防工程设计规范》《河道整治设计规范》《防洪法》《水法》等法规，特别是在河道内布置建筑，应该在做过充分的论证分析的基础上，按照相关的设计规范，规划建设相关景观、生态等建筑。

（四）典型河段整治基本要求

一般微弯型的河段是较为理想的河段。但是，过度弯曲的河段有很多不利之处，不仅容易产生大强度崩岸，使大量滩地坍失，直接危及堤防、农田、村镇的安全，而且由于弯道泄水不畅，会增加洪水危害；随着河岸崩退而产生的河势变化，会使沿岸取水工程等遭淤积和冲刷，不能正常使用；河道的过度弯曲还会增加航运里程，妨碍船只行船。当对过度弯曲的河段采用防护和控导工程措施整治而不能从根本上改善河道的不利状况时，可考虑实施裁弯工程。因裁弯工程改变了河势，对上下游、左右岸的影响太大，应充分论证实施裁弯工程的必要性和可行性。

裁弯工程是一种从根本上改变河道现状的河道整治工程，要保证工程取得成功，必须认真做好裁弯工程的规划设计工作。裁弯方案的不同引河线路，在工程效益和工程投资上，差异巨大，必须进行多方案比较综合选定，必要时应通过河工模型试验，选择最优方案。

当需要系统裁弯时，个别裁弯需放在系统裁弯中统一考虑。因为裁弯使水流流路发生了根本性的变化，要使邻近裁弯的河段能够顺应河势，平顺衔接，必须统一考虑。实践表明，进行系统裁弯时，必须在一个裁弯成功之后，才能开始另一个裁弯，而裁弯顺序以自上而下为宜。

二、生态堤岸设计原则

在生态河道设计中，具体到生态堤岸的设计，依据国内外生态堤岸的成功经验，结合生态水利工程的基本原则和所设计河道特点，生态堤岸设计应遵循以下几个原则：

（1）堤岸应满足河道功能和堤防稳定的要求，降低工程造价，对应于生态水工学中安全性与经济性的原则。

（2）尽量减少工程中的刚性结构，改变堤岸设计在视觉中的审美疲劳，美化工程环境，对应于生态水利工程原则中的景观尺度与整体性原则。

（3）因地制宜原则。

（4）设置多孔性构造，为生物提供多样化生长空间，对应于生态水工学中的空间异质性原则。

（5）注重工程中材料的选择，避免发生次生污染。

（6）在设计初，要考虑人类自身的亲水性，其实质对应于生态水利工程中的景观尺度和整体性原则。

三、生态河道设计内容

河道治理工程中，在工程具体设计出具之前，我们需要对河道的流量和水位进行初步设计，这是工程设计的基础。为了保护地区安全，需要结合当地水文特点，选择符合其防洪标准的洪水流量，确定最大设计水位。需要根据通航等级或其他整治要求采用不同保证率的最低水位来设计最低水位。在叙述以下设计方案之前，首先把河道水位设计提出来，是因为不管河道的各种设计方案如何，它都是以防洪为基础目标，在此基础上，才可以更好地进行方案设计，对各项指标要求或景观目标进行布局。

（一）河道的平面设计

对整个河道的总体平面进行设计，即线性设计，是进行生态河道建设必由之路，也是把握和控制整个系统的关键所在，其设计标准下河流的过流能力是设计最基本的要求。目前由于人类对土地的需求过大，河道地带也不断遭受侵占，河道变得狭窄，水域面积减少，造成河道生态系统破坏，因此，在河道规划设计时，在满足排洪要求的情况下，应随着河道地形和层次的变化，宽窄直曲合理规划，以恢复河流上下游之间的连续性和伸向两岸的横向连通性，并尽量拓宽水面，既有利于减轻汛期河道的行洪压力，而且扩大了渗水面积，为微生物繁衍提供条件，给了生物更多的生存空间。同时，对补给地下水、净化大气、改变城市环境润泽舒适方面，将起到举足轻重的作用。将河道设计成趋于近自然的生态型河道，以满足人类各方面效益的需求。

在传统河道治理中，人们仅仅把河道当成泄洪的渠道，其设计仅仅满足了泄洪的需要，即保证最大洪水安全通过。这导致了河道治理简单化，仅仅是将河道取直，河床挖深，加强驳岸的牢固稳定，而忽视了河道的自然生态功能和景观功能。在违背了生态水利工程学的理念和原则的前提下，自然也违背了生态河道的理念和设计原则。对此，我们需要结合河道地势，部分河段扩宽，拆除混凝土构筑物，充分发挥空间多边、分散性的自然美，使河流处于近自然状态，既加强了水体的自净能力，也使水质自净化处于最佳状态。同时，也需要注重细节上的设计。譬如，为了水鸟等生物的生存，应该适当恢复和增加滨水湿地的面积；为了鱼类更好地繁衍生息，应该使河道有近自然状态的蜿蜒曲折，深潭和浅滩交错分布；为了陆生和两栖动物在河流和陆地之间活动方便，在河道堤沿建设时，适当地预留动物横向活动的缺口；为了使河流上下游生物之间流动，则减少堰坝的数量，或者寻找可以替代堰坝的设计方案等一系列的措施付诸实践，都是需要在最初设计时考虑的问题。

设计者在设计时，如果涉及城镇区域内的河道设计，还需要考虑其景观的美学价值和社会功能。这就需要结合所规划地的具体情况，构建一些供居民亲水、近水的活动场所。从生态学的角度来讲，符合"兵来将挡，水来土掩"的自然规律，局部环境的改善可以为生物多样性创造条件，提高生态系统的稳定性，使其健康发展。从工程学的角度来讲，河堤建设是在抗洪防汛的前提下完成的，可以有效地降低水流的流速，减小其冲击力，利于保护沿岸河堤。从水利学来讲，它满足了水利学的基本要求，达到了人们的治理目的。

（二）河道断面设计

生态河道断面设计的关键是在流过河道不同水位和水量时，河道均能够适应。例如，有高水位洪水时不会对周边民居农田等人们的生命财产安全产生威胁，低水位枯水期可以维持河流生态需水，满足水生生物生存繁衍的基本条件。一般的设计中，在河道原有基础上，需要对河流的边坡或护岸进行整治，以使河道横断面符合设计者的要求和目的。河道断面具有多样性，最常见的有矩形断面、单级梯形及多层台阶式断面等断面结构。已有的断面结构虽然能在一定程度上为水生动植物、两栖动物及水禽类建造出适合其繁衍生息的生境，可是其局限性和不足在长时间的实践中已经显现出来，妨碍了河流生态系统的健康稳定和可持续发展。

传统河道断面的设计，基本以矩形和单级梯形断面为主，以混砖石凝土材料堆砌而成高堤护岸形式，主要作用以洪水期泄洪和枯水期蓄水为主，但蓄水时，一般辅助以堰坝和橡皮坝，单独的蓄水功能很差。在河道平面设计的论述中，我们得知河堤设计时，为了陆生和两栖动物在水陆生态系统之间自由活动，在河堤护岸设计时，需要预留适当的缺口，而在断面设计中，同样的问题亦需要我们注意，因为过高的堤岸会使陆生和两栖动物不能自由地跃上和跳下，来往于水陆生态系统之间，生物群落的繁衍生息遭受阻隔。为避免水生态系统与陆地生态系统受到人为隔离，在设计中，梯形断面河道虽然在形式上解决了水陆生态系统的连续性问题，但亲水性较差，坡度依然较陡，断面仍在一定程度上阻碍着动物的活动和植物的生长，且景观布置差，若减小坡度，则需要增加两岸占地面积。

针对这一问题，水利设计者们设计出了复式断面，即简单概述为：在常水位以下部分采用矩形或者梯形断面，在常水位以上部分设置缓坡或者二级护岸，在枯水期水流流经主河道，洪水期允许水流漫过二级护岸，此时，过水断面陡然变大。这样的设计，不但可以满足常水位时的亲水性，还可以满足洪水位时泄洪的需求，同时也为滨水区的景观设计提供了空间,有效缓解了堤岸单面护岸的高度,结构整体的抗力减小。另外,在河道治理过程中,我们还需要断面的多样化。断面结构很大程度上影响着水流速度,从而影响水流的形式(紊流和稳流等),进而影响水体溶氧量,断面的多样化利于水生生物的生长和产生多样化的生物群落,造就多样化的生态景观。

尽管复式断面的产生很大程度上满足了基于生态水利工程学的河道治理,但是,我们仍要注重方案的执行,在细节上更进一步完善断面的宏观和微观设计。

(三)河道河床、护岸形式

河道治理中,建设符合生态要求且具有自修复功能的河道是水利设计者的目标,这就要求我们要对河道护岸的形式加以研究,提出合理的设计方案。在绝大多数河道治理工程中,很少考虑到河床的建设,仅仅是对其进行休整、改造或修建堰坝和橡皮坝,但是,少数穿过城区河流的河床却遭受大的建设,而这些建设基本是河床硬化,使河堤和河床固为一体,满足城市泄洪的需要。建造堰坝、橡皮坝或河床硬化等,这些措施的实施,已然产生了系列问题。

在河道护岸形式上,一般选择生态护岸类型。生态护岸是既满足河道体系的防护标准,又有利于河道系统恢复生态平衡的系统工程。利用栅格边坡加固技术、植物根系加固边坡技术、渗水混凝土技术、生态砌块等形式的河道护岸比较常见。其共同特点是具有较大的孔隙率,能够让附着植物生长,借助植物的根系来增加堤岸坚固性,非隔水性的堤岸使地下水与河水之间自由流通,使能量和物质在整个系统内循环流动,既节约工程成本,也利用生态保护。但生态护岸的局限性是选材和构筑形式,由于材料和构筑形式与坡面防护能力息息相关,这要求设计者结合实际的坡面形式选择合适的结筑形式。

(四)生物的利用

在生态河道设计中,不仅要注重形式上的设计,而且要注重对生物的利用。设计者可以以生态河道治理理论为基础,借助亲水性植物和微生物来治理水体污染和富营养化。比如设计新型堰坝,使水流产生涡流,增加水体中的含氧离子,促进水环境中原有喜氧微生物繁衍,有效降解水中的富营养化物质和污染物,同时也提高了水体自净能力。在此基础上,向河道引进原有的水生生物和亲水性植物,恢复水体中水生生物和近水性植物的多样性,如种植菖蒲、芦苇、莲等水生植物,进一步为改善河道生态环境和维护水质提供保障。在河道堤岸的设计中,要善于利用植物的特点,美化堤岸,强化堤岸的景观功能。比如在相对平缓的坡面上,可以利用生态混凝土预制块体进行铺设或直接作为护坡结构,适当种植柳树等乔木,期间夹种小叶女贞等灌木,附带些许草本植物;在较陡坡面上,可以预留方孔,在孔中种植萱草等植物,在不破坏工程质量的基础上，美化了环境，提高了堤岸的透气性和湿热交换能力，有抗冻害，受水位变化影响小等优点。

四、河道护岸类型

在河道治理中，最常遇到的是生态河道治理和城市河道景观改造。生态河道治理一般是指对非城区河道的治理，但也可对城区河道进行生态治理，而城市河道景观改造主要针对城区河道而言，二者之间并无明显界限，针对具体情况而定。一般而言，生态河道治理一般要求所治理河道空间宽泛，且与周边生态系统联系密切，而农村河道基本满足其要求。

对于城区河道景观的改造，如果满足空间宽泛的要求，也可对其进行生态治理，使其恢复良好的生态条件，美化人居环境。实际上，城区河道往往受制于空间限制，对其进行生态治理比较困难，因此，多数仅仅进行河道驳岸的改造。

（一）生态河道护岸类型

生态护岸工程现已在很多河道治理工程中得到应用，并总结出了一些护岸类型。总的来讲，生态型护岸就是具有恢复自然河岸功能或具有"渗透性"的护岸，它既确保了河流水体与河岸之间水分的相互交换和调节功能，同时也具备了防洪的基本功能，相比其他一些护岸，它不但较好地满足了河道护岸工程在结构上的要求，而且也能够满足生态环境方面的要求。在生态河道治理中，生态护岸的类型有很多，分析归纳为基本的三种形式。

1. 自然原型护岸

自然原型护岸，主要是利用植物根系来巩固河堤，以保持河岸的自然特性。利用植物根系保护河岸，简单易行，成本低廉，既满足生态环境建设需求，又可以美化河道景观，可在农村河道治理工程中优先考虑。

一般在河岸种植杨柳及芦苇、菖蒲等近水亲水性植物，增加河岸的抗洪能力，但抗洪水能力较差，主要用于保护小河和溪流的堤岸，亦适用于坡面较缓或腹地宽大的河段。

2. 自然型护岸

自然型护岸，是指在利用植物固堤的同时，也采用石材等天然材料保护堤底，比较常用的有干砌石护岸、铅丝石笼护岸和抛石护岸等。在常水位以上坡面种植植被，实行乔灌木交错，一般用于坡面较陡或冲蚀较重的河段。

3. 复式阶级型护岸

复式阶级型护岸是在传统阶级式堤岸的基础上结合自然型护岸，利用钢筋混凝土、石块等材料，使堤岸有大的抗洪能力。一般做法是，亲水平台以下，将硬性构筑物建造成梯形箱状框架，向其中投入大量石块或其他可替代材料，建造人工鱼巢，框架外种植杨柳等，近水侧种植芦苇、菖蒲等水生植物，借用其根系，巩固提防；亲水平台之上，采用规格适当的栅格形式的混凝土结构固岸，栅格中间预留出空间种植杨、柳等乔木，兼带花草植物。

其他类型如新型生态混凝土护岸，将在下文中继续阐述。这类堤岸类型适用于防洪要求较高、腹地较小的河段。

（二）城市河道驳岸类型

对城市河道的水生态规划设计已研究很多，城市河道生态驳岸具有多样性的形式和不同的适应性，其功能和组成与自然河道相比有很大不同。在城市河道景观改造中，驳岸主要有以下三种类型。

1. 立式驳岸

立式驳岸一般应用在水面和陆地垂直差距大或水位浮动较大的水域，或者受建筑面积限制，空间不足而建造的驳岸。此视觉上显得"生硬"，有进一步进行美化设计的空间。

2. 斜式驳岸

斜式驳岸就是与立式驳岸相对应而言的，只是将直立的驳岸改为斜面方式，使人可以接触到水面，安全性提高，要求有足够的空间。

3. 多阶式驳岸

多阶式驳岸，和堤岸类型中的复式阶级型堤岸相似度极大，但又有明显差别，建有亲水平台，亲水性更强，但同复式阶级型堤岸相比，人工化过多，单一性明显，亲水平台容易积水，忽视了人和水之间的互动关系。对水文因素和水岸受力情况分析不到而采取简单统一的固化方案，没有考虑河道的生态环境和景观。现多被生态多阶式驳岸替代，而生态多阶式驳岸与复式阶级型河堤形式基本相同。

五、河道的设计层面

在设计层面上，必须认识到河流的治理不仅要符合工程设计原理，也要符合自然生态及景观原理。即大坝、防洪堤等水利工程在设计上必须考虑生态、景观等因素。

（一）河道线形、河床设计

大多数渠道化的河道，由于受经济、社会和自然条件的制约，拆除堤防和其他方法来完全恢复到历史的状态是不切实际的，但在有些情况下仍有可能恢复其蜿蜒模式。

1. 河道蜿蜒性的确定

与直线化的河道相比，蜿蜒化的河道能降低河道的坡降，从而减小河道的流速和泥沙的输移能力。通过恢复河道的蜿蜒性能增加河道栖息地的质量和数量，并营造更富美感及亲水性的景观。蜿蜒度是指河段两端点之间沿河道中心轴线长度与两点之间直线长度的比值。

一般在河道改造过程中，遵循宜宽则宽，宜弯则弯，尽量使河道保持自然的形态的原则，但是，在具体的河道线形中，如何确定河道的蜿蜒性，怎么使河道在兼顾"宜宽则宽，宜弯则弯"的同时，还能保持河道各系统的稳定性，是设计时首先需要解决的问题。

在河道设计中，有关蜿蜒性恢复的方法一般有如下几种。

（1）参考法

参考法，即参考历史上河道的蜿蜒性状态，设计参考原有的宽度、深度、坡降和形态等；并通过历史调查、航拍或钻孔等手段获得有关技术资料；或参照具有类似地貌特征的其他流域。但是，河道生态系统等的改变具有不可逆转性，不能一味照搬原有河道模式，必须建立在大量分析河道稳定性的基础上，进行局部修复。

（2）应用经验关系

很多学者提出了不同的蜿蜒性参数和其他的地貌、水文之间的经验关系式，如蜿蜒波长一般为河道宽度的 10 ~ 14 倍；或按照正弦曲线样态，计算出蜿蜒河道各点的坐标来近似确定河道中心线；或采取河弯跨度，与河道平滩宽度的经验公式计算。绝大多数蜿蜒河段的曲率半径与河宽之比介于 1.5 ~ 4.5 之间。如果计算得到的河宽跨度太长或蜿蜒河段的宽度无法达到，就需要引入其他工程措施以减小河道坡降并对河床进行加固处理。

2. 河道底宽、面宽与深度的确定

在河道设计中，河道宽度、深度、坡降和形态是互相关联的变量，河道修复应尽量保持原有的几何形态，如果待修复河段不稳定，可将参照河段的宽度测量结果取平均值来确定待修复河段宽度的选择范围。

3. 深槽、浅滩的设计

深槽、浅滩是蜿蜒型河道的典型地貌特征。如果受城市建筑、道路等的影响，渠道化顺直的河道无法在平面形态上得以修复成蜿蜒的形态，那么，可以通过深槽、浅滩的形式，达到生态改造的目的。一般深槽、浅滩的修复是以序列的形式，在对河道历史形态调查的基础上修改和重建。

如果河道近于顺直（蜿蜒度小于 1.2），浅滩（深槽）的间距可根据经验按河宽来确定，取 5 ~ 7 倍河宽，浅滩（深槽）间距的 2 倍即为一个蜿蜒模式内的河湾跨度。

4.防洪与生态、景观结合的河滩地设计

河滩地的高程设计,应在满足3~5年遇防洪要求的前提下,尽可能降低滩地高程,以加大行洪断面,增加亲水体验。河滩地既扩大了行洪断面,又为鸟类、两栖动物的生存提供了生存空间,也为人类休闲、游憩提供了条件。

(1)从生态的视角看,浅滩作为河道内重要的栖息地,具有满足生物个体与种群间生存的化学及物理特性的河流区域。因此,设计时,用生态的方法,通过调整水流的时空分布,改善栖息地质量,包括水质、产卵地条件、摄食条件和洄游通道等。具体的改善生态的结构包括小型丁坝、堰、树墩、遮蔽物等。这些结构通过控制河道坡降,维持河道稳定的宽深比,降低近岸的流速,保护河道的坡岸,并改良鱼类的栖息地。

(2)以景观的角度看,在各类生物的栖息环境、自然教育、环境绿化美化、岸边旅游休闲和人类的日常生活之间寻找一个最佳平衡点,建立一种尊重自然、爱好自然、亲近自然的新模式。将休闲地、绿地设置于河滩地,一方面增强了游人的休闲亲水性,另一方面,河滩地设计成草坪、草地等开敞空间,适当设置树丛、灌木,可以根据需要布置一些亲水的平台和台阶,来满足游人散步、骑自行车、放风筝等游憩活动。在滩地宽度足够大时,可以设置露天球场等活动设施。此外,在河滩地不宜布置假山、雕塑、亭台等阻水性的园林建筑,应以满足河道防洪需求为主。

(二)河道断面设计

由于河道所处的环境及周边的土地利用情况的不同,相对应河道断面也可选择不同的形式,如北方大部分的季节性河流,一年之中水位变化较大,或大部分时间为污水,为解决景观及防洪的需求,通常对其采用复式断面结构;在人口集聚地的河流,由于河道两岸空间相对狭小,河道通常采用梯形和矩形断面形式。

断面设计的基本标准是满足设计出的河道能够应对不同水位和过水量的要求。在此基础上,河流还应该有凹岸、凸岸、浅滩和沙洲,这样才能为各种生物提供良好的栖息场地,发挥降低河水流速、削减洪峰流量的作用。

1.复式断面

河道断面的选择除了考虑河道的排洪功能、河道两侧土地利用外,还应结合布置河岸生态景观,注重维护河道的自然生态平衡,恢复生物多样性,回归自然,尽量为水陆生物创造良好生境。同时,体现亲水性,方便人们休闲,亲近自然。

从景观与防洪方面看,在枯水期河道应有一定的水面宽度和水流深度。河道必须有较大的行洪断面,而为了保持枯水期河道景观,河道断面不宜太大。解决该矛盾的最好方法是河道采用复式断面。常水位以下河道可采用矩形或者梯形断面,在常水位以上则应设置缓坡或者二级护岸,允许洪水期部分洪水漫滩,平时则成为城市中理想

的开敞空间，具有很好的亲水性和临水性，适合居民自由休闲游憩，从而解决了常水位期时人们对河道亲水性的要求和洪水期河道泄洪的要求。

从生态与防洪角度看，在满足河道功能的前提下，应尽量减少人工治理痕迹，保持天然河道面貌，采用原泥土、鹅卵石驳岸等方法保持河岸原始风貌。在边坡上则采用自然生态岸坡，种植草皮灌木等，保持近自然形态的景观，保护原有河道生态系统。这样，既能保证枯水期有一定的水深，能够为鱼类、昆虫、两栖动物的生存提供基本条件，同时又能满足防洪要求。

2. 梯形或矩形断面

在人口密集地周边的河道，河道两岸空间较狭小，且居民对于河道功能的要求较高，则采用矩形或梯形断面以满足防洪需求并尽可能在有限的空间满足各种需求。例如，利用景观的合理布置、护岸的选择来充分体现河道安全、休闲和亲水的功能，营造人水和谐的人居环境，以提高城市的品位。

（1）梯形断面

梯形断面可采用上部和下部不同的坡度形式，下部分较陡，注重防洪，上部分适合放缓以满足生态及景观的要求，局部设置人行台阶、种植花树，实现河道断面的景观化。因此，梯形断面可根据不同的地形、地势，考虑挡土墙与河岸景观相结合，采用不同形式、材料、造型等的护岸，掩盖堤防特征，同时，采用合适的护岸材料，营造安全舒适的亲水景观型河道。

（2）矩形断面

矩形断面的直立陡坡难以满足亲水要求，但由于人口的密集，河道两岸空间狭小，所以矩形断面无可避免地会在城市中使用到。但考虑到生态及景观的需求，护岸可采用生态化的形式，来保护生态多样性，防止河道渠化。例如，在护岸的石块孔隙中容许植物的生长，在一定程度上增加河岸的生境多样性。

3. 河道断面的不对称性设计

以往受堤防工程约束或河道两侧用地的局限，河道断面几何特征一般为对称规则形态，相对均匀的流场会因一些局部扰动而发生小的紊乱，这些扰动会在河道的不同位置被放大和抑制，从而加速水流发散和收缩，导致河道趋于不稳定。因此，在用地条件限制而无法实现河道蜿蜒性的改造时，可以采取把河道横断面恢复到更加自然的地貌形态的方式。对河道的岸坡坡度进行重新设计，使河道的断面具有不对称的几何特征，从而引导水流形成不同地貌特征的河道形态，如深潭、浅滩、河漫滩等，诱发河道自由发展，从而恢复河道相对自然及动态平衡的状态。不过，必须注意的是，应防止河道过度摆动而产生河岸冲蚀的问题，这需要用到河岸的加固措施。典型的设计手法是，使河道具有不同的河道断面坡度，如凸岸的坡度为1∶5，凹岸的坡度为1∶1，则水流会在凹岸形成冲蚀深潭，而在凸岸会发生水流发散及泥沙的淤积现象，以形成边滩、弯曲段及河漫滩地。

（三）河道水利工程建筑、设施的生态及景观设计

河道水利工程建筑及设施一般包括各种水闸，如分水闸、分洪闸、进水闸；各种堤坝，如丁坝、顺坝、滚水坝、护岸；各种港工建筑物，如码头、船坞，还有取水口、跌水、泵站以及跨河桥梁等。这些建筑设施往往是河道景观上的重要节点，其设计除满足基本功能外，还应该从景观的角度去考虑。

1. 水工建筑设计的规范要求

水工建筑物由于涉及河道的防洪、排涝、调控水量等功能，与其他建筑物功能及性质不同，应充分遵循《河道整治设计规范》《堤防工程设计规范》等法规、规范。如有通航要求的河道，其跨河类建筑物应少设支墩且支墩基础顶面应低于河道整治规划河底最大冲刷线 2.0m 以下。跨河类建（构）筑物中的桥梁、桥架、渡槽等的梁底必须高于所处河段的设计洪水位，并留有适当超高。不通航河道，超高不小于 2.0m 等。

2. 水工建筑的生态及景观设计

（1）设计时遵循建筑美学的一般规律，充分考虑河流周边的环境；采用合适的比例、尺度；统筹体形、色彩、质地三方面的协调。

（2）水工建筑物与一般土木建筑物又有所不同，具有其他特殊的内涵，即与河流、与水紧密地联系在一起，特别是由水而衍生出的地域文化特色。在设计水工建筑物的设计时应充分挖掘与此相关的水文化内涵，通过地域元素加以表达，形成具独特地域风格的水工建筑。

（3）水工建筑物的设计，特别是滚水坝、护岸等，具体河段可以以生态形式布置，如自然岩石的水坝，从而不造成生态阻滞现象，如鱼类的洄游通道。同时，在景观上可考虑游人的亲水性，即坝体的设计可结合种植槽、汀步等，打破生硬的线条，营造生态、景观与坝体相融合的景观。

（四）景观与生态系统双重营造的滨水区植物设计

1. 植物设计的生态性原则

对于植物生态及自然景观性的理解并不是乔灌草的简单化、形式化的堆积，而是要依据滨水水域、陆域的自然植被的分布特点和生态系统特性进行植物配置，从而体现滨水区植物群落的自然演变特征。植物设计的发展趋势是充分地认识地域性自然景观中植物景观的形成过程和演变规律，并以此进行植物配置。

植物设计应能够充分体现滨水区植物品种的丰富性和植物群落的多样性特征。营造丰富多样的植物景观，首先依赖于丰富多样的滨水空间的塑造，所谓"适树适地"的原则，就是强调为各种植物群落营造更加适宜的生境。滨水植物设计的首要任务是

保护、恢复并展示滨水区特有的景观类型，而滨水区植物景观的多样性是滨水区地域性特征最显著的元素。

2. 植物设计的景观性原则

植物景观是滨水区的重要景观，也是滨水区景观的有机组成部分。规划中应根据地域特性，尽量模仿滨水区自然植物群落的生长结构，增加植物的多样性，建立层次多、结构复杂、多样性强的植物群落。合理地进行片植列植、混种等，并形成一定规模，促进植物群落的自然化，发挥植物的生态效益功能，增强滨水植被群落的自我维护、更新和发展能力，增强群落的稳定性和抗逆性，实现人工的低度管理和景观资源的可持续发展。同时，注重滨水区生态系统动植物、微生物之间的能量交流，建立适宜滨水区生态系统发展的景观形态。

滨水区往往是城市形象的重要展示部分。规划设计在贯彻自然生态优先原则的前提下，预留完整的滨水生态的发展空间，保护城市滨水生物多样性，运用景观生态学原理，建立相应的评价系统，以提高城市滨水区及城市整体环境品质，维护景观多样性及生态平衡，其他景观设计项目让位于植物景观的生态设计。当然，规划中不仅要尊重自然生态的发展空间，也要考虑人类社会、经济生态系统运行的需求。

六、工程尺度层面

（一）河道护底与驳岸材料选择

在滨水区，驳岸是水域和陆域的交界线，相对而言也是陆域的最前沿。驳岸设计的好坏，决定了滨水区能否成为吸引游人的空间，并且作为城市中的生态敏感带，驳岸的处理对于滨河区的生态也有非常重要的影响。

我国大多数城市使用的驳岸材料主要有钢筋混凝土、水泥及石砌挡土墙等缺乏渗透性和水汽交换和循环的材料。固化水体，阻断了水体与河畔陆地植被的水气循环，破坏河畔生物赖以生存的环境基础；限制河畔陆地植被的生存空间，使一些两栖动物和水生动物丧失了生存、栖息的场所；打破了河畔陆地与水体的生态平衡，逐渐使水体失去生物净化的效能。这类河道整治工程严重地破坏了自然、生态环境，使河道生态系统连续性遭到结构性破坏，因此，驳岸的处理是沿河景观设计的重点，应尽量考虑以生态驳岸和景观绿化设计相结合来代替硬性防洪工程式河岸以求达到传统与现代、工学与生态、行洪与环境的和谐统一。在生态驳岸设计中，安全仍然要放在首位，驳岸的设计要与区域防洪规划相结合，既要保证常水位下人群活动的安全，又要保证高水位下行洪的安全。

生态驳岸是指"可渗透性"的人工驳岸，是基于对生态系统的认知和保持生物多样性的延续而采取的以生态为基础、安全为导向的工程方法，以减少对河流自然环境的伤害。

1. 生态驳岸改造指导思想

参考国内外成功改造案例，依据现有驳岸现状条件，改造的主要指导思想如下：

（1）驳岸景观建设要符合城市绿地系统规划要求及城市带状滨河空间需求，滨河是提供人们日常休闲健身和娱乐的场所；

（2）景观改造要营造亲水驳岸空间，驳岸景观设计应强调人与水的互动；

（3）河道沿线城市公园休闲景观节点应与河道休闲绿地尽量打通并连接起来，拓展河道两岸景观休闲空间，成为城市公园休闲通廊；

（4）两岸重要节点处应设游览设施及管理服务设施；

（5）沿驳岸要有较高夜景照明要求；

（6）驳岸景观改造适宜地段应尽量使用空间亲水型驳岸，增设亲水游览设施；

（7）坡脚护岸材料的选择遵循就地取材原则，注重废旧物品的再利用。

2. 生态驳岸具体类型

河段内的直立式护岸参考绿化护岸和加法护岸的营造措施，在两岸市民对景观要求不高的地段，针对出现的斜坡式石砌护岸，可采用直立式护岸中的绿化护岸形式只进行"面部"的改造。对于有河道穿越的市中心或居住区等特殊地段，景观要求较高，应采用多种坡面处理方式，在水利条件允许的前提下，适当考虑拆除部分石砌护岸，结合生态驳岸的手法加以改造，并充分考虑人与水的互动性，加强其生态气息。具体改造措施如下：

（1）卵石缓坡

针对需改造的斜坡式石砌护岸，卵石缓坡护岸是最理想的生态护岸形式，其横断面俗称"碟形"断面，有利于两栖动物的出行，在结合水生植物种植的同时，凸显了自然生态感。

于斜坡腹地广大区域，在防洪排涝条件允许的情况下结合原地形，弃除石砌斜坡，应用卵石，自然散铺于坡脚；卵石与水面衔接处种植水生植物，打造自然原貌；对于水流大、腹地小的区域，卵石可考虑结合混凝土稳固基础，但临近水面区域应结合水生植物做软化处理。

（2）条石护岸

部分河段，在水利泄洪条件允许且河流较宽的情况下，考虑采用生态型条石护岸的形式。条石应为自然型和经过粗加工的自然凿开面石材，长宽不一；条石与条石之间不是紧密连接，不要求横平竖直整齐划一，而是尽量错落有致，体现自然、美观的概念；于错落摆放的条石的缝隙中种植耐水湿植物，营造自然生态型驳岸；条石护岸空隙较大，有利于形成水生生物栖息场所，丰富岸边生态体系。

（3）山石护岸

山石护岸与条石护岸相类似，山石护岸材料主要为就地取材的不经人工整形的乡土自然山石；石块与石块之间的缝隙中尽量形成孔穴，不要用水泥砂浆填塞饱满，以此提供水生动物栖息地；石块背部做砾料反滤层，用泥土密实筑紧，使山石与岸土自然结合为一体；山石缝隙间、临水处栽植水生植物，点缀岸坡，体现自然美景。

（4）木桩护岸

针对斜坡式石砌护岸，大多数情况下均可采用木桩护岸形式美化坡脚。将选用的木桩底部削成锥形，并进行防腐处理。木桩打入土后，对其边缘进行挖方处理，木桩高度应与直径相协调，入土参差不齐、错落有致，木桩周围种植水生植物。

或以人工自然手法，采用钢筋混凝土结构，表面做仿木处理，"桩"之间留有足够的空隙形成水生动物栖息地，背填卵石、砾料、细沙等作为反滤层。

（5）旧物利用

在改造斜坡式护岸的同时，遵循就地取材、旧物新用的原则。对于改造过程中产生的卵石、老条石、枯树根、废旧的轮胎、废弃的排水管、边角废料等，在满足固岸需求的前提下，可充当景点装饰护岸，这也是一种生态的做法。同时，对旧物装饰的护岸应用卵石点缀处理，构筑成整体风格一致的驳岸景观。

（二）河床材料的选择

从生态角度看，河床材料的设计中，合理选择底质是很重要的，可参照同类河流根据地貌分类的方案进行设计，也可根据河段上下游河段的河漫滩或古河道的开挖取样进行分析。

一般来说，底质应该尽量由不同粒径的颗粒组成，以避免砂砾石径的均一化。其中，有棱角的砂砾要占到一定的比例，以保证砂砾之间的相互咬合，增加河床的稳定性。

粒径大小应适当，如若太大，则容易在高速水流作用下失稳，并且粒径太大的底质材料也不利于形成适于鲑鱼等鱼类产卵的栖息地。

第四节　河道规划层面的生态、景观与水利工程的融合

当今国内为了解决社会、经济、人口布局与水资源时空分布不协调的矛盾，或者要开发水电这种清洁能源，都离不开水库大坝等水利工程，历史和现实确定了水利基础设施在我国社会经济生活中不可动摇的地位。

但是，在以往工程水利的指导思想下，相对偏重水利等工程措施，导致大多数城市河道硬化、渠化严重，河道线形裁弯取直，生态环境遭到了巨大的破坏。所以，在

河道的规划层面就必须确立生态、景观、水利工程综合整治的理念。这与传统的以单一水利工程治理河道不同，而是在不排斥大坝、电站、水闸等水利工程的基础上，融入生态与景观，将三者统筹起来考虑。这与国外"近自然河道整治"等不同，因此，改造不可能照搬照抄国外的改造经验，需要在兼顾大量水利工程存在的基础上，考虑生态、景观的营建。

一、河道与周边城市用地的调控

用地问题是制约城市河道成为良好的滨水景观区、城市休闲空间的一个主要的因素。现状河道的许多地方直接与城市道路、建筑等以直立墙护岸的形式相连接，已无任何的缓冲余地。但是，如前面所述，要形成一个良好的滨河景观带，尤其是建立相对完整的滨河生态系统，沿河两侧的绿地保护带至少要大于30m才能够发挥环境保护方面的功能。河岸植被在60m的宽度，则可以满足动植物迁移和生存繁衍的需要，并起到生物多样性保护的功能；同时，具备足够的空间改善河道的休闲景观，并提升城市的品位。

大多数处于城市中的河道，两岸早已存在的建筑、道路等或拆除，或保留等用地的调控都是人为可以解决的，只是要看政府重视的程度与采取的力度如何。

因此，河道两侧用地的调控是生态、景观与水利工程融合规划设计时必须考虑的一个前提条件。只有足够的带状绿地，才能在满足防洪排涝的基础上，兼顾生态系统的完善及景观品位的提升。

二、完整的河流绿色廊道的建立

在中国快速和大面积的城市化进程中，不适当的土地利用严重损害了生态系统有机体的结构与功能，它们造成了大地景观破碎化，自然水系统和湿地系统的严重破坏，生物栖息地和迁徙廊道的大量丧失，最终加剧了城市的生态风险，降低了人居环境质量。因此，在有限的城市土地上，建立一个战略性的自然系统结构，创建良好连通的绿色生态廊道，用以高效地保障自然和生物过程的完整性和连续性，是提高人居环境质量，保障城市生态安全的有效途径。

河道绿色廊道的完整性建立也是规划阶段生态、景观与水利工程融合时必须统筹的一个关键问题。建立完整的河流绿色廊道，即沿河流两岸控制足够宽度的绿带，包括河漫滩、泛洪区、物种栖息地、景观休闲用地等，在此控制带内严禁任何永久性的大体量建筑修建，并与郊野基质连通，从而保证河流作为生物过程的廊道功能。

（一）河流的沟通

把河流网络看作是一个连续的整体系统，强调河流生态系统的结构与功能和流域的统一性。河流的连续性沟通可以从以下几方面考虑：

（1）纵向上，尽可能保持河流上中下游的连续性，因河流是生态系统物质循环的主要通道，也是鱼类和无脊椎动物洄游和迁移的主要通道，因此，以引水、防洪排涝等水利工程而建设的电站、大坝等在规划阶段就应该以不破坏河流的连续性为原则。

（2）横向上，河流与横向流域存在着能量流、物质流、信息流等多种联系，共同交织成小尺度的生态系统。规划时应充分考虑河流域与河岸区域的流通性，即河流与河漫滩、湿地、静水、河汊等。尤其是两岸筑堤时，不能阻滞水流的侧向连续性。

（3）竖向上，由于地下水对河流水文要素及化学成分的影响，以及河床底质中的有机物与河流的相互作用，要充分考虑衬砌的透水性。如果采用不透水的混凝土或浆砌块石材料作为护坡材料或河床底部材料，将会割断地表水与地下水之间的联系，也割断了物质流。

（4）在时间尺度上，自然河流生态系统的改变需要极长的时间，有研究指出，湿地重建或修复需要大约 15～20 年的时间，因此，要有分期规划的修复项目，分步实施，使河流的生态系统趋向稳定。

（二）重要栖息地的连通与重建

栖息地是指鱼类或其他生物体生长发育所需求的物理和化学特征的场地。栖息地特征包含水质、产卵地、摄食区、迁移通道等。河岸边、河滩区、河汊、湿地等共同组成了生物物种的栖息地，这一地段的重建和连续可使水生动物、无脊椎动物、昆虫、两栖动物、水禽和哺乳动物等都遵循规律连续分布，并形成丰富有序的食物链（网）。

三、河道景观的功能区划及用地规划

为有效改善生态环境面貌，提升城市的景观品位，整合土地资源，在规划阶段必须解决河道的景观功能区划，以及对每段区划的主题定位。

（一）区划的前提

在区划时，需参照城市的水功能区管理办法中对河道所划分的水功能。水功能一级区分为保护区、缓冲区、开发利用区和保留区四类。水功能二级区在水功能一级区划定的开发利用区中划分，分为饮用水源区、工业用水区、农业用水区、渔业用水区、景观娱乐用水区、过渡区和排污控制区七类。

在保护区、饮用水源区严禁任何的人为活动，包括景观休闲、游憩、水上运动等，因此，在功能区划上一般划定为生态水源涵养区或水源核心保护区。

（二）功能结构区划

根据河道每一段所处的位置、周边的环境等，在功能区划上应以河道水环境保护为前提，从河道现有的生态资源和自然景观角度出发，经过综合分析，将整个规划范围内的河道以其性质、功能不同而划分为不同的区域。

一般来说，位于城市内的河段，其功能定位为通过对河道的生态整治与景观改造，满足市民的亲水、休闲、娱乐需求，作为城市滨水区形象地，以全面提升整个城市的品位。

（1）河道景观由于自然及人工的原因分布在城市、村镇、产业园区、郊野等不同的地域，每一地域的河道景观其规划目标、宗旨、布局不尽相同。规划设计首先得解决其规划定位及问题。如上海苏州河、黄浦江的整治，成都府南河、沙河的整治，绍兴城市环河的整治，福州闽江南江滨、北江滨公园的建设等，都是作为各个城市近年来主要的市政工程进行建设实施。

（2）对于郊野自然河道的改造，基本定位在河道的防洪功能和自然生态恢复整治上。

（3）对于河道流经特殊的地域或该区域有特殊的产业或在城市中所处的地位相对较为特殊，则需统筹考虑该区域区位、产业结构、用地类型等因素。

四、河道休闲旅游规划

（一）水利风景区的提出

仁者乐山，智者乐水，国内外以水为依托的休闲旅游景区的建设极具发展前景。在对河道进行整体规划时，应充分论证河道作为旅游景区的可行性，如河道及周边的区位条件、自然及人文资源特色、客源市场情况等。而水利部引导下的水利风景区建设则是为了更好地利用"水"作为旅游资源。建设一批与水相关的休闲、度假、旅游项目，从而达到以合理开发水资源景观为主、保护与修复水域生态为前提，同时整合与优化区域旅游资源、发扬与传承地域文化、营造可持续发展的水利风景区。

（二）景区建设与水利设施及生态的统筹

水利风景区是旅游地的一种类型，其本身也因所依托的设施不同，而导致资源特色及分布形态不同，可有多种开发方式。因此，作为景区的河道规划则应对其旅游的发展方向有清晰的定位。

另外，水利风景区与一般的风景名胜区或旅游度假区类似，都是主要以游览、观光、休闲、度假、娱乐等为主。但是，水利风景区不同于一般景区的特点，即必须首先保证水利设施正常运转、发挥效能，以及河道生态的涵养及修复，故在规划和管理上，水利旅游区都有其特殊性。

第五章　节水工程关键技术与应用

第一节　喷灌技术

一、喷灌基本知识

喷灌是先进的田间灌水技术，用喷头把水洒向空中，水在空中变成水滴后降落到田面（又称"人工降雨"），是一种使被灌溉土地全部湿润的灌水方式。喷灌系统一般由水源（机井、地表明水）、动力设备（电动机、柴油机）、管网（一般包括干管和支管及其相应的连接控制部件，如弯头、三通、闸阀等）和喷头（一般用竖管支撑连在支管上）组成。喷灌具有灌水均匀，用水量省，适应性强，省地、省工，较传统地面灌水作物产量高等优点。

（一）喷灌系统分类

喷灌系统可按不同方法分类。按系统获得压力的方式分为机压喷灌和自压喷灌；按设备组成分为管道式喷灌和机组式喷灌；按喷洒特性分为定喷式喷灌和行喷式喷灌；按管网是否移动和移动程度分为固定式、移动式和半固定式喷灌。

下面主要对固定式喷灌系统、移动式喷灌系统、半固定式喷灌系统作简要介绍。

1. 固定式喷灌系统

喷灌系统的各组成部分除喷头外，都是固定不动的，水泵和动力机组成固定型的泵站，干管和支管埋入地下。固定式喷灌具有操作方便、易管理养护、生产率高、运行费用低、工程占地少等优点，但工程投资大，设备利用率低。固定式喷灌系统常用于草坪喷灌。

2. 移动式喷灌系统

在田间，水源（机井、塘式引水渠）是固定的，而动力、管道和喷头全都是移动的。在灌溉季节里，一套设备可以在不同地块上轮流使用，因而提高了设备利用率，降低了单位面积的设备投资，但管理劳动强度大。

3. 半固定式喷灌系统

喷灌系统的动力、水泵和干管是固定的。在干管上隔一定距离装有给水栓，支管和喷头是移动的。支管在一个位置上与给水栓连接进行喷洒，喷洒完毕，即可移至下一个给水栓，连接后再行喷洒。这样的喷灌系统比固定式喷灌设备利用率高，投资也省，操作起来比移动式喷灌劳动强度也低，生产率也高一些。

（二）喷头的选用

1. 喷头的分类

喷头的种类很多，按工作压力大小，可分为高压、中压、低压三类；按喷头结构形式可分为旋转式、固定式和孔管式三种；按喷水特征可分为散水式和射流式。

2. 喷头的主要水力参数

选择喷头的主要依据有工作压力、流量、射程等水力参数。

（1）工作压力。喷头的工作压力指喷头进口前的内水压力，单位为 kPa 或 kg/cm^2。

（2）流量。单位时间内喷头喷出的水体积称为喷水流量 q，单位为 m^3/h 或 l/s。

（3）射程。射程是指在无风条件下，喷射水流所能达到的最大距离，也称喷洒湿润半径 R，单位为 m。

3. 选用喷头的原则

选用喷头时，根据其工作压力、流量、射程、喷嘴直径、喷洒强度来确定。应遵循的原则：结构简单、运行可靠、维修方便、耗能低，还要有良好的降雨分布特性和雾化程度。目前使用最普通的是 PY 系列摇臂式喷头。

（三）喷灌的基本技术要求

1. 喷头的组合布置合理

喷头的喷洒方式有全园喷洒和扇形喷洒，全园喷洒喷头的间距较大，喷洒强度较小，一般在管道式喷灌系统中采用，只在地边、地角作扇形喷洒。

喷头的组合布置形状，一般用相邻四个喷头平面位置组成的图形表示。喷头的基本布置形式有两种，矩形组合和平行四边形组合。

喷灌组合的原则：第一，组合均匀度满足设计要求；第二，不发生漏喷；第三，组合平均喷灌强度不大于土壤允许喷灌强度；第四，系统投资和运行费用低。

2. 适时适量灌水

按照作物需水规律，制订科学的灌水计划，根据土壤水分，作物长势，天气变化情况随时调整灌水计划，用以指导灌水。

3. 均匀灌水

合理布置喷洒点的位置，达到灌水均匀的目的。一般要求在设计风速下均匀系数不低于 0.75 ~ 0.85。

喷灌均匀系数：

$$C_u = 1 - \frac{\Delta h}{h} \tag{5-1}$$

$$\Delta h = \frac{\sum_{i=1}^{n} |h_i - h|}{n} \tag{5-2}$$

式中 h——喷洒水深的平均值，mm；

Δh——喷洒水深的平均离差，mm；

C_u——喷灌均匀系数；

n——喷头每日轮换作业次数。

4. 喷灌强度适宜

单位时间内喷洒在田间的水层深度称为喷灌强度，喷头允许喷灌强度见表5-1。单个喷头全园喷洒，其喷灌强度计算公式为

$$P_s = \frac{1000 q_p}{\pi R^2} \tag{5-3}$$

式中 q_p——喷头喷洒水流量，m³/h；

R——喷头射程，m；

P_s——喷灌强度，kPa。

表5-1　喷头允许喷灌强度

不同类别土壤允许喷灌强度		坡地允许喷灌强度降低值	
土壤类别	允许喷灌强度/（mm/h）	地面坡度/%	允许喷灌强度降低/%
砂土	20	5 ~ 8	20
沙壤土	15	9 ~ 12	40
壤土	12	13 ~ 20	60
壤黏土	10	>20	75
黏土	8		V

支管上的若干个喷头同时做全园喷洒，其喷灌强度计算公式为

$$P = k_\omega C_p P_s \tag{5-4}$$

式中 k_ω——风影响系数；

C_p——喷头布置系数。

5.雾化良好

雾化程度指喷头喷射出去的水流在空中的粉碎程度。雾化程度以指标 h_p / d 表示，其中 h_p 为喷头工作压力水头，d 为喷头主喷嘴口径，两者均以米计，见表5-2。

表5-2　各种作物适宜雾化指标

作物种类	h_p / d
蔬菜、花卉	4000～5000
粮食作物、经济作物、果树	3000～4000
牧草、饲料作物、草坪、绿化林木	2000～3000

二、喷灌系统设计

（一）收集基本资料

收集的基本资料主要包括地形、土壤、水源、气象、作物、灌水经验、土地利用、水利建设现状及发展规划等。

（二）工程总体安排布置

（1）选择喷灌系统形式。

（2）选用喷灌机型、喷头型号。

（3）初步安排水源、泵站、各级管道位置。在地面坡度较大的山丘区，干管应沿主坡方向布置，并尽量在高处，支管则平行等高线或沿梯田布置。在可能的条件下，还应设法使支管与风向垂直，与作物垄向一致，尽量使管线最短。

（4）确定喷头组合形式以及喷头在支管上的布置间距和支管间距，绘制工程平面布置图。

（三）拟定作物喷灌制度

1.喷灌灌水定额

$$m_{喷} = 1000\gamma h(\beta_1 - \beta_2)\frac{1}{\eta} \qquad (5-5)$$

式中 $m_{喷}$ ——设计灌水定额，m³/hm²；

　　γ ——土壤容重，t/m³；

　　h ——计划湿润层深度，m（大田作物 0.4～0.6m，蔬菜 0.2～0.3m）；

　　β_1 ——田间持水量；

　　β_2 ——作物的适宜土壤含水量下限，取田间持水量为 60%～70%；

η——喷洒水利用系数（风速小于 3.4m/s 时，η =0.8 ~ 0.9，风速为 3.4 ~ 5.4m/s 时，η =0.7 ~ 0.8，湿润地区取大值，干旱地区取小值）。

2.设计灌水周期

$$T_{喷} = \frac{m}{E}\eta \qquad (5-6)$$

式中 E——作物需水关键时期的平均日需水量，mm/d；

$T_{喷}$——设计灌水周期；

m——设计灌水定额，m³/hm²；

η——喷洒水利用系数。

（四）确定开启喷头数

1.校核组合喷灌强度

当风速超过 lm/s 时，相邻的喷头同时喷洒，各喷头湿润的面积有重叠，这时设计喷灌强度显然比单喷头无风条件下全园喷洒的喷灌强度大，即 $P > P_s$。这时，设计喷灌强度 P 的计算式：

$$P = K_w C_p \frac{1000q_p}{\pi R^2} \qquad (5-7)$$

式中 P——设计喷灌强度，mm/h；

C_p——布置系数，查表 5-3 计算；

K_w——风系数，可查表 5-3；

q_p——喷头喷洒水流量，m³/h；

R——喷头射程，m。

表5-3 不同运行情况下的 C_p 值、K_w 值

不同运行情况下的 C_p 值		不同运行情况下的 K_w 值	
单喷头全园喷洒	1	单喷头全园喷洒	$1.15V^{0.134}$
单喷头扇形喷洒（扇形中心角 ）	$\dfrac{360}{\alpha}$	单支管多喷头支管垂直风向	$1.15V^{0.194}$
单支管多喷头同时全园喷洒	$\dfrac{\pi}{\pi - \dfrac{\pi}{90}\arccos\dfrac{\alpha}{2R} + \dfrac{\alpha}{R}\sqrt{1-\left(\dfrac{\alpha}{2R}\right)^2}}$	同时全园喷洒 支管平行风向	$1.12V^{0.302}$
多支管多喷头同时全园喷洒	$\dfrac{\pi R^2}{ab}$	多支管多喷头同时全园喷洒	1

2. 喷头在一个作业位置的喷洒时间 $t_{做}$

$$t_{做} = \frac{m}{p} \qquad (5-8)$$

式中 $t_{做}$——每日喷灌作业时间；

m——设计灌水定额，m^3/hm^2；

p——设计喷灌强度，mm/h。

3. 喷头每日轮换作业次数 n

$$n = \frac{t_旦}{t_作} \qquad (5-9)$$

式中 $t_作$——喷头在工作点上喷洒的时间，固定式系统可取 12h，半固定式系统取 10h，移动式系统取 8h。

P——设计喷灌强度，mm/h；

n——喷头每日轮换作业次数；

$t_旦$——每日喷灌作业时间，h。

4. 需同时工作的喷头数

$$N_p = \frac{N}{nT} \qquad (5-10)$$

式中 N——灌区内喷头工作点总数，由平面图得出。

N_p——每次同时喷洒的喷头数；

n——每日喷洒的工作点数；

T——设计灌水周期，d。

按上式计算结果（取整数）结合平面布置图，对同时工作的喷头以及支管进行作业编组，确定轮灌顺序。

（五）确定管道管径

1. 输配水管管径

输配水管管径用经验公式计算，选取管道规格表内接近值。

当 $Q < 120m^3/h$ 时 $\qquad\qquad D = 13\sqrt{Q}$

当 $Q > 120m^3/h$ 时 $\qquad\qquad D = 11.5\sqrt{Q}$

2. 支管管径

按照《喷灌工程技术规范》规定，选定支管管径应尽量设法使支管首末端压力差不超过喷头工作压力的 20%。

$$h_w \leqslant 0.2h_p \qquad (5-11)$$

式中 h_p ——设计喷头工作压力，m;

　　h_w ————同一条支管中任意两喷头间支管水头损失加上两竖管水头损失之差（一般情况下，可用支管段的沿程水头损失计算），m;

　　若暂时按支管局部水头损失 $h_{j\text{支}} = 10\% h_f$ 估算，则 $h_f \leq 0.182 h_f$，通过沿程水头损失计算式 $h_f = fL\dfrac{Q^m}{d^b}$ 经变换后，可得到支管管径计算表达为：

$$d_{\text{支}} = \sqrt[b]{\frac{fQ^m}{0.182 H_p} LF} \qquad （5\text{-}12）$$

　　算得支管管径之后，还需按现有管材规格确定实际管径。

式中 $d_{\text{支}}$ ——管道直径，mm;

　　L——管道长度，m;

　　F——多口系数；

　　m——流量指数；

　　b——管径指数；

　　Q——支管流量，m³/h;

　　H_p——喷头工作压力水头，m。

（六）进行管道水力计算，选配水泵及动力机

1. 管道沿程水头损失（哈 - 威公式）

$$h_f = fL\frac{Q^m}{d^b} \qquad （5\text{-}13）$$

式中 h_f ——管道沿程水头损失；

　　Q——管内通过的流量，m³/h;

　　L——管道长度，m;

　　d——管道内径，mm;

　　f——沿程摩阻系数，查表5-4;

　　m——流量指数，查表5-4;

　　b——管径指数，查表5-4。

表5-4　f、m、b数值表

管材	f	m	b
钢管	6.25×10^5	1.9	5.1
硬塑料管	0.948×10^5	1.77	4.77
铝管、铝合金管	0.861×10^5	1.74	4.74

2. 多孔系数

在喷灌系统中，沿支管安装许多喷头，支管流量自上而下逐渐减小，应逐段计算两喷头之间管道沿程损失。但为了简化计算，常以进口最大流量和管道全长计算 h_f，然后乘一个多孔系数 F，得到管道实际的沿程水头损失。

多孔系数计算公式：

$$F = \frac{N\left[\dfrac{1}{m+1} + \dfrac{1}{2N} + \dfrac{(m-1)^{0.5}}{6N^2}\right] - 1 + X}{N - 1 + X} \tag{5-14}$$

式中 N——孔口总数；

    m——流量指数（硬质塑料管 $m=1.774$，铝合金管 $m=1.74$）；

    X——多孔支管首孔位置系数，即第一个孔口到管进口的距离与孔口间距之比。

    F——多孔系数；

当与孔口间距相等时，$X=1$，为孔口间距一半时，$X=0.5$。

3. 局部水头损失

局部水头损失（h_j）一般可按下式计算：

$$h_j = \xi \frac{V^2}{2g} \tag{5-15}$$

式中 h_j——局部水头损失；

    ξ——局部阻力系数，可查水力学手册；

    V——管道流速，m/s。

4. 喷灌系统的设计扬程

$$H = Z_2 - Z_1 + h_\alpha + h_p + \sum h_f + \sum h_j \tag{5-16}$$

式中 Z_1——水源水面高程，m；

    Z_2——典型喷点的地区高程，m；

    h_α——典型喷点的竖管高度，m；

    h_p——典型喷点的喷头工作压力，kPa；

    $\sum h_f$，$\sum h_j$——由水泵吸水管至典型喷点的喷头进口处之间管道沿程水头损失之和，局部水头损失之和，m。

根据总扬程 H 和设计总流量（同时运转的喷头流量之和）选取水泵，然后再配动力机。

进行管道水力计算，选配水泵及运力机后，可进行管道系统结构和泵站设计，近而编制工程预算，提出施工要点和管理运用的技术要求。

三、喷灌器材

（一）喷头

喷头的选用要考虑喷头自身的水力性能（流量、射程、工作压力、均匀度、喷嘴形状与直径）、作物种类和土壤特点。一般说来流量大，射程远的喷头，水滴就大，反之水滴就小。因此蔬菜、幼嫩作物就要选用小喷头，而小麦、玉米则可选用较大的喷头。

对于黏性土要选用低喷灌强度的喷头，而砂性土则可选用喷灌强度稍高的喷头。

此外，在需要采用扇形喷洒方式时，还应选用带有扇形机构的喷头。对于自压喷灌系统，其工作压力主要取决于自然水头，还要根据地形的高低选择不同的喷头，在最高处，压力最小，用低压喷头，在最低处，压力最大，采用高压喷头。

（二）管材及附件

喷灌管材按其使用方式可分为固定管和移动管，按材质可分为金属管和非金属管。目前在喷灌中用得较多的固定管材是高压聚氯乙烯管（RPVC 管），移动管多用铝合金管。

管材的选用要根据管网所承受的水压力、外力以及管道的移动程度等因素，并参照各种管材的优缺点、性能、规格和使用条件来选定，还应考虑单价、使用寿命和市场供应等情况。现在固定管道多采用高压硬塑料管，但在外力较大的地方（如穿越道路下面时）则考虑改用钢管或铸铁管。移动管则要用铝合金管、薄壁钢管、薄壁铝管。

喷灌塑料管有硬聚氯乙烯（UPVC）管、高压聚乙烯（PE）管、聚丙烯（PP）管。按壁厚不同，可承受内压 0.4 ~ 1.2MPa。其优点是容易施工，能适应一定的不均匀沉陷，使用寿命长。

喷灌系统附件主要分控制用和安全用管件两大类，一般常用的控制阀、安全阀、减压阀、排气阀、水锤消除器、专用阀等，其作用主要是控制管道系统内的压力和流量，在管道内水压发生波动时，确保管道系统的安全。喷灌专用阀包括弯头阀、给水栓和竖管快接阀（方便体）等。

（三）水泵及动力

水泵种类繁多，在农业灌溉方面，除了选用高扬程的离心泵作为喷灌加压泵外，还有供喷灌加压用的专用水泵，称为喷灌专用泵。

水泵的扬程必须大于喷灌系统的设计水头。水泵的流量必须大于喷灌系统的设计流量。喷灌系统设计流量应大于全部同时工作的喷头流量工作之和。

根据流量和扬程值，在水泵性能表中选用性能相近的水泵，与水泵配套的电动机，一般可以由水泵样本直接查得。

（四）喷灌机组

喷灌机组是自成体系，能独立在田间移动喷灌的机械。喷灌机的形式多种多样，选择时应根据当时的实际情况，如地形、灌溉面积、作物、水源、土壤、人力、投资等。喷灌机组有大中型喷灌机组和小型喷灌机组，大中型喷灌机组适用于灌溉面积较大的地区，而在山丘区，大多数采用小型喷灌机组。

小型喷灌机组，把动力机、水泵、喷头及一部分管道等用机架组装在一起，就成为喷灌机。微型、轻型喷灌机可以手提或人抬移动。为了扩大喷灌机的控制面积，减少搬移次数和田间供水管、渠的密度，多数喷灌机都有配有长度不等的管道。小型喷灌机组有手提式、手抬式、手推式三种。

优点：移动方便，使用灵活，投资低，适应性强，技术要求不高，可综合利用农村小动力。缺点：机具移动不便。

四、喷灌工程维护管理

（一）喷灌系统在田间灌水时的正确操作

地面移动管道每次使用前应逐节检查，并符合下列要求：①管和管件完好齐全，止水橡胶圈质地柔软，具有弹性；②地面移动管道的铺设应从其进水口开始，逐渐进行；③管道接头的偏转角不应超过规定值，竖管应稳定直立；④轮换支管时，交替支管的阀门应同时启闭；⑤地面移动管道搬移前，应放掉内积水，拆成单根，搬移时严禁拖拉、滚动和抛掷；⑥在拆装搬移金属管道时，应防止触及电线，灌水时喷射水流要防止射向裸露输电线；⑦软管应盘卷搬移；⑧喷灌作业开机时要先完全开启支管管端闸阀，微启总干管管端闸阀，在开泵后，待水泵运转正常时再缓缓打开干管首端阀，直到完全打开；⑨喷灌系统工作时，对工作不正常的喷头要及时更换；⑩主管道发生问题时需及时停泵，要先缓缓关闭干管首端闸阀再停泵。

喷头运转中应进行巡回监视，如发现下列情况应及时处理：①进口连接部件和密封部位严重漏水；②不转或转速过快、过慢；③换向失灵；④喷嘴堵塞或脱落；⑤支架歪斜或倾倒。

（二）喷灌器材的保管养护

1. 喷头的保养

每年灌溉季节终了或喷头长期不使用时，要对喷头进行依次全面的分析检查，清洗所有部件，擦干后，并往各钢铁联结部位和摩擦表面涂油防锈。

喷头存放时，宜松弛可调弹簧，并按不同规格型号顺序排列存放，不得堆压。

喷头保养技术要求：①零件齐全，联结牢固，喷嘴规格无误；②流道通畅，转动灵活，换向可靠；③弹簧松紧适度。

2. 管道的使用和保养

移动管道不用时，入库前应先进行保养：拆下橡胶圈洗净，阴干，涂上滑石粉，置于远离石油制品的干燥通风处；管道及管件不能和含碱的物质放在一起，如石灰、化肥、煤等；入库时管道和管件不得露天存放，距离热源不得小于1m。

3. 水泵的保养

采用钙基脂作润滑油的水泵，每年运行前应将轴承体清洗干净，依次更换润滑油。采用机油润滑的新水泵，运行100h应清洗轴承体内腔，换以洁净的机油之后，每工作500h更换一次。

水泵运行1500～2000h，所有部件应拆卸检查，清洗除锈，维护保养。灌溉季节结束，应将泵体内积水放尽。冬灌期间，每次使用后，均应及时放水。长期存放时，泵壳及叶轮等过流部位应涂油防锈。

4. 动力机的保养

电动机应经常除尘，保持干燥。经常运行的电动机每月应进行一次检查，灌溉季节结束后应进行一次检修。

长期存放的电动机，应定期接通电源空转，烘干防潮。

长期存放的柴油机，应放尽机油、柴油和冷却水，并向缸筒注入10～15g的新机油，同时应封堵空气滤清器，拭净管口和水箱口，覆盖机体。单缸柴油机应摇转曲轴使活塞处于压缩行程上止点位置。

5. 喷灌机的保养

每次喷灌作业完毕，应对喷灌机各部件进行日常保养，并检查联结部位紧固情况。

每年灌溉季节结束，应对喷灌机各部件进行全面检修，入库存放。喷灌机存放时，应排列整齐，安置平稳，相互间留有通道，轮胎或机架应离地，传动皮带应卸下，弹簧应放松。

第二节 微灌技术

一、微灌系统基本知识

微灌是一种现代灌水技术，包括滴灌、微喷、小管出流灌、涌流灌和渗灌等，其共同特点是运行压力低、出流量小、灌水次数频繁,能精确控制灌水量,通过湿润作物根区土壤达到灌溉的目的。

微灌是借助于一套微灌设备,包括首部枢纽、有压管道系统和灌水器,将水直接施灌于作物的根区。由于微灌只局部湿润,不破坏土壤结构,土壤的水、热、气、养分状况良好,结合微灌施肥进一步协调了作物的水肥供应,促进作物稳定、高产、优质。

(一)微灌的类型

按灌水器出流方式不同,可以将微灌分为三种类型。

1. 滴灌

滴灌是通过安装在毛管上的滴头、孔口或滴灌带等灌水器将水一滴一滴,均匀而又缓慢地滴入作物根区。常用于果树、蔬菜等经济作物。

2. 微喷灌

灌溉水通过微喷头喷洒作物和地。这种灌水方式简称微喷。微喷不仅可以补充土壤水分,又可提高空气湿度,调节田间小气候,多见于设施农业、花卉灌溉。

3. 小管出流灌

小管出流灌溉是利用管网把压力水输送分配到田间,由内径 $\phi 4$ 的 PE 小管与 $\phi 4$ 的接头直接插入毛管壁作为灌水器,压力水呈射流状进入绕树的环状沟(或平行树行直沟)内,达到灌溉的目的。这种灌溉方法只湿润作物部分根区,属局部灌溉方法,小管出流的流量小于 200L/h。小管出流灌可以避免灌水器堵塞,适合于果园和林地灌溉。

(二)微灌系统的组成

微灌系统由水源首部枢纽、输配水管网和灌水器组成。

第一,水源需符合水质要求,不引起微灌系统堵塞的河水、湖水、渠水、井水均可作为微灌水源。常需修建蓄水池、沉沙池等水源工程。

第二,首部枢纽,通常由水泵及动力机、控制阀门、水源净化装置、施肥装置、测量及保护设备等组成。

第三,输配水管网,一般干、支管埋入地下,毛管地埋或敷设地表。

第四,灌水器,灌水器安装在毛管上。

1. 微灌用灌水器的类型

(1)滴头

通过流道或孔口将毛管中的压力水流变成滴状或细流状的装置称为滴头。滴头常用塑料压注而成,工作压力约为 100kPa,流道最小孔径在 0.3 ~ 1.0mm,流量在 0.6 ~ 1.2L/h 范围内。基本形式有微管式、管式、涡流式和孔口式,前三种是通过立面或平面呈螺旋状的长流道来消能。为了减少滴头堵塞,部分滴头还可做成具有自清洗功能的压力补偿式滴头，其工作原理是：利用水流压力压迫滴头内的弹性体（片）使流道（或孔口）形状或过水断面面积发生变化，从而使出流自动保持稳定。另外，还有带脉冲装置、间隔一定时间呈喷射状出水的脉冲式滴头。

（2）滴灌管（带）

滴头与毛管制造成一整体，兼具配水和滴水功能的管称为滴灌管（带）。滴灌管（带）有压力补偿式和非压力补偿式两种。滴灌管（带）按结构可分为两种：内镶式滴灌带和薄壁滴灌带。

①内镶式滴灌管（带）。在毛管制造过程中，将预先制造好的滴头镶嵌在毛管内的滴灌管（带）称为内镶式滴灌管（带）。内镶滴头有两种，一种是片式，另一种是管式。

②薄壁滴灌带。目前使用的薄壁滴灌带有两种。一种是在0.2～1.0mm厚的薄壁软管上按一定间距打孔，灌溉水由孔口喷出湿润土壤；另一种是在薄壁管的一侧热合出各种形状的流道，灌溉水通过流道以滴流的形式湿润土壤。

（3）微喷头

微喷头是将压力水流以细小水滴喷洒在土壤表面的灌水器。单个微喷头的喷水量一般不超过250L/h，射程一般小于7m。

微喷头也即微型喷头，作用与喷灌的喷头基本相同。只是微喷头一般工作压力较低，湿润范围较小，对单喷头射程范围的水量分布要求不如喷灌高。其外形尺寸大致在0.5～10cm，喷嘴直径小于2.5mm，单喷头流量不大于300L/h，工作压力小于300kPa。

微喷头种类繁多，多数用塑料压注而成，有的也有部分金属部件。按喷射水流湿润范围的形状有全圆和扇形之分，按结构形式和工作原理可分为射流旋转式、折射式、离心式和缝隙式等几种。

①射流旋转式微喷头。水流从喷水嘴喷出后，集中成一束向上喷射到一个可以旋转的单向折射臂上，折射臂上的流道形状不仅可以使水流按一定喷射仰角喷出，而且还可以使喷射出的水舌反作用力对旋转轴形成一个力矩，从而使喷射出来的水舌随着折射臂快速旋转，故它又称为旋转式微喷头，一般由旋转折射臂、支架、喷嘴构成。其特点是有效湿润半径较大，喷水强度较低，水滴细小，但旋转部件易磨损，使用寿命较短。

②折射式（雾化）微喷头。水流由喷嘴垂直向上喷出，遇到折射锥即被击散成薄水膜沿四周射出，在空气阻力作用下形成细微水滴散落在四周地面上。折射式微喷头又称为雾化微喷头，其主要部件有喷嘴、折射锥和支架。其优点是结构简单，没有运动部件，工作可靠，价格便宜。其缺点是由于水滴太微细，在空气干燥、温度高、风力大的地区，蒸发漂移损失大。

③离心式微喷头。它的主体是一个离心室，水流从切线方向进入离心室，绕垂直轴旋转，通过处于离心式中心的喷嘴射出的水膜同时具有离心速度和圆周速度，在空

气阻力的作用下水膜被粉碎成水滴散落在微喷头四周。这种微喷头的特点是工作压力低，雾化程度高，一般形成全圆的湿润面积，由于在离心室内能消散大量能量，所以在同样流量的条件下，孔口较大，从而大大减少了堵塞的可能性。

④缝隙式微喷头。水流经过缝隙喷出，在空气阻力作用下，裂散成水滴的微喷头，一般由两部分组成，下部是底座，上部是带有缝隙的盖。

（4）渗灌管

渗灌管是废橡胶与塑料混合制成的渗水的多孔管，埋入地下直接对作物根区土壤进行湿润。灌水器性能参数如下。

灌水器的主要性能参数：工作压力、流量、流道最小孔径、水力补偿性能、消能结构特征、构造特征、喷嘴直径、喷水强度、射程（旋转、折射）、湿润面积、流态指数等。这些性能参数由生产商提供。

2. 微灌管道的种类

微灌工程应采用塑料管。塑料管具有抗腐蚀、柔韧性较好、能适应较小的局部沉陷、内壁光滑、输水摩阻小、比重小、重量轻和运输安装方便等优点，是理想的微灌用管。塑料管的主要缺点是受阳光照射易老化，但埋入地下时，塑料管的老化问题将会得到较大程度的缓解，使用寿命可达20年以上。对于大型微灌工程的骨干输水管道（如上、下山干管，输水总干管等），当塑料管不能满足设计要求时，也可采用其他材质的管道，但要防止因锈蚀而堵塞灌水器。

微灌系统常用的塑料管主要有两种：聚乙烯管（PE）和聚氯乙烯管（PVC）。直径在63mm以下时，一般采用PE管。直径在63mm以上时，一般采用PVC管。

3. 微灌管道连接件的种类

连接件是连接管道的部件，亦称管件。管道种类及连接方式不同，连接件也不同。鉴于微灌工程中大多用PE管，因此这里仅介绍PE连接件。

（1）接头（直通）

接头的作用是连接管道。根据两个被连接管道的管径大小，分为同径和异径连接接头。根据连接方式可分为螺纹式接头、内插式接头和外接式接头三种。

（2）三通

三通是用于管道分叉时的连接件，与接头一样，三通有同径和异径两种，每种型号又有内插式和螺纹式两种。

（3）弯头

在管道转弯和地形坡度变化较大之处就需要使用弯头连接。其结构也有内插式和螺纹式两种。

（4）堵头

堵头是用来封闭管道末端的管件，有内插式和螺纹式两种。

（5）旁通

旁通是用于支管与毛管间的连接件。

（6）插杆

插杆用于支撑微喷头，使微喷头置于规定高度，有不同的形式和高度。

（7）密封紧固件

密封紧固件用于内接式管件与管连接时的紧固件。

二、微灌系统主要设备

（一）水泵与动力设备

微灌用水泵和动力设备与喷灌所用的没有什么区别。

（二）过滤设备

微灌要求灌溉水中不含有造成灌水器堵塞的污物和杂质，而任何水源（包括水质良好的井水）都不同程度地含有污物和杂质。这些污物和杂质可区分为物理、化学和生物类，诸如尘土、砂粒、微生物及生物体的残渣等有机物质，碳酸钙易产生沉淀的化学物质，以及菌类、藻类等水生动植物。在进行微灌工程规划设计前，一定要对水源水质进行化验分析，并根据选用的灌水器类型和抗堵塞性能，选定水质净化设备。

微灌系统的初级水质净化设备有拦污栅、沉淀池和离心式泥沙分离器（又称离心过滤器）等。常用的微灌用过滤器还有砂石过滤器和筛网过滤器。

1. 旋流水沙分离器

旋流式水沙分离器，它是利用密度差，根据重力和离心力的作用来分离比重大于水的悬浮固体颗粒。切向进入旋流式水沙分离器的压力水流高速旋转，产生强大的离心加速度，从而使密度不同的物质迅速分离。密度较大的固体颗粒沿器壁旋转下沉至底部集污室，而密度较小的水则被推向中心低压部位，并在回压作用下逆向流至顶部出口，进入供水管道。

进入旋流式水沙分离器的两相流体首先沿器壁螺旋向下运动，形成外旋流。但因旋流式水沙分离器下部是倒锥体，其断面面积向下逐渐缩小，流速越来越大，致使沉沙口无法将外旋流全部排除。于是部分流体逐渐脱离外旋流向内迁移，且越接近沉沙口内迁的量越大。这部分呈螺线涡形式内迁的流体，只能掉转方向向上运动，形成内旋流从上部溢流口排除出。对于含有悬浮固体颗粒的灌溉水而言，较大的固体颗粒受到的离心力大，将通过外旋流从底部排出；较小的固体颗粒和水将形成内旋从顶部溢流口排出。

旋流式水沙分离器只有当被分离颗粒的比重大于水的比重时才有效，最适宜去除水中的泥沙，一般作为过滤系统的第一级处理设备。

离心力 $F_{离}$ 的大小与水流旋转角速度 ω_r 有关。

$$F_{离} = mr\omega_r \qquad\qquad (5\text{-}17)$$

式中 $F_{离}$——旋转产生的离心力，N；

　　m——颗粒的质量，kg；

　　r——旋转半径，m；

　　ω_r——旋转角速度，rad/s。

当旋转半径 r 为一定值时，根据式（5-17）可知，增加旋转角速度 ω_r 就可以将粒径更小的颗粒分离出来，所以可以根据水源中固体颗粒的粒径大小来调整进入分离器的水流的旋转速度，以达到预期的分离效果。

旋流式水沙分离器的主要优点是，运行的同时就可以排污，因此能连续处理高含沙量的灌溉水，且分离的粒径可以根据设定的流速来确定。但旋流式水沙分离器进出水口之间的水头损失比较大，在水泵启动和停机时过滤效果下降，且分离能力与水中的含沙量大小有关。

2. 沙过滤器

沙过滤器是由装在密封罐中、选定尺寸的沙和细砾石组成三维沙床过滤，既可以处理无机物，也可以处理有机物，去污能力很强，是含有有机物和粉粒泥沙灌溉水的最适宜的过滤器类型。

灌溉水由进水口进入过滤罐，并逐渐渗过各沙砾层，水中的污物被各沙砾层截获并滞留在各沙砾的空隙之间，由此完成过滤。因为沙过滤器不仅能把轻质污物拦截在滤层表面，而且较重的颗粒可以沉入沙层数英寸，加大了对悬浮固体的滞留能力，所以沙过滤器效果较好。

沙过滤器适用于水库、明渠、池塘、河流、排水渠及其他含污水源，根据水量输出和过滤要求，沙过滤器可单独或组合使用。

3. 筛网过滤器

筛网过滤器是一种简单而有效的过滤设备。它的过滤介质是尼龙筛网或不锈钢筛网。这种过滤器的造价较为便宜，在国内外微灌系统中使用最为广泛。灌溉水流入过滤器时，污物被内外过滤单元阻隔，清洁水则在内腔汇合进入下级管道。过滤时所有大于网孔尺寸的悬浮颗粒都会滞留在滤网上，随着污物的累积，水流过滤网的阻力增加，水头损失相应增大，这时就应对滤网进行手动或自动冲洗，清除污物。筛网过滤器的种类繁多，如果按安装方式分类，有立式与卧式两种；按制造材料分类，有塑料和金属两种；按清洗方式分类又有人工清洗和自动清洗两种类型；按封闭与否分类则有封闭式和开敞式（又称自流式）两种。

筛网过滤器是目前滴灌系统中应用最多的一种过滤设备。在灌溉水质良好时用于主级过滤，当灌溉水质不良时则作为末级保护过滤。

筛网过滤器滤网的孔径大小以网目数表示，网目数定义为

$$M = \frac{1}{D+\alpha} \qquad （5-18）$$

式中　M——网目数，目 /in；

　　　D——网丝直径，in；

　　　α——网孔单孔直径，in。

滤网的去污效果主要取决于所用滤网的目数，而网目数的多少要根据所用灌水器的类型及流道的断面大小而定。由于灌水器的堵塞与否除其本身的原因之外，主要与灌溉水中的污物颗粒形状及粒径大小有直接关系，为防止灌溉水中某些污物产生絮凝形成大的黏团造成堵塞，灌水器孔口或流道断面要比允许的污物颗粒大很多倍，才有利于防止灌水器的堵塞。根据实际经验，一般要求所选用的过滤器滤网孔径大小是所用灌水器流道或孔口尺寸的 1/7 ~ 1/10。

筛网过滤器主要用于去除灌溉水中的粉粒、沙和水垢等污物。尽管也用于含少量有机物的灌溉水，但当有机物含量稍高时过滤效果很差。尤其当压力较大时，大量的有机污物会"挤"过滤网而进入管道，造成系统或灌水器的堵塞。

4. 叠片式过滤器

叠片式过滤器是由一组表面压有很多细小纹路的环状塑料片叠装而成，这些纹路相互咬合形成过流的孔隙。水流经叠片时利用表面凹槽和叠片缝隙来聚集和截取杂物。塑料片凹槽的复合内截面提供了类似于在介质过滤器中产生的三维过滤，因此过滤效果较好。

过滤器运行的时候，叠片被压在一起以控制过水孔口的大小，根据水源的水质情况，可以通过改变作用于叠片上的压力来调节塑料片之间的缝隙，从而达到需要的过滤效果；冲洗的时候，改变水流方向，压力下降，叠片被分开变得松散，可以很方便地清除污物。叠片式过滤器的特点是过流能力大，结构简单，维护方便，且小巧、可任意组装，运行可靠。

5. 过滤设备的选择

各种过滤器都有其特定的使用条件，为了选择一定条件下最适宜的过滤系统，首先必须确定水源的水质，然后根据灌水器的类型确定对过滤器的要求。灌溉水中所含污物的性质、含量高低、固体颗粒的粒径、灌水器流道尺寸等都是影响过滤器选择的因素。

表 5-5 给出了不同条件下水的物理处理方法的选择模式。选择的依据是各种方法对污物去除的有效性，对具有相同过滤效果的情况，则考虑价格的高低，一般说来，沙介质过滤器最贵，筛网过滤器相对比较便宜。

表5-5　水质的物理处理方法选择表

选择条件			处理方法
流量/（m³/h）	<20		筛网过滤器、沙过滤器
	20～120		任意一种过滤器
	>120		任意一种过滤器
无机污物	粒径/μm	>550	沉淀+筛网、叠片或沙过滤器
		74～550	任意过滤器
		<74	沙过滤器
	含量/（mg/L）	<10	任意一种过滤器
		10～100	旋流式水沙分离器和沙过滤器
		>100	沉淀+筛网或沙过滤器
有机污物	含量/（mg/L）	<10	沙过滤器
		>10	原水经初级处理，再选用沙过滤器或叠片式过滤器过滤

一般情况下在首部安装两级过滤器。第一级过滤器去除大部分大颗粒杂质以减轻第二级过滤器的负担，以免第二级过滤器冲洗过于频繁，在水源水质很差时，也可考虑设三级过滤器，以保证进入管道系统的水质。不少系统还在支管或轮灌片前面安装保护性过滤器，以防万一首部过滤器因事故失效，泥沙进入管道，造成系统堵塞。

系统首部过滤器的容量应该超过滴灌系统总容量的20%。为了便于冲洗而又不在冲洗时中断供水，最好有两个以上同样大小的过滤器并联运行。

应该注意的是，当水中有机、无机污物兼有，又随季节变化，加之各种因素之间的相互影响，选择过滤器要以最坏的水质条件为依据，以确保安全。

（三）施肥、施药装置

微灌系统向压力管道中注入可溶性肥料或农药溶液的设备及装置称为施肥装置。常用的施肥（药）装置主要包括压差式施肥罐、自压式施肥罐、文丘里注入器以及注射泵等几种。

1. 压差式施肥罐

压差式施肥罐一般由储液罐、进水管、供肥液管、调压阀等组成。其工作原理是，压差式施肥罐由肥料罐（由金属制成，有保护涂层）与滴灌管道并联连接，使进水管口和出水管口之间产生压力差，并利用这个压力差使部分灌溉水从进水管进入肥料罐，再从出水管将经过稀释的营养液注入灌溉水中。使用时必须保证肥水不向主管网回流，可使首部枢纽安装在较高处或用一个单向阀（逆止阀或真空破坏阀）。储液罐为承压容器，承受与管道相同的压力。化肥罐应选用耐腐蚀、抗压能力强的塑料或金属材料制造。对封闭式化肥罐还要求具有良好的密封性能，罐内容积应根据微灌系统控制面积大小（或轮灌区面积大小）及单位面积施肥量和化肥溶液浓度等因素确定。

压差式施肥罐的优点是加工制造简单，造价较低，不需外加动力设备。

缺点是溶液浓度变化大，无法控制。罐体容积有限，添加液剂次数频繁且较麻烦。输水管道因设有调压阀而造成一定的水头损失。储液罐中的液体不断被水稀释，输出液体浓度不断下降，从而造成其与水的混合比不易控制，虽可通过内置橡胶囊的方法将储液罐中原液与水隔离，保持储液罐输出液体浓度不变，但橡胶囊易损害，维护成本高。另外，即使使用了橡胶囊，由于各阀门开度与储液罐的流出量之间所存在的复杂关系，混合比的调节仍有一定的难度。

2. 自压式施肥罐

自压式施肥罐应用于自压灌溉系统中，使用储液箱（池）可以很方便地对作物进行施肥施药。把储液箱（池）置于自压灌溉水源正常水位下部适当的位置上，再将储液箱供水管（及阀门）与水源相连接，将输液管及阀门与主管道连接，打开储液箱供水阀，水进入储液箱将肥料溶解。关闭供水管阀门，打开储液罐输液阀，储液箱中的肥料就自动地随水流输送到灌溉管道和灌水器中，对作物施肥施药。

3. 文丘里注入器

文丘里注入器与储液箱配套组成一套施肥装置，利用文丘里管或射流器产生的局部负压，将肥料原液或pH值调节液吸入灌溉水管中。其构造简单，造价低廉，使用方便，主要适用于小型灌溉系统向管道中注入肥料或农药。如果文丘里注入器直接装在骨干管道上，水头损失较大，但可以将其与主管道并联安装。

4. 注射泵

注射泵同文丘里注入器相同，都是将开敞式肥料罐的肥料溶液注入滴灌系统中。根据驱动水泵的动力来源可分为水驱动和机械驱动两种形式。该装置的优点是肥液浓度稳定不变，施肥质量好，效率高。对于要求实现灌溉液 EC、pH 值实时自动控制的施肥灌溉系统，压差式与吸入式都是不适宜的。而注入式，通过控制肥料原液或 pH 值调节液的流量与灌溉水的流量之比值，即可严格控制混合比。采用该方式时，可用具有防腐蚀功能的隔膜泵作为肥料原液或 pH 值调节液的注入泵。但其吸入量不但不易调节且调节范围有限，另外还存在工作稳定性较差、系统压力损失较大等缺点。

5. 活塞式施肥器

活塞式施肥器是目前国际上比较先进的一种，将进出水口串联在供水管路中，当水流通过施肥器时，驱动主活塞，与之相联的注入器跟随上下运动，从而吸入肥液并注入混合室，混合液直接进入出口端管路中。

这种施肥器的优点：注入比例由外部调整并很精确，有多种规格选用，混合液直接经出水口注出，内设滤网自行过滤，工作压力低，运转噪声小。

缺点：压损失、价格高。

（四）控制、量测与保护装置

与喷灌系统一样，为了控制微灌系统或确保系统正常运行，系统必须安装必要的控制、量测与保护装置，如阀门、流量和压力调节器、流量表或水表、压力表、安全阀、进排气阀等。

1. 进排气阀

进排气阀能够自动排气和进气，压力水来时又能自动关闭。在微灌系统中主要安装在管网中最高位置和局部局地。

2. 流量与压力调节装置

流量与压力调节装置通过自动改变过水断面的大小来调节管道中的流量和压力，使之保持稳定。

3. 量测装置

量测装置用于检测微灌系统的运行状况，主要包括量测管道水压的压力表和计量管道过水总量的水表。

三、小管出流灌和渗灌技术

（一）小管出流灌技术

1. 小管出流灌溉及其特点

小管出流灌溉是用塑料小管与插进毛管管壁的接头连接，把来自输配水竹网的有压水以细流（或射流）形式灌溉到作物根部的地表，再以积水入渗的形式渗到作物根区土壤的一种灌水形式。它具有以下特点。

（1）堵塞问题小，水质净化处理简单。过滤器只需要 60 ~ 80 目 /in 即可，冲洗次数少，管理简单。

（2）省水效果好，比地面灌省水 60% 以上。

（3）灌溉水为射流状出流，地面有水层，需要相应的田间配套工程使水流集中于作物主要根区部位。

（4）浇地效率高，劳动强度小，一个劳力 2h 可浇 15 亩地 450 棵树，每棵树浇 100kg 水。

（5）管理方便、运转费用低，由于管网全部埋于地下，小管也随之埋于地下，只露出 10 ~ 15cm 的出水口，做好越冬的保护，全部设备不会受自然力和人为破坏，维修费少。加之小管出流灌溉的工作水头较低、耗电量少，运行费用低。

2. 小管出流灌溉系统的组成

小管出流灌溉系统由水源工程、首部枢纽、输配水管网和小管灌水器以及各种形式的田间工程组成。灌水器由内径依次为 3mm、4mm、6mm 的 PE 塑料管及管件组成，呈射流状出流，为使水流集中于作物主要根区部位，需要相应的田间配套工程，其形式有绕树环沟、存水数盘、顺流格沟和麦秸覆盖等形式。全部管网埋于地下（耕作层以下），小管也随之埋于地下，只露出 10 ~ 15cm 的出水口，位置在树冠半径 2/3 之处。

3. 小管出流灌溉系统的布置

小管出流灌溉系统的水源工程、首部枢纽和系统管网的布置与滴灌相同。

小管出流灌溉的毛管和灌水器的布置应根据作物的行距和株距的大小而定。较窄行距作物毛管采用双向灌水的形式布置，较宽行距的毛管可采用单向灌水形式布置。株距窄的作物一根小管可灌两株或多株，株距宽的一根小管可灌一株。

4. 小管出流系统的工作压力和流量的要求

小管出流系统的工作压力，应能保证灌水小区的各小管都能正常出水。小区内一条支管所控制的灌水小管的最大工作水头与最小工作水头的差值，不超过小管设计工作水头的 20%。系统的供水量应能满足各灌水小区正常灌水的出流量。小区内小管的最大出流量与最小出流量的差值不超过其设计出流量的 10%。

5. 小管出流灌溉系统需用的器材及其选用

小管出流灌溉的小管有内径依次为 3mm、4mm、6mm 的 PE 塑料管，其长度可由设计出流量、工作水头等确定，详见表5-6。

表5-6　不同内径（D）小管的工作水头（H）、流量（Q）和长度（L）的关系

工作水头H/m	流量Q/（L/h）	小管长度L/m		
		D=3mm	D=4mm	D=6mm
2	100	0.36	1.34	6.05
	140	0.22	0.74	3.45
	180	0.15	0.51	2.23
4	100	0.73	2.47	12.10
	140	0.44	1.49	6.91
	180	0.30	1.01	4.45
6	100	1.09	3.71	18.12
	140	0.66	2.23	10.37
	180	0.45	1.52	6.68
8	100	1.46	4.95	24.20
	140	0.88	2.97	13.83
	180	0.60	2.03	8.91
10	100	1.82	6.18	30.25
	140	1.10	3.71	17.28
	180	0.75	2.54	11.13

利用安装在小管出流灌溉系统首部的施肥装置，可进行施肥或施农药。施肥装置可以是压差式施肥罐、开敞式肥料罐、自压施肥装置、文丘里注入器等。这些装置的使用方法可参考滴灌系统的说明。

（二）渗灌技术

渗灌是继喷灌和滴灌之后的又一新型节水灌溉技术，在低压条件下，灌溉水通过渗管管壁上的微孔由内向外呈发汗状渗出，随即通过管壁周围土壤颗粒的吸水作用向土体扩散，给作物根层供水。其特点如下所述：

（1）节水、节能。由于渗灌管是埋入地下直接向作物根区供水，地表蒸发极少，且可避免深层渗漏，渗灌比喷灌节水 40%，比地面灌溉节水 50% ~ 80%。渗灌系统需要压力低，节能效果明显，渗灌能耗相当于畦灌的 20% ~ 30%，喷灌的 15% ~ 40%。

（2）渗水灌溉的地块土壤团粒好，土壤不板结，并可严格按照作物生长发育规律控制灌水及配置空气和施用肥料。

（3）温室蔬菜采用渗灌，可提高地温，室内相对湿度大幅度降低，减少病虫害，从而提高蔬菜产量和品质。

四、微灌系统的设计

（一）收集资料

主要收集灌区地形、作物、土壤、水源、气象等基本资料。

（二）首部枢纽位置的确定

首部枢纽是整个灌溉系统操作控制的中心，其位置的选择主要以投资省、便于管理为原则，一般首部枢纽与水源工程相结合。

（三）布置管道，选择滴头

在地势平坦区，尽量使毛管与作物的栽植方向一致，支管垂直于毛管。在山丘区，毛管一般平行于等高线或沿梯田布置，干、支管则沿山脊布置。尽量使一条支管控制两侧多行毛管。如果毛管长度大致相等，则支管间距为毛管长度的二倍，毛管长度通过水力计算确定。

对于成龄果树，应将滴头设在树干至树冠投影外缘的 2/3 处，滴头之间距离 1m 左右。对于幼龄果树，考虑树长大以后的根系分布范围，放在距树干稍远一些的地方。一年生作物，视土壤质地不同，一般滴头间距为 0.4 ~ 0.6m。

（四）毛管和灌水器的布置

1. 滴灌时毛管和灌水器的布置

单行毛管直线布置：毛管顺作物行布置，一行作物布置一条毛管，滴头安装在毛管上。这种布置方式适用于幼树和窄行密植作物（如蔬菜）。

单行毛管带环状管布置：当滴灌成龄果树时，常常需要用一根分毛管绕树布置，其上安装 4 ~ 6 个单出水口滴头，环状管与输水毛管相连接。这种布置形式增加了毛管总长。

双行毛管平行布置：滴灌高大作物，可用双行毛管平行布置，沿作物行两边各布置一条毛管，每株作物两边各安装 2 ~ 3 个滴头。

上述各种布置形式滴头的位置一般与树干的距离约为树冠半径的 2/3。

2. 微喷灌时毛管和滴水器的布置

微喷头的结构和性能不同，毛管和微喷头的布置也不同。根据微喷头喷洒直径和作物种类，一条毛管可控制一行作物，也可控制若干行作物。滴头用量：对于成龄果树，株行距 8m×8m 时，每株树布设 8 ~ 10 个；株行距 6m×6m 时，每株树布设 4 ~ 6 个；株行距 4m×4m 或 3m×4m 时，每株树用 2 ~ 3 个，幼树适当减少。

对窄行蔬菜及瓜类，毛管布设于作物行间，一条毛管控制二行作物。浅根作物的滴头间距一般取 30 ~ 40cm，深根作物一般取 40 ~ 50cm。

（五）拟定微灌灌溉制度

1. 一次灌水量（m）的计算

$$m = 1000(\beta_{max} - \beta_{min})\gamma ZP \qquad （5-19）$$

式中 m——一次灌水量（设计灌水定额），mm；

β_{max}、β_{min}——适宜土壤含水率上下限（以干土重％计），可分别取田间持水量的 90% ~ 100% 和 60% ~ 70%；

γ——土壤干容量，t/m^3；

Z——微灌土壤计划湿润层深度，m（蔬菜 0.2 ~ 0.3m，大田作物 0.3 ~ 0.6m，果树 1 ~ 1.2m）；

P——微灌土壤湿润比，%。

2. 灌水周期（T）

$$T = \frac{m}{E_\alpha}\eta \qquad （5-20）$$

式中 E_α——微灌作物耗水量，mm/d；

η——微灌水的利用系数，一般取 0.9 ~ 0.95。

m————一次灌水量（设计灌水定额），mm；

3. 一次灌水延续时间（t）的确定

$$t = \frac{mS_eS_l}{\eta q} \tag{5-21}$$

式中 t————一次灌水延续时间，h；

S_e————灌水器间距（果树株距），m；

S_l————毛管间距（果树行距），m；

η————灌溉水利用系数，η=0.9 ~ 0.95；

q————灌水器流量，L/h。

m————一次灌水量（设计灌水定额），mm；

对于成龄果树一株树安装 n 个滴头时：

$$t = \frac{mS_eS_l}{n\eta q} \tag{5-22}$$

4. 微灌系统工作制度确定

微灌系统的工作制定有续灌和轮灌两种情况。

（1）续灌

续灌是对系统内全部管道同时供水，灌区内全部作物同时灌水的一种工作制度。它的优点是每株作物都能得到适时灌水，操作管理简单。其缺点是干管流量大，工程投资和运行费用高；设备利用率低。一般只有小系统才采用续灌的工作制度。

（2）轮灌

轮灌是支管分成若干组，由干管轮流向各支管供水，而各组支管内部同时向毛管供水。这种工作制度减少了系统的流量，从而可减少投资，提高设备的利用率。通常采用的是这种工作制度。

（六）毛管计算

1. 一条毛管的进口流量（$Q_毛$）

$$Q_毛 = \sum_1^N q_i = \frac{L_毛}{S} n q_i \tag{5-23}$$

式中 n————毛管上灌水器数目，个；

q_i————灌水器的流量，L/h；

$L_毛$————毛管长度，m；

S————毛管上出水口间距（果树株距），m；

n————毛管上出水口位置放置灌水器数目（果树下灌水器数目），个。

2. 毛管水力计算

（1）允许水头偏差的分配。

设计允许水头偏差率：

$$[h_v] = \frac{[q_v]}{x}\left(1 + 015\frac{1-x}{x}[q_v]\right) \tag{5-24}$$

式中　$[h_v]$——设计允许水头偏差率；

　　　$[q_v]$——设计允许流量偏差率；

　　　x——灌水器流态指。

灌水小区允许水头偏差：

$$[\Delta h] = [h_v]h_d \tag{5-25}$$

式中　$[\Delta h]$——灌水小区允许水头偏差；

　　　$[h_v]$——设计允许水头偏差率；

　　　h_d——灌水器实际工作水头，m。

在平坦地形的条件下，压力调节装置安在支管进口处，允许水头损失分配该支、毛管两级。

$$[\Delta h]_支 = 0.45[h_v]h_d \tag{5-26}$$

$$[\Delta h]_毛 = 0.55[h_v]h_d \tag{5-27}$$

式中　$[\Delta h]_支$——支管允许水头偏差，m；

　　　$[\Delta h]_毛$——毛管允许水头偏差，m；

在毛管进口安装调压管的方法来调节的压力，允许压力差可全部分配给毛管，即：

$$[\Delta h]_毛 = [h_v]h_d \tag{5-28}$$

采用补偿式灌水器时，灌水小区内设计允许的水头偏差应为该灌水器允许的工作水头范围。

（2）毛管允许的出水口数目（N_m）（取整数）。

$$N_m = \left(\frac{5.446[\Delta h]_毛 d^{4.78}}{KS_e q_d^{1.75}}\right)^{0.364} \tag{5-29}$$

式中　$[\Delta h]_毛$——毛管的允许水头偏差，m；

　　　d——毛管内径，mm；

　　　q_d——毛管灌水器设计流量，L/h；

　　　S_e——毛管灌水器间距，m；

　　　k——水头损失加大系数，k=1.1～1.2。

毛管允许最大长度（Lm）为

$$L_m = N_m S_e + S_0 \quad\quad （5\text{-}30）$$

式中 S_0——毛管进口至第 1 号灌水器的距离（第一孔距）。

3. 毛管进口要求的工作水头（h_0）

毛管应沿等高线布置，地形坡度 $J = 0$，最大滴头工作水头在第 1 号出水口上，$h_1 = h_{\max}$。

$$h_0 = h_1 + \frac{kfS_0(Nqd)^{2.75}}{d^{4.75}} \quad\quad （5\text{-}31）$$

式中 f——摩阻系数；

N——毛管出水口数目，个；

其他符号意义同上。

4. 调压管长度的确定

为满足设计均匀长要求，一般在毛管首端安装调压管，使各毛管获得均等的进口压力，采用 $D = 4mm$ 聚乙烯塑料管，调压管所需长度为

$$L = \frac{\Delta h - 1.43 \times 10^{-5} \times Q_{毛}^2}{8.45 \times 10^{-4} Q_{毛}^{1.696}} \quad\quad （5\text{-}32）$$

式中 Δh——需要消除的多余水头，m；

$Q_{毛}$——条毛管进口流量，L/h。

（七）管径选择

1. 毛管管径的初选

按毛管的允许水头损失值，初步估算毛管的内径（$d_{毛}$）为

$$d_{毛} = \sqrt[b]{\frac{KfQ_{毛}^m L}{[h]_{毛}}} \quad\quad （5\text{-}33）$$

其中

$$F = \frac{1}{m+1}\left(\frac{N+0.48}{N}\right)^{m+1} \quad\quad （5\text{-}34）$$

式中 $d_{毛}$——初选毛管内径，mm；

b——管径指数；

K——考虑到毛管上管件或灌水器产生的局部水头损失而加大的系数，其取值范围一般在 1.1 ～ 1.2；

F——多口系数；

f——摩阻系数；

$Q_{毛}$——毛管流量，L/h；

L——毛管长度，m；

N——多孔管总孔数，个；

m——流量指数。

由于毛管的直径一般均大于 8mm，上式中各种管材的 *f*、*m*、*b* 值，可按表 5-7 选用。

表 5-7 **各种塑料管材的 *f*、*m*、*b* 值**

管材			*f*	*m*	*b*
硬塑料管			0.464	1.77	4.77
微灌用聚乙烯管	*d* > 8mm		0.505	1.75	4.75
	d ≤ 8mm	R_e > 2320	0.595	1.69	4.60
		R_e ≤ 2320	1.75	1	4

注 1. R_e 为雷诺数，$R_e \leq 2320$ 管中水流为层流状态。

2. 微灌用聚乙烯管的 *f* 值相应于水温 10℃，其他温度时应修正。

2. 支管管径的初选

（1）平坦地形，毛管进口未设调压装置时，支管管径的初选。按分配给支管的允许水头偏差，用下式初估支管管径（$d_{支}$）：

$$d_{支} = \sqrt[b]{\frac{KFfQ_{支L}^m}{0.45[h_v]h_d}} \tag{5-35}$$

式中 *K*——考虑到支管管件产生的局部水头损失而加大的系数，其取值范围为 1.05 ~ 1.1；

其余符号意义同前。

且 *f*、*m*、*b* 值仍从表 5-7 中选取，需注意的是，应按支管的管材种类正确选用表中系数。

（2）坡地，毛管进口采用调压装置时，支管管径的初选。

由于此时设计允许的水头差，均分配给了毛管，支管应按经济的水力比降来初选其管径（$d_{支}$）

$$d_{支} = \sqrt[b]{\frac{KFfQ^m_{支}L}{100i_{支}}} \tag{5-36}$$

式中 $i_{支}$——支管的经济水力比降，一般为 0.01 ~ 0.03；

L——支管长度，m。

另外，支管管径也可按管道经济流速确定

$$d_{支} = 1000\sqrt{\frac{4Q_{支}}{3600\pi V}} \tag{5-37}$$

式中 $d_{支}$——支管内径，mm；

$Q_{支}$——支管进口流量，m³/h；

V——塑料管经济流速，m/s，一般取 *V* = 1.2 ~ 1.8m/s。

3. 干管管径的初选

干管管径可按毛管进口安装调压装置时支管管径的确定方法进行计算确定。

在上述三级管道管径均计算出后，还应根据塑料管的规格，最后确定实际各级管道的管径。必要时还需根据管道的规格，进一步调整管网的布局。

微灌系统使用的管材与管件，必须选择其公称压力符合微灌系统设计要求的产品，地面铺设的管道应不透光、抗老化、施工方便、连接牢固可靠。一般情况下，直径 50mm 以上各级管道和管件选用聚氯乙烯产品；直径 50mm 以下各级管道和管件应选用微灌用聚乙烯产品。严禁使用由废旧塑料制造的管材和管件。

（八）进行管道水力计算

1. 在微灌系统中沿程摩阻损失采用勃拉休斯公式计算

$$h_f = f \frac{Q^m}{d^b} L \qquad （5\text{-}38）$$

式中 h_f——沿程水头损失，m；

Q——流量，L/h；

d——管道内径，mm；

L——管道长度，m；

m——流量指数；

f——摩阻系数；

b——管径指数。

f、m、b 值可从表 5-7 中选取。

微灌系统中的支、毛管出流孔口系数较多，一般可视为等间距等流量分流管，其沿程水头损失可按下式计算（当 $N \geq 3$ 时）：

$$h_f = F f L \frac{f S q_d^m}{d^b} \left[\frac{(N + 0.48) m + 1}{m + 1} - N^m \left(1 - \frac{S_0}{S} \right) \right] \qquad （5\text{-}39）$$

式中 h_f——等距多孔管沿程水头损失，m；

S——分流孔的间距，m；

S_0——多孔管进口至首孔的间距，m；

N——分流孔总数；

q_d——毛管上单孔或灌水器的设计流量，L/h；

m——流量指数；

b——管径指数。

其余符号意义同前。

上面计算求出的是管内流量不变情况下的沿程水头损失。滴灌系统中的管道大多是多孔口出流，故计算结果还应再乘以多口系数。

2. 管道的局部阻力损失

管道的局部阻力损失一般可采用沿程损失的 5%～10% 计算。过滤器和施肥灌的水头损失较大，应单独考虑。对网式过滤器，可按 2m 估算，施肥灌按 1m 估算。

（九）工程结构设计

1. 管道系统结构设计

管道系统结构设计包括管道纵坡、埋深的确定，节制阀、放水阀、排气阀以及压力、流量量测仪表的设置等。

（1）管道纵坡：管道纵坡应力求平顺，减少折点，有起伏时应避免产生负压。一般管道纵坡采取与自然地面相一致。在遇到地形突变但高差不大时，可采用逐根管道偏转一定角度的办法逐步变坡转弯，以减少折点。

（2）管道埋深：应根据气候条件、地面荷载等因素确定。管道设计埋深一般应考虑防冻及耕作机械碾压等问题，一般干、支管道的埋深不能小于 50cm，毛管的埋深不能小于 30cm。

（3）阀门：在管道系统中要设计节制阀、放水阀、排气阀等，一般节制阀设置在水泵出口处的干管上和每条支管的进口处，以控制水泵出流量和控制支管流量，实行轮灌。每个节制阀控制一个轮灌区。放水阀一般设置在干、支管的尾部，其作用是放掉管中积水。设置上述两种阀门处应设计阀门井，其顶部应高于阀门 20～30cm，其余尺寸以方便操作为度。非灌溉季节，阀门井用盖板封闭，以保护阀门和冬季保温。排气阀一般设置在干管上。在管道布置时，因地形的起伏有时不可避免地产生凸峰，管网运行时这些地方易产生气团，影响输水效率，故应设置排气阀将空气排出。逆止阀一般设置在输水干管首部，防止突然停机造成的水锤事故。

（4）压力和流量仪表：它们是系统观测设备，均设置在干管首部。一般装置 2.5级精度以上的压力表，以控制和观测系统供水压力。为了观测流量，一般安装一只水表，以便掌握灌区用水量。

2. 施工详图的绘制

完整的微灌工程设计，应绘制微灌系统布置图，干支管道纵断面图，枢纽工程布置图，阀门井、泵站、蓄水池结构图，细部结构安装图，加工部件（如接头等）机械图等。

系统布置图反映出管网系统的级数，各级管道的走向、位置、长度，以及各类建筑物的位置等，是工程施工不可缺少的。管道纵断面图，标有管道中心线的地面高程、管道铺设坡降、管底开挖高程、阀门位置等。施工时利用图放线并确定某一段的开挖深度。首部枢纽布置图标明各种仪器设备安装顺序及连接尺寸等。其他结构图是为了施工方便而提供的。

（十）编制工程投资预算，提出施工安排及管理运行要求

编制工程预算是工程设计的重要内容。它按一定的顺序，分为设备、土建和其他三部分。编制工程预算必须掌握现行的设备价格。土建和设备安装部分要根据当地近期施工预算定额和材料价格确定。

一般设备部分要分别列出设备名称、规格型号、单位、数量、单价、复价等。在单价计时，如设计施工期较长（一年以上），原则上要考虑物价上涨因素。

土建部分包括泵房、蓄水工程、沉沙池、管线开挖和回填等。应详细列出土石方工程量，砖、水泥、石灰、钢材、木材、沥青、油位等材料的规格、数量、单价、复价等。

六、微灌工程施工与管理

（一）滴灌工程施工应注意的问题

滴灌工程必须严格依据设计并按照有关规定和要求进行施工，同时应注意如下问题。

（1）施工前应做好充分准备。全面了解和熟悉工程的设计文件和施工现场；编制施工计划，按设计要求检查工程设备器材；准备好施工工具。

（2）在施工过程中应随时检查质量，发现不合要求的应坚决返工，不留隐患。

（3）安装设备器材时，必须按设计要求全面核对设备规格、型号、数量和质量，严禁使用不合格产品。

（4）无论哪种管道，施工时都应选择天凉、温差变化不大时向管沟覆土，尽量减少温度对管道施工质量的影响。PVC塑料管对温度变化反应比较灵敏，热应力引起热胀冷缩变化，夏天施工应在清早或傍晚进行，以免在烈日下施工使塑料管受热膨胀，晚间变凉管道收缩而导致接头脱落、松动、移位而造成漏水。

（5）寒冷地区的管道应埋在冻土层深度以下，防止冻胀影响管道。当管槽通过岩石、砖砾等硬物易顶伤管道地段时，可将沟底起挖 10 ~ 15cm，清除石块，再用砂和细土回填整平夯实到设计高程。

（6）安装滴灌时，应使滴灌带顺直，防止打折。

（7）在打孔和安装旁通时，应防止泥土灌入管内，并使旁通与支管紧密连接，防止漏水。

（8）在管槽回填之前，应对管道进行冲洗和系统试运行。

（9）聚乙烯半软管填土前，应将管道内充满水，然后再填细土，防止挤压变形。

（10）采用螺纹口连接阀门，一般安装活接头，以便于检修时装卸。阀门井口上应加钢筋混凝土盖板，板上预留钢筋提手，方便起闭和检修，冬季加盖亦可防冻。阀门井底不能用水泥砂架封底，应用干砌砖或片石，以使渗排微量漏水，有利于操作、保养阀门。

（二）滴灌工程竣工验收应注意以下问题

竣工验收工作是全面检查和评价滴灌工程质量的关键工作之一，可考核工程建设是否符合设计标准和实际条件，能否正常运行并交付生产单位应用。

（1）验收前必须提交相应的设计文件。

（2）滴灌工程的隐蔽部分必须在施工期间进行检查验收。

（3）检查各级管道安装是否齐备。

（4）逐次打开各级管道末端的排水阀进行冲洗，先冲洗上一级管道再冲洗下一级管道，待全系统所有设备冲洗干净后再试水。

（5）各级管道充水试压时间应保持 15min 左右，发现问题及时检修，然后放水冲洗再作复试，达到要求后才可进行下一级管道的冲洗试验。

（6）试水时应先检查过滤器是否正常运行，待过滤器冲洗干净、运行正常后再试压。

（三）滴灌工程的运行管理

滴灌系统的堵塞有悬浮物堵塞、化学沉淀堵塞、有机生物堵塞等几种，有时几种情况同时发生。为了预防堵塞发生，应当十分重视水的预先沉淀和过滤处理，过滤器一定要可靠。当过滤器拦截的污物较多时，会产生较大的阻力，过水将不顺畅，此时，应对过滤器进行冲洗或反冲洗，切不可去掉过滤器内的过滤介质（滤网、沙石、塑料叠片等）。

在农耕作业时，要注意不损伤毛管。灌溉结束后，把毛管用水洗净、折叠好，不要扭曲。为防止冻害，冬灌后把管路内的水排空。

滴灌工程的运行管理必须严格遵守工程运行的各项技术规定，正确使用和维护各类设备，确保人身和设备安全，杜绝事故发生，同时还应注意如下问题。

（1）维护好过滤设备，对过滤器的滤网经常检查，发现损坏及时修复或更换，也要经常冲洗或刷洗滤芯。

（2）维持水源工程建筑物，确保设计用水的要求。

（3）加强对水泵的监护工作，及时发现问题及时解决。

（4）加强对电机及配电室、控制系统的安全检查。

（5）系统初次运行时应打开干管、支管和所有毛管的尾端进行冲洗。在日常运行中为防止产生水锤，必须缓慢关闭管道上的闸门阀。

（6）灌水作业应按计划的滴灌次序进行，灌水期间应检查管道的工作状况，对损坏或漏水严重的管道要及时修复。

（7）移动管用完收回放好，冬灌后排空管内的积水。

第三节　节水新技术

一、喷 - 管结合灌技术

喷灌与管灌是我国最主要的农业节水工程技术。经多年实践证明，作物生育期降雨分布不均匀，在小麦和玉米的苗期，进行喷灌，及时喷洒，可抗旱保苗，使出苗率高；但在小麦生长后期，常为防止倒伏而灌水不足，影响千粒重的提高，并使小麦提前成熟，产量降低，水的效益不能充分发挥。管灌在小麦和玉米苗期，由于难于迅速大面积及时灌溉，对抗旱保苗不利，即使施灌了蒙头水，出苗率也不高，是其最大的缺点。两种灌溉方式的灌溉保证率都会受到异常天气变化的影响而降低。在管灌工程基础上，完善其配套设施，并利用给水栓接小泵加压喷灌，组成一个"喷 - 管结合，扬长避短，择优施灌"的技术体系，集喷灌、管灌优点于一体，使农田灌溉提高保证率，不再受异常天气气候变化的制约。这种"喷 - 管结合灌"适合我国国情，是一种具有中国特色的农业节水综合配套的新技术。

喷 - 管结合灌由下述几部分组成：

（1）水源：井灌区农用机井满足低压输水管道要求，一般使用现有水泵。

（2）低压输水管道，如薄壁 PVC 管、水泥土管、现浇混凝土管、塑料波纹管等，已有的可以应用，新建区可因地制宜发展。

（3）给水栓：已有的给水栓可加以改造，新建的宜采用工程塑料配套型给水栓。

（4）活络管：一种新型带有快速接口的短型软管，用以替代目前采用的田间灌水毛渠。

喷 - 管结合灌可根据需要灵活操作，适宜喷灌时则喷灌，适宜地面灌时则用活络管施灌，它既可抗旱保苗，又能保证作物需水高峰充分供水，真正做到了在任何气候条件下，对各种需水规律不同的作物提供水分需要，保证农业的高产、优质、高效。喷 - 管结合灌与半固定喷灌及井接全移动喷灌相比，投资较低廉，并可有效地提高灌溉保证率，同时由于前期喷灌后期管灌，装机少、耗能低，其管理费用也比喷灌低，效益明显。在我国电力供应紧张的情况下，在已有管灌地区无需电力增容，在新建地区可减少变压器容量，易于发展。

二、现代化节水技术

（一）节水灌溉专家系统

国际上著名的农业专家系统有 COMMAX（用于棉花管理）、PLAT/DS（用于大豆病害诊断）、MISTING（用于温室喷雾控制）、DIES（用于乳牛管理）等，专门的节水灌溉专家系统较少。

农业专家系统的一个最大特点是它的实用性，它应农业需求而研制，又在农业应用中发展。伴随着信息技术的突飞猛进，农业专家系统和其他智能化信息技术集成应用于农业生产和管理已成为必然的趋势。

1. 系统总体设计

"节水灌溉专家决策系统"采用模块化设计，以电脑为系统运行环境平台，利用国际上主流的"客户层/服务层/数据层"三层结构模式、分布式技术、软构件技术、基于 Web，在 Web 服务器挂接服务构件，通过前台浏览器管理和运行、系统具有网络化、构建化、智能化、层次化、可视化等特点，可以直接在 internet/intranet 网络环境下运行，支持分布式计算、协同作业和远程多用户、多目标任务的并行处理。

2. 节水灌溉专家系统决策流程

由于采用了网络化、构件化的农业专家系统开发平台，所开发的节水灌溉专家系统能够面向对象设计组件，实现了界面分离和分层管理。上网后，通过登陆打开农业专家系统主界面，用户可在 Web 页面上实现事实的录入、查询和修改，并直接起动推理机，对事实和条件进行推理判断，得到针对性的生产管理决策方案，从而指导农民生产实际。

（1）事实编辑。用户在进行事实录入时，如果是字符型数据，一般通过下拉框或取代方式输入，如果是数值型数据，输入时一般受上下限控制。整个数据录入、修改、删除和保存等操作均可在 Web 页面上实现。如果用户数据量较大，还可在脱机状态下进行数据编辑，待数据录入完成后再联机保存。这样可以节省上网时间，降低通信费用。

（2）智能决策。用户通过网络可以直接起动推理机，将用户的事实同知识库中的条件相匹配，把结果反馈到终端屏幕，用户可以进行打印或保存。

（3）数据查询。用户可以根据条件对事实表和结果表中的数据进行查询，并可根据需要进行保存和打印输出。

实践表明，"节水灌溉专家决策系统"具有科学、简便、实用等特点。经过几年来多点不同类型地区、不同生产水平、不同土壤条件下的科学试验和大范围的生产示范证明，系统具有稳定可靠的增产、节支、增效作用。在原有基础上使水资源的生产效率提高 8% ~ 15%，亩增产粮食 20 ~ 25kg，亩节水 30 ~ 50m³，单位生产成本降低 5% ~ 7%，经济效益提高 15% 以上。

（二）节水灌溉自动化系统

高效农业要求必须实现水资源的高效利用，而要真正实现水的高效利用，仅凭单项节水灌溉技术是不可能解决的。必须将水的输送技术、灌溉制度和降雨、蒸发、土壤墒情、地下水情况、作物需水规律等方面统一考虑，做到降水、灌溉水、土壤水和地下水联合调度，提高农业生产的效率。

随着微电子技术、计算机技术、通信技术的飞速发展，将计算机、通信技术和节水灌溉技术集成起来，通过不同行业和学科相互渗透和交叉，形成具有特色、性能优良、易于推广应用的节水灌溉系统是现代化农业发展的需要，也是节水灌溉向高层次发展的标志。

现在已经可以采用计算机实时测控网络，根据不同作物的生长规律，为科学灌溉、节水灌溉提供最先进的手段，主要内容包括节水灌溉自动控制系统和节水灌溉自动监测系统。在中心计算机上进行的灌溉管理软件，实时或定时通过有线或无线数据传输网络和数据采集控制设备，采集田间的土壤水分、土壤温度、空气温湿度等数据，实时显示，形成数据库、报表和过程线，供灌溉预报、决策使用。并可遥控实现定时、定量灌水。

（三）系统介绍

系统由传感器、数据采集控制终端、数据传输网络及监控中心组成，技术的高度集成是本系统的主要特点。单片机技术、传感技术、通信技术、遥测遥控技术、软件设计、节水灌溉制度、灌溉技术等在本系统中实现了高度集成。

其中监控中心计算机通过灌溉管理软件提供用户与整个系统的交互功能以及通过数据传输网络和现场数据采集控制终端的交互功能。现场数据采集部分通过各种传感器实时、自动采集土壤水分、土壤温度、空气温湿度等作物生长的环境数据，在中心计算机上形成原始数据库，为灌溉决策提供科学的依据。现场控制部分根据监控中心的命令控制水泵、电磁阀等灌溉设备。

三、农村水管理技术

（一）建立乡村供水模式

农田灌溉用水实行点、线、面、管一条龙综合节水，以机井为单位、村队统一管理的供水模式，吸纳了以量计收水费。

乡镇工副业用水和农村饮水，打破了一家一灶的供水方式，建起了集中连片式供水方式。规模经营、企业管理的供水区，已运行供水。

（二）形成管理队伍

农田灌溉用水中，各村均建起了包括村干部、电工和管水员在内的管理小组，在乡镇水管站的指导下，负责节水工程的维修、运行和计量收费。

乡镇工副业用水和人畜饮用水由乡水管站分别派出管理小组，实行单独核算、企业管理，初步形成了懂管理、能操作运行和设备维修的管理队伍。

（三）完善农村水管理机制

随着农村建设和市场经济的发展，对水利基础产业的管理工作必须加强，一方面需要必要的行政手段，另一方面必须发挥经济杠杆的作用。

乡级水利管理站要成为乡镇的一个重要经济实体，独立经营，以维护工程设备完好，保障供水为前提，在农民能接受的条件下，对各业用水的水费标准自主定价，统筹协调。这样既能充分提高水的利用率，又能调动管理人员的积极性，有利于扩大再生产。

水费标准可按下列原则定价：

（1）分类定价。

（2）限额供水，超量升格，加价收费。

水费标准必须全乡统筹协调，既有总额平衡控制，又可分类上下浮动；既能为用水部门所接受，又要保证工程建设和管理的良性循环，以利于扩大再生产。水费标准定制后，限额供应是十分必要的，否则将破坏总体平衡，达不到合理利用资源发挥水效益和防止水危机的目的。

第六章　水利工程设计的优化设计

第一节　基于生态理念视角下水利工程的规划设计

伴随着时代的进步和发展，人们物质生活水平显著提高，相应的环保意识也在不断增强，对水利工程建设活动提出了更高的要求。将生态理念有机融入水利工程建设中，就需要对以往水利工程建设中带来的生态问题进行深入反思和改善，采用工程创新建设模式来迎合时代发展需要，从技术上和规划上转变水利工程以往粗放型建设方式，以求最大限度降低对生态环境的破坏，打造环境友好型水利工程。尤其是在当前可持续发展背景下，将生态理念有机融入水利工程规划设计是尤为必要的，有助于推动水利工程规划设计的科学性、合理性。由此看来，加强生态理念视角下水利工程的规划设计研究是十分有必要的，对于后续理论研究和实践工作开展具有一定参考价值。

生态水利工程是在传统水利工程基础上进一步演化出来的，主要是为了迎合时代发展需要，融入可持续发展理念，更好地满足人们发展的需求，维护生态水域健康，这就需要对水利工程技术进行更加充分合理的运用。在生态水利工程中不仅需要应用传统的建设理论，还应该在此基础上进一步融合生态环保理念，对以往水利工程建设对生态环境带来的破坏进行改善，修复河流生态系统。此外，在生态水利工程建设中，应该严格遵循生态水利工程规划设计原则，结合实际情况，有针对性地改善生态系统，推动社会经济持续增长。

一、生态水利工程规划设计工作中面临的困难

（一）缺乏具体的生态水利工程设计方法和评价标准

生态水利工程规划和服务目标具有明确的地域性和特定性要求，需要综合考量经济和生态之间的关系。由于生态系统之间具有较强的地理区域差异，所以生态水利工程也需要具备足够的地理区域差异性特点，因地制宜，满足当地地质、水文和生物等多种功能上的需求。总的说来，尽管我国生态水利工程在设计中已经提出了相应配套

的评价方法和评价指标，但是在涉及具体生态水利工程建设内容时，却依然存在较大的缺陷和不足，最为典型的就是评价方法不合理，评价标准不明确。不仅仅是该水利工程，从全国角度来看，很多当前建设的水利工程对生态影响的研究较少，无论是理论层面还是实践层面，致使相关领域缺少足够的研究成果可以利用和参考。此外，水利工程中包含大量的稳定性和安全性问题，所以我国水利工程建筑尽管制定了明确的标准，但是由于未能制定相配套的技术标准，导致生态服务目标未能标准化和规范化，后续的水利工程设计工作也缺乏科学指导，变得无所适从，带来不利的影响。

（二）水利工程设计人员生态学专业知识和经验不足

生态水利工程是传统的水利工程和生态学知识的有机整合，在符合传统水利工程建设目的和原理的同时，还需要符合生态学原理。故此，就需要相关生态水利工程设计人员具备更加扎实的专业知识，了解更多的生态学和其他学科知识，具备足够的专业技术能力和实践经验，只有这样才能确保生态水利工程设计活动取得更加可观的成效。但是从实际情况来看，水利设计人员中具备足够的专业技术和能力的人才少之又少，尤其是生态水利工程建设经验的不足，导致很多地区的水利工程规划设计工作流于表面。诸如，在水利工程建设完成后，很多周边的生态环境和水文环境受到了严重的影响，尤其是水利工程周边的生物群落出现了明显的改变。此外，还有很多地区的防洪工程和水坝建设完成后，水体流动性降低，致使水体原本的自净能力急剧下降，水质下降，水体受到严重污染。传统的水利护岸工程建设更多的是以混凝土结构为主，这种人工还将水体和土地分离开来，造成水中生物和微生物同陆地的接触，造成自然生存环境发生改变，河流原本自净能力下降，水体环境变差，不利于水中生物的生存。基于上述种种情况，很多水利工程的生态效益变差，为工程周边的生态环境带来了负面影响，尤其是在当前的市场运行体制下，水利工程设计人员和环境保护工作者之间缺少直接的合作机会，在一定程度上导致生态水利工程规划设计的落后。

（三）水利建设和生态保护之间平衡协调问题复杂

无论是社会发展还是自然界的演变，都有自身独特的规律，人类在改造生存环境的同时，必然会对自然界产生一系列的影响，如何平衡协调人类社会活动和自然界环境变化成为当前首要工作之一。水利工程建设和生态保护之间的平衡是一项十分系统、复杂的工作，其中涉及众多的因素和变量问题。较之传统水利工程而言，生态水利工程具有固定方法，应针对不同的水文条件、河道形态，有针对性提出配套的设计规划。

二、基于生态理念下水利工程的规划设计对策

将生态理念融入水利工程规划设计中是尤为必要的，尤其是在当前社会背景下，

经济发展和生态保护之间的矛盾愈加突出，为了谋求人类社会长远发展，就需要摒弃以往牺牲环境的粗放型经济增长方式，迎合时代发展需要，努力打造环境友好型水利工程，更加合理地利用水资源，改善生态环境。

（一）转变传统观念，强化学习和交流

水利工程建设同生态保护相同，是一对十分矛盾的对立体，只有坚持科学发展观，才能更为充分发挥主观能动性，将生态理念有机融入水利工程建设的各个环节，尊重客观规律，科学合理利用条件，促使水利工程对生态环境影响问题朝着更加积极的方向转变，设计规划更加科学。

（二）将工程水文学和生态水文学有机结合

加强工程水文学和生态水文学的结合，以此为设计基础，结合实际情况，促使设计规划更加合理。设计中应该提高对水利工程服务对象的保护，明确当前生态水利工程建设目标，更为合理地开发水资源，促使水利工程更加生态和谐发展。故此，在生态水利工程规划设计中，应充分考虑到生态水文学和工程水文学之间的关系，确保水库在各个时期都能够储存足够的水资源，维护生态平衡。

（三）明确关键生态敏感目标

生态敏感目标是生态水利工程建设中一项重点考虑内容，在设计中应该充分明确工程中影响生态的目标，在工程规划设计阶段提出合理的解决方案。因此，如何让水利工程同城市各项生态功能和服务对象协调，就需要在充分发挥水力功能的同时，综合考量其他的城市周围环境因素，避免给周围环境带来污染，为城市化建设提供更加坚实的保障。

综上所述，生态水利工程建设是在传统水利工程基础上，进一步整合生态学知识，将生态理念贯穿于水利工程建设始末，实现人与自然和谐共处的目的。生态水利工程能更好地迎合时代发展需要，有效降低水利工程建设对周围环境带来的负面影响，为人们提供更加优质的服务。

三、基于生态理念视角的水利工程的规划设计实践分析

工程项目的规划设计涉及土方工程、水工建筑物工程、水土涵养绿化景观工程以及水生生态系统构建工程。基于规划设计过程遇到的复杂地质条件与工程兴建的多变量问题，设计人员采取了以下措施进行优化控制，以提高水利工程项目建设使用的安全可靠性。

（一）转变原有设计观念，强化学习交流

此设计控制目标的实现，要求水利工程规划设计人员应将可持续科学发展观，即生态理念视角作为原则，以使建设者的主观能动性充分调动起来。比如，可通过座谈会或是专题探讨的方式，与生态环境科技单位进行技术与学术方面的交流，以解决对生态理念重视力度不够的问题。

（二）明确生态敏感目标

研究表明，生态敏感目标的明确，能够使水利工程的规划设计规避可能对生态保护目标造成的直接影响或是间接影响。如此，就可在工程规划阶段，提出具有生态资源保护效果的初步设计方案。此外，规划设计人员还应从长远的角度来看，即满足不断上升的人口、工业设施以及商业住宅建设活动等需求的同时，通过控制水库工程运行使用带来的污染与影响问题，来提高人们生产生活的舒适性。

（三）重视与环境工程的设计结合

该项设计规划的实践措施，就是在吸收环境科学与工程的相关理论技术条件下，提高水量与水质的科学配置效果。由于应急备用水源是衡量水库水质好坏的关键，因此，规划设计人员应将构建库区水生态与周边水土涵养区的设计作为重点。为此，设计人员工程中应规划有宽广的水域或是水土涵养区，以此为水库周边的生物提供良好的生存繁衍环境。此外，工程建设人员还应针对工程所处生态环境的发展状态与丰富程度，在水土涵养区与湖区间的过渡带增设生态处理沟渠、净化石滩地与氧化塘，以使湖区的周边构建成生态护岸。在此设计规划背景下，水库工程建设附带的生态系统就可对水库运用产生的有机污染物进行降解，以降低水库使用对周边人们居住环境带来的负面影响。

（四）设计结合水文学与生态水文学

在此规划设计基础上的水库工程项目建设，需在明确生态目标对水资源使用要求的情况下，来提高设计控制的科学有效性，进而实现水库工程与生态环境和谐发展的目标。由于该水库工程项目的建设主要用于应急备用，因此，具有换水周期长与使用频率低的特点。在此工程项目建设要求的情况下，规划设计人员应将防洪影响、水质维护以及水库规模，作为重点控制对象。与此同时，还应将水文学与生态水文学结合起来，即在运用水量与水质变化规律的情况下，使各个时期均能满足水库水资源的储存量需求。

综上所述，水利工程的规划设计人员应将工程项目的实际情况与目标需求进行结合，即在转变原有设计观念，强化学习交流；明确生态敏感目标；重视与环境工程的设计结合以及结合水文学与生态水文学的情况下，来提高设计控制的科学有效性。

第二节　水利工程施工组织设计优化

水利施工组织设计是科学合理地组织和优化施工的重要保证，其决定着工程进度及工程造价，历来为投标、评审的重点，是指导施工的核心性文件。本文首先简述了水利工程施工组织特点，然后指出了其当前阶段的不足，最后提出了水利工程施工组织的发展方向。

一、水利工程施工组织特点

随着我国经济实力的显著提高，我国逐渐开始重视水利、交通等基础设施建设，许多新兴水利水电项目逐步被投入规划建设中，同时也就决定了其对设计文件编制的高要求。水利工程的施工组织文件与一般的土建项目既有相似之处，但由于其更多的与水直接接触，与一般土建工程相比，又有很大的不同。其受地形地貌、水文地质、泥沙、气象等因素影响更大，施工条件也更加险恶，对生态环境的影响更彻底，因而增加了其施工组织设计的复杂性。

现代的水利工程一般单体投资较大，工期紧张，枢纽建筑物多且布置集中，从而增加了施工干扰的可能性，也加重了干扰之后带来的不利影响。因此，施工组织设计者需要对工程总体进行统筹规划，正确处理好时间与空间、质量与工期、工艺与设备等各方面矛盾，以最少的投资，设计出符合国家相关规范、标准，同时满足甲方要求的设计文件，以科学化和有效化地规范施工。

二、水利工程施工组织设计当前困境

（一）施工组织内容的综合性与工程实际的复杂性相脱离

施工组织设计作为一个包含质量、进度及成本等在内的不可缺少性文件，其内容的编写必须与工程实际相符合。然多数工程人员往往在缺乏对工程进行实地深入考察的情况下，盲目依据规范要求，参照相似施工组织文件，生搬硬套，徒有其形。文件缺乏对工程的针对性认识，也就失去了其指导性作用。

（二）施工组织文件的编制缺乏创造性

目前施工组织的编制缺乏有效的标准和模块化的体系，工作人员重复性归纳收集，缺乏科学的优化组织，致使施工组织内容烦琐重复，缺乏竞争性。计算机技术在进度计划的编制上缺乏普遍性，依靠手工计算进行反复的网络计划优化和参数调整，不仅工作量繁重，且效率和正确率较低。在施工进度中积极开发和推广信息技术，对于网络调整和优化具有不可替代的作用。

（三）新技术、新工艺、新设备较低的使用率。

水利工程技术经过多年的推广和发展，已积累了丰富的工程实践经验，许多安全有效的施工工艺、机械设备也应运而生。然而工程人员已形成思维定式，故步自封，往往采用过时的施工机械或施工工艺。这不仅造成技术资源浪费，且可能产生系列承载力及安全问题，导致物质资源的流失和使用寿命周期的下降。

（四）重进度和成本，轻生态文明

大型现代化水利工程的建设虽给人们的生活创造了长远的经济效益，但同时也不可避免地对土地资源、水资源和物种多样性等产生重大的影响，从而伴随地震、滑坡、泥石流等一系列的工程地质灾害。故而科学的施工组织设计，应从长远考虑，深刻分析，绿色施工，实现人与自然的和谐发展。

三、水利施工组织的几点展望

（一）利用 BIM 进行施工模拟

随着现代化建设程度的不断加剧，现代大型水利工程的规模和复杂程度正逐步发生着日新月异的变化。水利施工投入的物质资源和人力资源若继续单纯地依靠人力计算来进行进度计划的调整和改进，其工作量将大大加重工程师们的负荷，将越来越不现实。对此我们把希望投入计算机网络技术，CAD 制图促进了信息化水平在水利水电行业的提升，成为信息技术在工程领域的首次变革。但伴随着施工管理模式品质高要求的不断加剧，单纯依靠过往的信息化水平已严重阻碍现代大型水利工程的建设。伴随着各地相关政策的出台，建筑信息模型（BIM）技术在许多工程领域已获得迅速推广。

国家发展规划已明确肯定 BIM 技术在建设全寿命周期中的显要作用，但其在水电行业的应用尚处于初期阶段。在传统的 CAD 制图工作模式下，各专业工程师的沟通效率和参与人群的集思广益等均极大地被相对独立封闭的工作环境所限制，BIM 则能使工程师们在设计意图、项目关键点、施工中的重难点及资源分配等方面的沟通更顺畅快捷，进一步彰显了企业的项目管理和协调控制能力。

BIM 技术通过将三维结构模型与施工进度计划之间有效衔接，可为用户提供进度比较、偏差分析和改进的平台，土石方工程、施工总布置和施工方案等均可快速有效地集成和展示。同时，与传统的网络技术相比，该可视化技术对于施工中出现的问题亦可为项目参与各方提供可供参考的解决方案且能虚拟化展示，具有更高的能动性。

BIM 技术创建的沙盘模型具有的可追溯性，为工程决策、合理安排施工进度和缩短工期提供了有效的依据。建筑信息模型效果图的可视化、施工进度的可模拟化、施工方法的可改进化，使施工组织设计的数字化更全面地服务于施工全过程。

（二）保护环境绿色施工

施工技术的提高促使现代施工机械行业迅猛发展，为人们去探索和改变更复杂险恶的自然环境提供了有效的手段，同时破坏环境的深度和广度也远远超过了以前几千年都不能触及的地步。施工技术的高要求和自然环境的高品质决定着从事施工组织设计的工程师们要转变思维，不仅要发展，更要绿色可持续地发展，不仅要缩短工期提高效率，更要考虑我们赖以生存的环境的可忍受度。《绿色施工导则》等规范的颁布为保证健康可持续发展、规范绿色生态建设行为起到了积极作用，因此要在施工组织设计中引入绿色施工技术。

严格划分施工区域和生活区域，实行定量定额的用电制度，在适当位置装设漏电保护器，并设专人负责定量考核且配套相应的奖惩制度，达到安全环保节能。当施工场地地下水位较高时，需配合进行井点降水或集水坑降水，充分利用地下水资源，合理设置地下水井进行日常绿化、卫生间用水等的引渡。提高全员节能意识，逐步实现从定性评估向定量评估、从单一指标向多因素综合指标的转换，把绿色施工在施工组织设计中利用节能率等性能指标定量全面地进行阐述，使技术、经济和环境有机结合。

（三）以人为本

现代水利工程建设项目动辄上亿元、工作量大，若调配布置不均衡，很难实现人尽其力，不仅浪费资源且存在很大的安全隐患，很难实现安全施工。人性化的项目管理理念决定着设计文件要体现以人为本的原则。选择水利工程施工方案时，不仅要考虑工期的要求、物资的供应能力及施工对人们出行环境和日常生活的影响，而且要考虑劳动者对工作强度的承受能力，达到职业卫生安全标准，预防职业病的发生。选择施工技术时，要积极考虑新技术、新工艺、新设备的推广和使用，减轻劳动者的密集程度和工作强度。同时，要加强员工培训教育，提高员工职业素养，建立内部考核制度，明确责任，全员参与，充分发挥个人的创造力和集体的凝聚力。

水利工程作为一门基础民生工程复杂而悠久，长久以来一直默默地为人们生活水平的提高发挥着其独特的作用。水利施工组织设计在施工中发挥着不可缺少的指导性作用，其内容的编制必须慎重考量最新施工工艺和现代化施工设备且与之相协调。在信息技术综合集成的当代，工程技术人员要更加注重和依靠现代化信息技术，应用BIM 技术实现施工过程的可视化和施工进度的可操作化，同时兼顾环境，绿色施工，让现代化建设与人、环境协调持续发展。

第三节 水利工程设计质量优化管理

随着社会经济的不断发展，我国在基础设施工程项目领域的投资力度不断增大，相应带动了水利工程施工的发展。水利工程是指，通过相应的工程措施，对自然界水资源进行科学、有效的控制，以实现除害兴利目的的工程，普遍具有规模大、施工技术复杂、建设周期长、施工条件复杂等特点，如出现质量问题，将造成巨大损失。工程设计是水利工程施工的基础，直接影响着水利工程施工质量。因此，从水利工程设计主要干扰因素和问题入手，探究其质量优化管理对策，具有其相应的现实意义。

一、我国水利工程质量管理现状概述

经过多年的发展，我国质量管理相关行政法规及制度建设发展较为完善，多种管理条例和规定奠定了水利工程质量管理的基础制度框架，其中明确规定了建设各方承担的责任和义务。目前，国内多数水利设计部门均具有相应质量体系的资格认证，其中半数以上的甲级设计院，具有质量、环境，以及职业健康安全的三体系认证，水利工程质量管理逐渐趋向以 ISO9000 国际标准为核心，接受认证机构及第三方质量体系认证的现代化质量管理模式发展，与传统质量管理相比，无论是质量管理意识还是管理水平均得到了长足的进步和发展。

目前，适用于水利工程领域的标准规范超过几百项，系统详细的制度为工程设计提供了操作依据和质量保障。我国水利工程实施强制性条文质量管理，广泛涉及生命财产安全、水利工程安全、能源节约、环境保护等方面内容，是水利工程设计过程中强制要求执行的技术标准，代表了水利工程设计的底线。

二、水利工程设计质量主要干扰因素分析

（一）水利工程市场干扰因素分析

由于水利工程施工的特殊性，水利工程多以政府投资为主，部分项目的项目法人在项目立项之后才确定，其中主要负责人以及相关技术人员普遍是临时抽调组成，在传统的粗放式管理理念影响下，表现出"侧重工程建设、轻视工程管理"的特点，技术人员调动较为频繁，项目法人的管理水平相对较低，无法有效发挥项目法人制的实际效用。这种背景下，如建设单位法律意识及质量管理意识薄弱，将项目委托于资质不过关或无资质的设计单位及个人进行设计，则较难保障设计质量。因此，需进一步

强调项目法人制的管理作用，促进水利工程设计市场的规范性发展。

（二）勘测设计周期干扰因素分析

水利工程作为重要的基础设施工程，具有航运、发电、灌溉、抗洪等多种功能，我国将其定义为关系国家安全、经济安全，以及生态安全的战略工程。部分水利项目为达到相应的国家投资竞争目的，急于项目立项，相应缩短了设计单位的设计时间。一方面，设计周期大幅缩短，导致设计人员技术研究仓促，部分项目由于时间限制不能得到有效地开展；另一方面，设计人员在赶工状态下，工作质量得不到有效地保障，易出现设计错误影响工程设计质量，最后导致设计成果送审不符合要求不予通过的问题。甚至有些项目在审批手续不全的情况下，抢先开工，严重违反水利工程建设程序规定，也会对施工质量造成严重的不良影响。

（三）设计单位质量管理意识薄弱

虽然我国质量管理整体发展状态良好，多数设计单位相继与国际接轨，接受相应的质量管理体系认证，并取得一定的成效和经验，但仍有部分设计单位不重视设计质量管理工作。此类公司仍普遍沿用传统的设计质量管理模式进行管理，质量体系文件落实情况较难保障，设计工作人员质量管理意识水平较低，在三级校审实际操作过程中，通常出现校审不严、签字草率等问题，导致设计质量水平始终得不到有效提升。

（四）专业配备缺失因素分析

国内多数甲级设计院具备完整的专业配备，符合大型综合水利工程设计的设计要求，具备相应的项目设计能力。但就部分乙、丙级设计单位而言，专业配备缺失问题较为明显，具体表现为专业人员配备不足、专业分工不明确等问题，通常一个项目仅有 3 ～ 5 人跟踪参与，虽然拥有一部分综合性专业人才，却仍不能满足项目设计实际需求，设计成果整体质量水平较低，专业分工界限较为模糊。

三、强化水利工程设计优化管理的实际措施分析

（一）完善设计质量管理制度

制度是规范设计人员操作行为、提高设计人员质量管理意识的基本保障。水利工程设计涉及内容众多，相关规范标准较为繁杂，设计单位应结合水利工程设计相关标准，完善自身设计质量管理制度，明确设计人员各项操作标准，以提高设计成果质量。设计质量管理制度在内容上应全面包括设计人员各项设计操作，详细规定设计人员需遵守的规范标准，重点标注国家强制性条文内容，保障设计人员每项操作均有章可依，从根本上提高设计人员的质量管理意识，提高水利工程设计水平。

（二）加强设计人员培训

设计人员作为工程设计的直接参与者，其专业水平直接影响着工程设计质量。因此，设计单位应定期组织设计人员进行培训，以不断提高设计人员专业技能水平。设计人员培训应从专业技能培训和专业素质培训两方面入手。专业技能方面，设计人员需加强设计标准学习，如设计人员对设计标准，尤其是强制性条文的理解出现偏差，将直接影响设计审核。同时，设计人员需加强设计操作学习，不断提高自身设计规范性、科学性，以提高工程设计质量；专业素质方面，设计单位应强化设计人员设计质量管理意识，通过案例学习、设计重点总结、工程设计研讨会等形式，不断强调工程设计的重要性，提高设计人员质量管理意识，端正设计人员工作态度，避免人为操作疏忽或失误，从而达到优化设计质量管理的目的。

（三）完善工程设计监督制度

水利工程普遍具有规模大、施工技术复杂、建设周期长、施工条件复杂等特点，其工程设计工作是一个系统的工作过程，通常分为多个设计阶段完成，针对不同的设计阶段，设计单位的工作重点和目标存在较大差异。因此，相关部门应加强各个阶段的设计监督力度，深入细化执行监督工作，以提高问题发现的及时性和准确性，从而达到优化设计质量管理的目的。设计单位在完成相应的阶段的设计工作后，应定期公布工程设计实际情况，同时接受地方政府部门以及工程单位的监督。质量监督机构应积极配合建立相应的质量信息发布制度，对质量监督工作发现的信息进行实时分析和通报，以形成动态、系统的工程设计质量管理。

（四）加强水利工程设计责任管理

水利工程作为重要的基础设施工程，直接关系到国家安全、经济安全以及生态安全，如因施工设计问题导致工程事故或使用事故，将造成无可估量的损失。因此，应全面加强水利工程设计责任管理力度，通过制定责任管理制度，明确各设计部门、人员的设计职责，各参建单位设计人员对应自身岗位承担相应的设计责任，且设计责任管理为终身管理。相关部门应使用多元化管理体制进行水利工程设计方案管理，重点做好工程质量管理以及工程质量调控工作。对于因违反国家建设工程相关质量管理规定，或未有效履行自身工作职责，造成重大工程质量问题及安全事故的设计人员及相关单位，应依法追究其相关法律责任。

综上所述，水利工程具有规模大、施工技术复杂、建设周期长、施工条件复杂等特点，导致水利工程设计工作任务繁杂、质量干扰因素众多。就我国当前水利工程设计质量管理工作而言，虽然整体发展状态较好，但仍存在部分单位不重视设计质量管理、专业配置不全等问题，限制了水利工程质量管理的进一步发展。因此，设计单位及相关部门应从设计质量管理制度、人才培养等角度采取相应的措施，不断提高设计单位设计水平和规范性，强化工程设计质量监督管理力度，以提高水利工程设计质量管理整体水平，促进我国水利工程建设的进一步发展。

第四节　水利工程中混凝土结构的优化设计

水利工程具有防洪、供水、灌溉等兴利除害的功能，水利工程具有规模较大、工期较长、施工难度较大等特点。混凝土结构由于成本比较低、整体性高等优点广泛应用于水利工程建设中，但由于混凝土结构设计难度比较大，在水利工程的建设过程中，也会出现一些问题，因此要科学应用混凝土结构，保证水利工程质量安全。

一、水利工程混凝土结构设计的意义

水利工程通过修建堤坝、水闸、渡槽等水工建筑对水资源进行调控，通过这些水工建筑的兴建来预防或控制洪涝灾害和干旱灾害，满足社会生产和人民生活的需要。水利工程的规模比较大、工期比较长、施工技术难度比较高，一般来说在水利工程中需要应用混凝土结构。混凝土是指沙石、水泥、水按照一定比例进行混合配比，并以水泥为胶凝材料的建筑工程复合材料。混凝土与一定量的钢筋等构件进行配合使用，可以作为承重材料使用到各种建设工程项目中。由于混凝土结构具有良好的耐火性、耐久性、整体性，因此在大型建设工程项目中应用非常广泛，但混凝土结构在我国的水利工程项目中的应用时间比较短，应用经验比较少，尚有很多不足，因此研究如何对水利工程中的混凝土结构进行优化设计，对我国水利工程建设具有非常重要的理论意义和实践价值。

二、水利工程中混凝土结构设计存在的问题

（一）材料配比问题

由于混凝土是水泥、骨料、沙石、水等多种施工材料搅拌混合而成，并非单一属性的工程施工材料，在具体的施工环节中，混凝土的各种材料的配比也各不相同，比如水分增加，而水泥减少，会导致最终配置的混凝土标号降低，在施工中出现麻面和气孔等情况，进而影响混凝土结构的安全性；如果粗骨料比例过高，则会导致混凝土出现离析，影响混凝土结构的可靠性。

（二）岔管设计问题

目前我国的水利工程项目主要采用"一洞多机"的方式进行地下管网的布设。这种设置对于混凝土结构设计的要求比较高，目前我国还没有比较完善的岔管设计规范，这使得施工人员对于岔管设计的承压能力很难准确把握，特别是在地形地貌比较复杂的情况下，经常发生设计不合理的情况，对水利工程的整体安全性造成影响。

（三）衬砌渗漏问题

在水利工程施工过程中，经常会出现混凝土衬砌渗漏的情况，这是混凝土结构设计中最难解决的问题。渗漏问题如果不能有效解决，将对整体水利工程建设造成严重影响，衬砌渗漏主要是因为混凝土结构产生了裂缝，裂缝产生的具体原因包括以下几点。

（1）混凝土模板设计得不合理。

（2）在通道施工的过程中，对于通道位置的设计不合理，如果通道上方出现沉降就会对衬砌产生较大压力，最终发生混凝土裂缝的情况。

（3）混凝土结构的原材料本身存在质量问题，如混凝土的标号不满足施工设计要求。

（4）混凝土的运输过程、搅拌过程、养护过程出现问题。例如，运输时间过长，混凝土和易性受到影响，没有按照混凝土的初凝和终凝时间进行科学养护，混凝土在使用之前没有进行充分的搅拌振捣，造成骨料离析的情况。

（四）前期准备不足

水利工程的技术含量比较高，相比建筑工程，水利工程的施工难度更大更复杂，在水利工程设计阶段，需要对工程所在地的地形地貌、水文地质条件、气候条件进行详细调查。在实际施工过程中，经常出现因为前期调查不细致而导致水利工程在施工过程中的各种质量问题。比如有的水利工程项目围岩应力比较大，围岩不稳定，加上岔管形态复杂，导致应力集中和衬砌开裂，破坏混凝土结构的稳定性。

三、水利工程中混凝土结构优化设计

水利工程中混凝土结构设计的难度比较大、要求比较高，要综合考虑地形地貌、水文地质、环境气候等多种因素，保证混凝土结构具有良好的抗渗性、稳定性、可靠性。在水利工程项目中，对混凝土结构优化设计具体表现在以下几个方面。

（一）加强对混凝土结构的裂缝控制

裂缝控制是水利工程混凝土结构设计的重要内容，混凝土结构既要控制好承载力，也要把裂缝控制在国家强制标准和设计标准允许的范围内，并根据荷载、压力变化等参数来确定。水利工程中经常使用非常规杆件，裂缝要根据构件的烈性进行评估，并考虑断面作用力的变化问题。根据工程实际情况选择不同的养护方法，创造适当的温度和湿度条件，保证混凝土正常硬化。不同的养护方式对混凝土性能的影响也不同，最为常见的施工养护方法就是自然养护，除此之外还有干湿热、红外线、蒸汽等多种养护方式，标准的养护时间为28d，湿度不低于95%，在自然养护的过程中，可以重点加强对温度和湿度的控制，减少混凝土表面暴露时间，防止水分快速蒸发，控制混凝土的里表温差以及表面降温速度，最终达到控制混凝土结构质量，优化混凝土结构设计的目的。

（二）加强对混凝土原材料的选择与合理配比

合理配比的混凝土是保证水利工程质量的关键，能够有效防止气泡、麻面、孔洞等问题的产生，可以选择细度2.0 ~ 3.0范围内的沙，合理控制添加剂的比重。对混凝土进行充分振捣和搅拌，确保混凝土的和易性，避免离析。混凝土浇筑之前要确保模板支撑牢固，按照施工标准进行模板支撑和拆卸。钢筋要焊接牢固，禁止随意踩踏混凝土保护层的垫块，并保持垫块均匀牢固。

（三）围岩结构稳定性的优化设计

衬砌的布局对于水利工程的混凝土结构质量具有重要影响。在进行混凝土衬砌设计时，要注意围岩能够承载的水压力。水利工程混凝土结构设计的优化，要重点解决围岩承载力问题，在设计过程中，用平缓地面和陡坡地面确定最小覆盖厚度，厚度不足容易引起工程渗水。

（四）衬砌的优化设计

衬砌可分为开裂和抗裂两种衬砌，要根据工程设计要求和围岩承载力来确定衬砌方式。通过对混凝土衬砌与围岩进行联合作用模拟，形成二次应力，并在此基础上进行钢筋混凝土的支护，把衬砌配筋量控制在合理的范围内，达到最佳支撑效果。通过分析变形与裂缝产生的原因，进行岔管衬砌的布置。

（五）混凝土的温度和湿度计算

对水利工程中大体积混凝土温度的计算主要通过温度场、应力、抗裂性三个方面进行。一般运用限元法和差分法进行应力计算和温度场计算，而且在进行应力计算的过程中，要考虑混凝土变化而导致的应力松弛。不同配比的情况下需要进行试验值与计算值的比较。

（六）基础资料完善、等级标准明确

要提高混凝土结构设计水平，首先要保证基础资料的真实、准确、完整。基础资料是进行混凝土结构设计的前提。要明确结构设计的等级标准，并考虑工程规模和建筑类别，保证混凝土结构设计质量的同时，实现有效的成本控制。完善水利工程监理制度，对水利工程混凝土结构的设计、施工、验收等过程进行监督和管理，保证施工质量和施工的连续性。

综上所述，水利工程对于周边居民的生产生活和生态环境有着非常重要的影响，混凝土结构在水利工程建设中发挥着重要作用，针对当前混凝土结构在水利工程建设中暴露的问题，在混凝土配比、裂缝控制、围岩稳定等方面进行设计优化，为实现高质量的水利工程奠定基础。

第五节　优化设计与水利工程建设投资控制

水利工程建设体系在不断发生着变化，针对水利工程的投资也逐渐多元化。

投资者都会对投资风险进行评估，控制资本投入，以最少的资本投入谋得最大的经济收益，节省下来的资金还能另投其他项目。在整个水利工程建设中，投资控制体现在各个阶段。当前的投资控制已经形成一套完善体系，通过对项目的实施方案、资本需要以及可行性研究，有效地控制了投资规模，基本不会出现无底洞投资和工期无限期延长等现象。在投资控制方案设计上，对每一笔资金投入都进行严格估算，控制超额投资现象的发生；施工阶段实行严格的招标制度，有专门的监理部门全程监督从投标到中标的整个流程；工程造价由审计部门进行审核，不合理部分一律修改，将预算投资合理化，使投资得到应有的控制。但是在怎样优化设计投资控制这方面，还没有得到广泛关注。

一、优化设计对水利工程建设投资的影响

（一）设计方案直接影响工程投资

水利工程建设首先要进行项目决策和项目设计，这是投资控制的关键所在。而在项目实施阶段则不需要进行投资控制了。在做出对项目进行投资的决策之后，就只有设计这一块了。根据现行的行业规范，设计的费用一般只占整个工程建设总费用的5%

不到，然而正是这 5% 的投入影响着整个资本投资的 70%，所以工程设计方面一定要完善。而单项工程设计方案的选择又会对整个投资有很大影响。据不完全统计，在其他项目功能一致的条件下，更加合理的单项设计方案可以降低总造价的 8% 左右，甚至可达 15% 以上。

（二）设计方案间接影响工程投资

工程建设的增多，也伴随着事故发生的增多，造成事故发生的众多因素中，有 30% 是设计环节的责任。很多工程项目设计没有经过优化，实施起来各种不合理，严重影响正常的施工。有的设计质量差，各单项设计方案之间存在矛盾，施工时需要返工，这就造成投资的浪费。

（三）设计方案影响经常性消耗

优化设计不但对项目建设中的一次性投资有优化作用，还影响着后期使用时经常性的消耗。比如照明装置的能源消耗、维修与保养等。一次性投资与经常性消耗之间存在一定的函数关系，可以通过优化设计寻找两者的最优解，使整个工程建设的总投资费用减少。

二、优化设计实行困难的原因

（一）主管部门对优化设计控制不力

长期以来，设计只对业主负责，设计质量由设计单位自行把关，主管部门对设计成果缺乏必要的考核与评价，仅靠设计评审来发现一些问题，重点涉及方案的技术可行性，而方案的经济可行性则问及很少。加之设计工作的特殊性，各个项目有各自的特点，因此针对不同项目优化设计的成果缺乏明确的定性考核指标。

（二）业主对于优化设计的要求程度不高

由于业主对于工程建设认识的局限性，他们习惯性地把目光放在施工阶段，而对设计阶段关注不多。出现这种现象的原因有：第一，在设计对投资影响力方面认识不足，只知道如何在设计上省钱，减少虚拟投入，而不知优化设计可以带来更多的经济利益和更好的工程建设；第二，在设计单位的选择上比较马虎，有些方案虽然通过招标等方式通过，但是方案的设计并不完善，很难对其进行综合评估；第三，业主本身专业知识不够，对于优化设计难以提出有价值的要求或建议；第四，某些业主财大气粗，根本不在乎对设计进行优化，项目建设只追求新颖。这些都是优化设计得不到开展的因素。

（三）优化设计的开展缺乏必要的压力和动力

目前的设计市场凭的是行业经营关系，缺乏公平竞争，设计单位的重心不在技术水平的提高上，只保证不出质量事故，方案的优化、造价的高低，关系不大，使优化设计失去压力。现在的设计收费是按造价的比例计取，几乎跟投资的节约没有关系，导致对设计方案不认真进行技术经济比较，而是加大安全系数，造成投资浪费。设计单位即使花费了人力、物力，优化了设计，也得不到应有的报酬，从而挫伤了优化设计的积极性。

（四）优化设计运行的机制不够完善

优化设计的运行需有良好的机制作为保证。而目前的状况：第一，缺乏公平的设计市场竞争机制，设计招标未能得到推广和深化，地方、部门、行业保护严重；第二，价格机制扭曲，优化不能优价；第三，法律法规机制有待健全。

三、搞好优化设计的建议

（一）主管部门应加强对优化设计工作的监控

为保证优化设计工作的进行，开始可由政府主管部门来强制执行，通过对设计成果进行全面审查后方可实施。《建设工程质量管理条例》的配套文件之一《建筑工程施工图设计文件审查暂行办法》（以下简称《办法》）早就由住房和城乡建设部颁布施行，《办法》的落实将对控制设计质量提供重要保证。但《办法》规定的审查主要是针对设计单位的资质、设计收费、建设手续、规范的执行情况、新材料新工艺的推广应用等方面的内容，缺乏对方案的经济性及功能的合理性方面的审查要求。因此，第一，建议建设行政主管部门加大审查力度，对设计成果进行全面审查；第二，加强对设计市场的管理力度，规范设计市场；第三，利用主管部门的职能，总结推广标准规范、标准设计、公布合理的技术经济指标及考核指标，为优化设计提供市场。

（二）加快设计监理工作的推广

优化设计的推行，仅靠政府管控还不能满足社会发展的要求，设计监理已成为形势所迫，业主所需。通过设计监理可打破设计单位自己控制质量的单一局面。主管部门应在搞好施工监理的同时，尽快建立设计监理单位资质的审批条件，加强设计监理人才的培训考核和注册，制定设计监理工作的职责、收费标准等；通过行政手段来保障设计监理的介入，为设计监理的社会化提供条件。

（三）建立必要的设计竞争机制

为保证设计市场的公平竞争，设计经营也应采用招投标。第一，应成立合法的设计招标代理机构；第二，各地方主管部门应建立相应的规定，符合条件的项目必须招标；第三，业主对拟建项目应有明确的功能及投资要求，有编制完整的招标文件；第四，招标时应对投标单位的资质信誉等方面进行资格审查；第五，应设立健全的评标机构，合理的评标方法，以保证设计单位公平竞争。

设计单位为提高竞争能力，在内部管理上应把设计质量同个人效益挂钩，促使设计人员加强经济观念，把技术与经济统一起来，并通过室主任、总工程师与造价工程师层层把关，控制投资。

（四）完善相应的法律法规

优化设计的推广要有法律法规作保证，目前已有《建筑法》《招投标法》《建筑工程质量管理条例》等实施规范，这些规范对设计方面的规定不够具体，为了更好地监督管理设计工作，还应健全和完善相应法律法规，如设计监理、设计招投标、设计市场及价格管理等，进一步规范水利工程设计招标投标，出台维护水利勘察设计市场秩序的法规。

通过优化设计来控制投资是一个综合性问题，不能片面强调节约投资，要正确处理技术与经济的对立统一是控制投资的关键环节。设计人员要用价值工程的原理来进行设计方案分析，要以提高价值为目标，以功能分析为核心，以系统观念为指针，以总体效益为出发点，从而真正达到优化设计的效果。

第六节　水利工程设计发展趋势

在经济与科技日益发展的今日，我国的城市人口急剧增加，我国的工业也取得了很大的发展，因此生活用水与工业用水的需求也日益旺盛，导致水资源越来越短缺。在如此严峻的形势面前，水利工程的设计尤显重要。水利工程主要是指通过充分开发利用水资源，实现水资源的地区均衡，防止洪涝灾害而修建的工程。由于自然因素和地理因素的影响，各个地区的气候不同，河流分布也不同，这就造成全国水资源分布严重不均匀，比如西北地区为严重缺水地区。为了满足全国各地人民的生产生活需要，我们必须大力修建水利工程，认真规划水利工程的设计，关注水利工程未来的发展趋势。

一、水利工程的设计趋势

（一）水利工程设计过程中审查、监管的力度会加大

由于媒体曝光力度的增强，国家对水利工程设计过程中的审查、监管的力度会越来越大。水利工程建设过程中要派专人监管，防止出现不合理的工程建设及建设资金被贪污，建设完成后要对工程进行严格审查，以免出现豆腐渣工程。

例如，20世纪末的长江发生全国性特大洪水，除自然灾害外，工程建设质量差也是非常重要的原因。所以，在以后的水利工程设计中，就更要借助法律和市场的手段来进行全面全方位的审查，使得水利工程的质量过硬，禁得起时间的考验。

（二）设计时突出对自然的保护

现代水利工程的设计更加注重对自然的保护，力求减少因水利工程建设而带来的生态破坏。水利水电工程对环境的影响有些是不可避免的，而有些是可以通过采取一定的措施来避免或减小的。水利工程的建设会影响到河流的生态环境，严重的话会对鱼类的生存繁衍造成影响，从而影响渔业与养殖业。水利工程建设会对上游植被造成破坏，容易造成水土流失，因此，这就要求下游平原应该扩展植被面积，减少水土流失，从而减轻下游港口航道淤积的程度。如果在建设过程中没有注意对生态环境的保护，以后不仅会导致物种灭绝，而且也会对人的身体健康造成影响。例如，葛洲坝的建成导致了中华鲟的数量减少；再例如，阿斯旺水坝施工人员没有做好建成以后对环境影响的预测，造成水坝建成以后下游水域居民大量得血吸虫病，对身体健康造成了重大危害。

（三）设计时重视文化内涵

完美的水利工程建设有利于城市美好形象树立，可丰富城市文化内涵。杭州政府重视西湖，并为西湖做出很好的规划、修整、维护，使西湖之美与时俱进。所以说完美的水利工程，不仅为杭州增添了几分自然美，也为杭州这座城市增添了浓厚的人文气息。

城市水利工程的建设不仅要注意地上建设，也要兼顾地下建设，这样不仅能防止城市内涝，而且能突出城市天人合一的文化内涵。例如，巴黎的地下水道干净、整洁，许多外国人都曾到地下水道参观，而我国在这方面仍存在很大的差距。

（四）设计过程中注意对地形的影响

大型水利工程的选址不应该在地势较低、地壳承载力较低的地区，如盆地，这样易引发地质灾害。如果选在地壳承载力较低的地区，水库中的过大拦截水量会侵蚀陡

峭边岸，可能会导致山体滑坡，再加上水位波动频繁，会导致地质结构变化，可能会引发地面塌陷，严重的可能引发地震。

（五）设计过程中应注意对周围文化古迹的保护

水利工程建设过程中可能会对文化古迹造成影响，未来水利工程的建设应该建立在不破坏或者是尽量减少对文化古迹破坏的基础上，从而保护当地风景名胜的安全。例如，三峡大坝建成之时许多文物古迹都被淹没江水当中，对中国历史文化方面的破坏很大。

二、水利工程的发展趋势

（一）大坝建设会减少，近海港口工程会增加

自三峡大坝建成后，我国大坝建设的需求量也在减少，大坝建设即将迎来低谷期。水利工程更多地开始投入近海城市港口当中，近海城市港口的开发也越来越重要。所以，以后水利工程的建设中近海港口工程会增加。

（二）水利工程的功能在不断拓展

现在水利工程的功能已经拓展到调节洪峰、发电、灌溉、旅游、航运等方面。

就拿三峡大坝来说，它的功能不仅仅是防洪灌溉，而是集防洪、灌溉、发电、旅游为一体。三峡水电站除可偿还贷款本息外，还可向国家缴纳大量税款，每年所带来的经济效益非常可观。

以往，三峡险峻众所周知，虽进行了系统处理，但是航道状况复杂，仍旧不时出现航运事故。但是，三峡大坝建成之后，万吨大船可直达重庆，通航能力增加数倍，航运压力减轻不少。

三峡大坝的建成更推动了三峡旅游热，现在去三峡旅游的人越来越多，推动了当地经济的发展。

（三）各个部门的合作会不断加强

水利工程的建设离不开地理勘探，而且会对自然环境造成一定的影响，所以，这就需要协调各方，促使各方通力合作，这样才会对自然环境的影响降到最低。首先，水文部门要通知施工部门详细解释施工地区的情况，从而促进施工人员对施工地区各种情况的了解，然后，施工部门需要采纳环保部门的意见，以减轻对生态环境的破坏程度。

（四）国外市场对水利工程建设的需求大于国内市场

近些年来由于我国西南、西北地区的水利工程趋于完善，国内市场对于水利工程的需求量越来越低。而国外某些发展中国家水资源分布不均匀，急需水利工程的建设，但其自身的水利工程建设技术不成熟。因此，我国可以去外国进行水利工程的建设，这样不仅有利于我国经济的增长，还可以促进我国与他国之间的友好关系。

水利工程不仅关系到人类的生存发展，也关系到自然界的生态平衡，只有做到经济效益、社会效益与生态效益的统一，才能把水利工程所带来的负面影响降到最低。大型水利工程建成以后，不仅会对当地的气候造成影响，而且很有可能会对全球气候造成影响。所以，这就要求在水利工程完工之后，气象部门、水文部门、林业部、国土资源局共同监控，做出预测，为及早地应对水利工程所带来的气候变化、自然灾害做好准备。水利工程有利有弊，只有让利增加，让弊减少，这样的水利工程才称得上利国利民。

第七章　水利输水工程绿色技术

第一节　绿色设计

一、绿色设计及其特点

绿色发展和可持续发展是当今世界的时代潮流，这一大趋势现在表现得越来越明显。绿色发展是我国创新、协调、绿色、开放、共享发展理念的重要内容，事关人民福祉、民族未来。抓住机遇，将绿色发展作为新的经济发展引擎，把环境约束转化为绿色机遇，是加快建设资源节约型、环境友好型社会，形成人与自然和谐发展现代化建设新格局的根本需要。

绿色发展的本质是处理好发展中人与自然的关系。生态环境是人类生存和发展的基本条件。但过去的高速发展，在获得经济增长带来的巨大利益的同时，极大地破坏了这个基本条件。不但经济发展越来越受到资源短缺、资源告罄的制约，难以持续；而且人们的基本生活条件也受到严重威胁。随着全球环境问题的日益恶化，人们愈来愈重视环境问题的研究。20世纪90年代，为了寻求从根本上解决环境污染的有效方法，探索现代经济与人类可持续发展的关系，建立人—社会—环境协调发展的机制，绿色设计的概念应运而生。

绿色设计，也称为生态设计、环境设计、环境意识设计、环境友好设计等，是指借助产品生命周期中与产品相关的各类信息（技术信息、环境协调性信息、经济信息），利用先进的设计理论，使设计出的产品具有先进的技术型、良好的环境系统性以及合理的经济性的一种系统化设计方法。其基本思想是，在设计阶段就着眼于人与自然的生态平衡关系，在设计过程的每一个决策中都充分考虑到资源节约与环境效益，将环境因素和预防污染的措施纳入产品设计之中，将环境协调性作为产品的设计目标和出发点，力求使产品对环境的影响减至最小。绿色设计不仅是一种具体的方法与技术，更重要的是一种理念上的变革。从某种程度上来讲，绿色设计决定着绿色发展。

水资源问题不仅涉及区域有限资源的合理利用，还是环境问题的主要根源。水利工程设计师的任务也从过去单一的防洪排涝工程设计转向防洪排涝、引调水及水生态环境治理工程设计，国家水利工作重点也要从工程水利向资源水利和环境水利转变。长距离输水工程一般规模较大、线路长、征迁移民占地较多、建设周期长，对区域环境会产生一定的影响，尤其是水资源时空重新分配对水环境产生较大影响。因此，在其寿命周期全过程的设计中，除满足功能、质量和成本外，还要用绿色设计的理念充分考虑对资源和环境的影响，使工程建设过程中及投入运行后对资源和环境的总体负影响减到最小，提高工程的绿色属性，这对水利行业可持续发展、人水和谐以及生态环境改善具有重要意义。

二、长距离输水工程绿色设计原则与方法

绿色设计具有明显的多学科交叉融合特性，且目前绿色设计的实践经验和知识还不是很丰富，水利长距离输水工程设计更是如此。目前的产品设计考虑的主要因素是产品的功能、寿命、质量和经济性等，而对产品的绿色特性考虑较少。这主要是因为，一方面，缺少绿色设计所必需的知识、数据、方法和工具；另一方面，由于绿色设计本身涉及产品的整个生命周期，其实施过程非常复杂和漫长。因此，在这种情况下，指导和开展绿色设计过程的有效方法就是系统地归纳和总结旨在提高工程设计产品的"绿色度"所必须遵循的设计原则和方法。

（一）绿色设计原则

绿色设计是集产品质量、功能、寿命和绿色属性于一体的设计体系。不同的产品，对环境的影响和作用也不尽相同。以下是根据长距离输水工程生命周期设计、招标投标、采购、施工、运行管理、废弃回收与利用五个阶段的特点，归纳总结的绿色设计原则。

1. 设计阶段

（1）工程项目应符合国家有关水利政策和发展思路。

（2）遵循"节水优先"的根本方针，调水先节水，保障水资源的可持续利用。受水区应建立健全节水激励机制和市场准入标准，强化节水约束性指标考核，推进节水型社会建设，以水定需；在项目规划或可行性研究的基础上，论证取用水合理性、项目供水能力和实际供水量，评价水源水质和取水口设置的合理性。

（3）根据具体工程的线路特性，选择合适的线路、输水方式、泵站级数及隧洞、渡槽等建筑物形式和性能参数，以现值最低条件确定工程最优方案。

（4）产品满足供水功能性要求，保证输水安全，减少事故发生造成的资源浪费和环境破坏。

（5）根据工程线路的地形地貌、地质和地下水环境等条件，选择所适用的材料；

工程主要材料和设备（管道材料及防腐蚀措施等）的合理使用年限和更新周期与工程生命周期相适应。

（6）建筑物和设备近远期相结合、临时和永久相结合。

（7）尽量减少材料的使用量。

（8）控制和减少对原地貌、地表植被、水系的扰动和损毁，减少占用水、土资源，提高资源利用效率。

（9）土石方开挖优先考虑综合利用，减少借方和弃渣；具备条件的弃渣优先回填取土场。

（10）尽量减少拆迁和移民，维护和谐发展环境。

（11）避免使用有毒、有害成分的材料，宜选择高固体分、低 VOC 含量等环境友好型材料。

（12）增加结构强度。

（13）建筑造型不追求短暂的时尚和流行。

（14）采用一体化或容易组装与拆卸的装配结构设计。

（15）管道内防腐材料符合生活饮用水卫生标准，外防腐材料满足国家环保与安全法规的有关要求。

（16）便于使用、维修和保养。

2. 招投标采购阶段

（1）优选具有节能、环保、安全资质的承包人和制造商。

（2）尽量采购当地材料和设备，避免长途运输。

（3）材料和设备采用简易包装方式，避免过度包装。

（4）尽量减少使用发泡塑料。

（5）采用无毒、易分解、可回收再生的包装材料。

3. 施工阶段

（1）施工总体布置合理，总运输量、运距最小。

（2）选择节约材料的施工方案、工艺。

（3）施工机械设备选择应符合工程需要，满足水土保持和环境保护的要求，不应选用"三无"产品及高能耗、重污染产品，不应选用国家明令禁止和报废淘汰的施工机械设备。

（4）减少施工过程中产生的废料，提高材料利用率。

（5）临时和永久相结合。

（6）减少施工过程中废水、废气、废毒性物的排放并降低噪声。

（7）避免使用有毒、有害成分的材料。

4. 运行管理阶段

（1）建立健全工程运行管理制度，开展管理体系认证。

（2）按照调度运行方案，制定严格的操作规程，降低产生错误的概率。

（3）工程系统各工况节能运行，提高能源使用效率。

（4）加强环境保护，水质监测设施投运正常。

（5）实行安全生产标准化，保证工程输水安全。

（6）创建水利风景区，做到水清、岸绿、景美。

（7）尽量减少运行与管理产生的污染排放。

（8）尽量使用可被生物分解的润滑油、液压油等材料。

5. 废弃与回收利用阶段

（1）引导并便于业主进行资源分类与回收，制订回收与废弃方案。

（2）建立完善的回收系统。

（3）尽量促使资源回收及循环再生。

（4）选择最适当的废弃物处理方式。

绿色设计原则仅仅是绿色设计思想的宏观表达，不同的长距离输水工程的工程规模、目标、建筑物组成、输水方式等存在较大差异，要使这些原则的应用更符合实际的绿色要求，则必须针对具体项目的工程系统特性进行设计原则的细化，这样既可使绿色设计具有可实施性，又能使设计过程真正满足绿色设计的要求。

（二）生命周期设计方法

长距离输水工程生命周期设计就是在产品初期阶段考虑产品生命周期全过程的各个环节，包括设计（含项目建议书、可行性研究、初步设计、施工图设计）、施工、设备采购、工程运行管理、设备检修和更新，直到废弃后回收，以确保满足产品的绿色属性要求。综合考虑和全面优化产品的功能性能（F）、生产效率（T）、品质质量（Q）、经济性（C）、环保性（E）和能源资源利用率（R）等目标函数，求得其最佳平衡点。

1. 生命周期设计主要目的

（1）在工程设计的前期阶段（如项目建议书阶段），尽可能预见产品全生命期各个环节的问题，并在设计阶段加以解决或设计好解决的途径。

（2）在工程设计的立项阶段（如可行性研究阶段），对产品全生命周期的所有费用（包括运行管理费和设备报废处理费用等）、资源消耗和环境代价进行整体分析研究，初步选定绿色设计方案，最大限度地提高产品的经济效益和社会效益。

（3）在初步设计阶段，结合工程功能性、经济性设计，复核并优化自然资源利用和环境保护措施设计方案，确定节水与水资源利用、节能与能源利用、材料选择与利用、征地与移民、安全保障、环境保护与水土保持、工程施工、运行管理直到产品报废回收、设备维修与更换、再利用或降解处理的全过程绿色设计方案。

（4）在施工图设计阶段，细化及落实绿色设计方案，以积极、有效地利用和保护资源、保护环境、创造友好环境，保持人类社会经济生活的可持续发展。

2. 生命周期设计特点

生命周期设计就是谋求在整个生命周期内资源的优化利用，减小和消除环境影响。生命周期设计的特点包括以下方面的内容。

（1）产品设计面向生命周期全过程，包括从项目策划至设备报废、工程废弃后的处理处置全过程中的所有活动。

（2）资源和环境需求分析应在产品设计的初期阶段进行，而不是依赖于末端处理。要综合考虑资源、环境、功能、投资、美学等设计准则，在多目标之间进行权衡，做出合理的设计决策。

（3）产品的设计任务涉及广泛的知识领域，需实现多学科、跨专业的合作设计与技术开发。

（三）并行绿色设计方法

并行工程是新的产品开发的一种模式和系统方法，它以集成、并行的方式设计产品及其相关过程，力求在产品设计初期就考虑产品生命周期全过程的所有因素，并最终使产品达到最优化。并行工程的方法对绿色设计的实施有着重要的支撑作用，并行绿色设计实质上是"绿色"与"并行"有机结合的先进设计技术，可以充分体现绿色化、并行化、集成化的整体优势。并行绿色设计具有以下特点。

1. 设计目标的一致性

在产品设计过程中，综合考虑产品的功能、进度、质量、投资、环境和服务特性，使产品既满足功能方面的使用特性，又符合施工、运行维护和废弃处置等方面的环保要求。

2. 设计过程的协同性

设计过程的协同性主要表现为从产品设计初期就考虑其生命周期全过程的各相关因素，包括技术方案设计、结构设计、工艺设计、资源利用、工程施工、设备制造及安装、运行维修、废弃处理等过程。应用并行设计方法在产品设计的各阶段并行交叉进行，可以及时发现、协调与其过程不合理之处，并进行改进、评估和决策。

3. 设计信息的集成性

从产品设计初期就充分考虑影响产品的各种因素，且重点关注资源利用和影响环境的因素。在计算机支持的协同工作环境中实现信息资源的集成和共享，使相关专业人员及时接收和使用设计资料，便于协同进行优化设计和加快设计进度。

4.专业的多样性

长距离输水系统涉及水文、地质、规划、水工、水力机械、电工、金属结构、移民、水土保持、环境保护、施工组织设计、工程概算、工程管理、经济评价等专业，对于设计人员的素质要求较高，既要求各专业设计人员除完成本专业的技术工作外，还要做好设计流程中的专业衔接和交叉配合，每个专业都应具有较强的资源节约和环保意识。

第二节　绿色调水工程评价方法

绿色评价是判断产品绿色属性是否满足预期需求和目标的重要环节和方法，绿色评价方法是比较同类产品绿色性能的参考标准。绿色评价对于指导绿色产品的过程控制、改进和优化设计及运行方案具有重要的作用。

但现在开展绿色评价工作的水利工程项目为数不多。作者根据调水工程的特点，对绿色输(调)水工程的评价方法和内容进行了初步探讨，以期对加快建设资源节约型、环境友好型社会，推进水利工程建设的可持续发展，开展该类工程的绿色设计和综合评价有所参考或帮助。

一、评价基本条件

（1）绿色输（调）水工程的评价以单项工程或总体工程为评价对象，评价对象应符合国家基本建设程序和相关规程、规范和标准的强制性条文的规定。

（2）绿色设计应遵循调水工程全生命周期设计原则，并坚持绿色设计与工程设计同时进行；绿色设计选用的技术措施应与工程建设和运行同时实施。

（3）绿色输（调）水工程的评价分为设计评价和综合评价。设计评价在工程项目施工图审查通过后进行；综合评价在工程通过竣工验收并投入使用一年后进行。

（4）绿色输（调）水工程的评价应具备工程建设全过程的资料，包括工程设计、施工、运行各阶段的分析、测试报告和相关文件。

二、评价与等级划分

绿色输（调）水工程评价需要构建科学合理的绿色评价指标体系，应涵盖工程和生命周期全过程的整体绿色表现。绿色输（调）水工程评价指标体系的选取遵循了综合性、科学性、系统性、独立性、可操作性、定性指标与定量指标相结合、动态指标与静态指标相统一等原则。根据输（调）水工程的一般特点，其绿色评价指标体系由节水与水资源利用、安全保障、节约能源、节地移民、材料利用、环境保护与生态修复、工程施工、运行管理八类指标组成。

绿色输（调）水工程评价分为设计评价和综合评价。绿色输（调）水工程设计评价采用节水与水资源利用、安全保障、节约能源、节地移民、材料利用、环境保护与生态修复六类指标；绿色输（调）水工程综合评价采用全部八类指标。控制项的评定结果为满足或不满足；评分项和加分项的评定结果为分值。评价采用量化总得分方法确定等级，每类指标的评分总分均为100分，为体现科技创新和提高，评价指标体系还设置提高创新加分项。

指标项和技术创新项的评定结果为根据本办法规定确定得分值或不得分。评价指标体系八类指标各自的得分 C_1、C_2、C_3、C_4、C_5、C_6、C_7、C_8 按百分制折算，并按下式进行计算：

$$C_i = \left(\frac{X_i}{Y_i}\right) \times 100 \quad i = 1,2,3,\ldots,8 \tag{7-1}$$

式中，C_i 为折算分；X_i 为实际发生或条目实得分之和；Y_i 为实际发生项条目应得分之和。

绿色输（调）水工程评价的总得分按下式进行计算，其中评价指标体系八类指标评分项的权重 $\omega_1 \sim \omega_8$ 按表7-1取值。

表7-1 绿色长距离输（调）水工程评价指标权重

项目	节水与水资源利用ω_1	安全保障ω_2	节约能源ω_3	节地移民ω_4	材料利用ω_5	环境保护与生态修复ω_6	工程施工ω_8	运行管理ω_9
设计评价	0.18	0.18	0.17	0.17	0.12	0.18	—	—
综合评价	0.14	0.14	0.14	0.10	0.09	0.14	0.12	0.13

设计评价：

$$\Sigma C = \omega_1 C_1 + \omega_2 C_2 + \omega_3 C_3 + \omega_4 C_4 + \omega_5 C_5 + \omega_6 C_6 + C_{创新} \tag{7-2}$$

综合评价：

$$\Sigma C = \omega_1 C_1 + \omega_2 C_2 + \omega_3 C_3 + \omega_4 C_4 + \omega_5 C_5 + \omega_6 C_6 + \omega_7 C_7 + \omega_8 C_8 + C_{创新} \tag{7-3}$$

绿色输（调）水工程评价按总得分确定等级。满足评价的基本条件，依据评价得分，绿色长距离输（调）水工程等级分为一级、二级和三级。分级标准如下：

一级：总体评价得分大于等于80分；

二级：总体评价得分大于等于70分；

三级：总体评价得分大于等于60分。

总体评价得分小于 60 分或某一单项指标评价小于 60 分的，为不达标。

三、节水与水资源利用

（一）控制项

（1）遵照国家有关方针、政策，符合已批复的水资源规划、防洪规划和流域综合规划。

（2）受水区应按照《节水型社会评价指标体系和评价方法》开展节水型社会建设评价。考虑水资源的节约、水生态环境保护和水资源的可持续利用，符合建设节水型社会的要求。

（3）调水工程的供水保证率应符合《调水工程设计导则》的相关规定。

（4）正确处理调入区与调出区水资源开发利用、国民经济发展与生态环境保护的关系。

（二）评分项

（1）调入区按照《节水型社会评价指标体系和评价方法》开展节水型社会建设。对综合评价结果为优秀、良好、基本合格、不合格的分别评分。

（2）调入区再生水供水系统建设，按再生水利用率和与之配套的再生水供水管网覆盖率来评价。

（3）通过调水工程调出区（水源）和调入区水资源供需分析，确定满足工程任务和供水保证率的设计调水量，将水资源环境承载力作为刚性约束，以水定人、以水定产，用最严格的水资源管理制度守护水安全底线。

（4）结合可调水量、水质状况和受水区水资源配置，将调入区、调出区作为一个整体供水系统，建立涵盖水源工程、受水区、供水对象、需调水量过程及可能的调水组合方案和供水系统网络节点图。

（5）进行调出区、调入区区域用水与最严格水资源管理制度的符合性分析。

（6）水生态保护和改善措施落实。将河道生态流量（湖库生态水位）作为调水工程调水量确定的重要参考，维持河湖基本生态用水需求，重点保障枯水期生态基流；建立调水工程对水源地的生态补偿机制，以调入水源替代超采地下水，水生态环境持续改善。

（7）水情监测，监测设施采用水文自动测报仪。

四、安全保障

（一）控制项

（1）调水工程安全保障应包括工程安全、水质安全、防洪安全、人身安全、消防安全，工程建设、运行及管理应符合国家现行相关标准中强制性条文的规定。

（2）调水工程的规模、任务、建设标准应符合《调水工程设计导则》的相关规定。

（3）应符合国家基本建设程序。工程设计各阶段应通过行政主管部门组织的专家评审和审批，影响安全的重大变更经过原审批机关的批复；综合评价项目应通过行政主管部门组织的竣工验收。

（4）调水工程应满足用户水量和水压的要求；事故水量符合《室外给水设计规范》的相关规定。

（5）调水工程永久性水工建筑物的洪水标准应符合《水利水电工程等级划分及洪水标准》的相关规定，防洪标准应符合《防洪标准》的相关规定。

（6）消防应符合《泵站设计规范》和《建筑设计防火规范》的规定要求。

（7）工程总体布置应根据工程所在地的气象、洪水、雷电、地质、地震等自然条件和周边情况，预测主要危险因素，并统一规划，且提出调水安全保障对策及措施。

（二）评分项

（1）工程总体布局、规模和建设标准评价。包括论证并提出合理的总体布局方案和全线总体控制性指标；总体布局方案和输水方式经多方案比选；分段合理选定明渠、管涵、管道、隧洞等输水建筑物型式；沿线合理设置调蓄水库；合理确定水源工程建筑物、交叉建筑物、泵站、节制闸、泄水闸的规模。

（2）水工建筑物布置与设计满足输水功能和安全要求。包括调水工程等别和建筑物级别满足《调水工程设计导则》的规定；永久性水工建筑物洪水标准满足《调水工程设计导则》相关规定，综合分析、合理确定河渠交叉建筑物洪水标准。

（3）城市、工业供水为主的输水线路具备双线输水条件时，应优先考虑双线输水或部分双线输水。

（4）综合比较工程占地、环境影响、输水安全、施工条件、运行管理等技术经济因素，合理确定调水线路。

（5）梯级泵站串联有压运行站间流量平衡措施。

（6）水工建筑物。包括输水明渠、涵洞、隧洞、交叉建筑物按照设计流量确定过水断面尺寸，并按加大流量复核过流能力；渠顶超高满足相关标准要求。合理确定压力管涵的结构型式、过水断面尺寸、埋设深度和材料；无压隧洞断面结构和衬砌选型；

输水建筑物基础处理方案；输水工程防渗、排水设计。

（7）输水管道空气阀、真空破坏阀、泄压阀、检修阀、泄水阀、伸缩器位置，调控（流）阀、管（渠）连接设施及控制装置的设置与位置选择。

（8）明渠、大口径及长距离输水管道的过渡过程分析内容及验证计算；根据计算结果复核堤顶高程和建筑物位置，确定管道压力等级和水锤防护措施。过渡过程分析应保证输水渠各工况不发生漫堤和淹没泵站现象，节制闸、泄水闸控制可靠；水锤防护措施设计应保证输水管道最大水锤压力不超过 1.3 ～ 1.5 倍的最大工作压力；压力输水管路事故停泵后水泵反转速度不应大于额定转速的 1.23 倍，超过额定转速的持续时间不应超过 2 min。

（9）制订满足工程功能要求和输水安全的调度运行方案。内容应涵盖调水各种运行工况、运行步骤及控制参数。

（10）工程安全监测和沿线构筑物的安全设施。包括工程安全监测制度、监测内容及设施、避雷及其他安全设施。

（11）消防总体布置、建筑物消防、机电设备消防、消防给水、通风及消防排烟和消防电气的设计及实施情况。

五、节约能源

（一）控制项

（1）调水工程节能应符合国家现行相关标准中强制性条文的规定，体现节约能源的原则，使节能与技术要求统一。

（2）根据调水工程内容以及所在地自然条件、工程任务与规模、能源供应状况、国家和地方制订的节能中长期规划和节能目标等，合理确定工程节能设计原则和措施。

（3）优先选择标准的、国家推荐的高效节能设备，满足国家或行业对设备能效限定值和节能指标评价的规定。当采用非标准设备时，其效能指标应经过必要的论证和优化。

（4）不应采用电直接加热设备作为供暖空调系统的供暖热源和空气加湿热源。

（5）输配系统、冷热源和照明等各部分能耗应进行独立分项计量。

（6）在满足设备操作、检修、巡视等功能前提下，厂房或房间的照明功率密度值不得高于《建筑照明设计标准》的规定。

（二）评分项

1. 输水系统

（1）调水工程输水线路总体布置应考虑取水点的取水条件、取水点与收水点的天然落差、输水沿线的地形条件，对首部取水工程、输水系统及泵站水力系统设计进行优化，总体布置优化应综合工程投资和运行管理费用等因素，通过几种可能方案的全面分析对比，合理确定。

（2）根据输水条件合理确定输水方式，优先考虑重力输水。

（3）梯级泵站布置应按总功率最小原则，并结合地形地质条件、各级调蓄水库控制水位、泵站进水池水位等经综合比较确定；各级泵站设计扬程应相近，并尽可能降低扬程；在满足机组选型、输水管道承压情况下，尽量减少泵站级数。

（4）明渠、暗渠、隧洞、渡槽等建筑物的型式、纵坡、糙率、断面尺寸、材料和衬砌方式的选择，应对工程量、能耗进行比较后合理确定。明渠尽量采用半挖半填。

（5）根据水力过渡过程计算结果，经方案比选优先采用节能的管材和水锤防护措施。一般不宜采用管路中间增设一个或多个止回蝶阀降低水锤升压的防护方式。

（6）梯级泵站间的流量应平衡，正常运行期间尽量避免产生弃水。

2. 建筑与围护

（1）根据当地自然环境、不同建筑物的使用目的及使用要求等确定各类建筑物的节能设计原则，合理确定各类建筑物的能耗标准。

（2）地面建筑物应在技术和经济合理的基础上降低对采暖及制冷负荷的要求，提高采暖、制冷、通风及照明设施的能源利用率。

（3）地下建筑物应充分考虑到机电设备和人员所需要的运行环境、空气温度、湿度及采光的要求，通过优化设计来实现节能目标。

（4）调水工程的附属建筑物、生活及办公建筑物的节能设计应符合国家有关标准要求。宜充分利用地热资源，并根据环境条件合理利用太阳能、风能和水能等。

（5）寒冷地区有冬季运行要求的水工建筑物启闭机房有围护结构保温措施。

（6）根据建筑物的不同功能要求，在其他条件相当的情况下，采用节省或降低能源消耗的建筑物型式，宜用耐久性好的建筑材料。

3. 水力机械设备

（1）水泵应根据其运行扬程范围、运行方式及供水目标、供水流量、年运行时间等，通过技术经济和能耗综合比较，合理确定其结构、单机流量及装机台数，使长期运行的综合能耗最小。

（2）水泵和阀门的流道结构应合理、水力性能好、阻力系数小。

（3）水泵效率符合国家对机电设备能效限定和节能评价的有关规定。

（4）在平均扬程时，水泵应在高效区运行；在整个运行扬程范围内，水泵应能安全、稳定运行。当水泵运行扬程变幅较大或需要调节水泵流量时，宜采用变速调节；一般不宜采用调整阀门开度、增加局部损失的调节方式。

4. 电气设备

（1）优先选用国家推荐的低损耗系列电力变压器产品，降低长期运行电能损耗。

（2）根据被驱动装置的特性和用途，合理配置电动机的型式、参数。标准产品应优先采用国家推荐的节能电机。泵站水泵配套电动机的型式，应在充分考虑供电系统状况、供水系统的运行要求后，经技术经济比较确定。当电网系统需要无功补偿时，大型电动机应优先采用稳定性好、运行效率高的同步电动机，并采用适当的启动方式，降低启动过程中的激磁电流。

（3）应用在变负荷调节场合的电动机，宜考虑变速调节技术。

（4）根据对照明特性的要求，优先选用国家或行业推荐的新型高效节能灯具。应对照明系统设计进行优化，合理配置照明线路、照明灯具的位置、数量和照明强度，符合国家建筑照明设计标准的要求。在生产、运行的厂房内的一般照明，宜按类别分区分组在照明配电箱内集中控制；对经常无人值班的场所、通道、楼梯间及廊道出口处的照明，应装设单独的开关分散控制；室外照明应设照明专用控制箱。对非常规监视区域照明开关应采用声光控或延时开关。

（5）优化电气设备布置，降低动力电缆的输电损耗。合理选择输电线路材料和截面，降低输电线损率。工程沿线高低压供电有功损耗和无功损耗低，变压器台数、大小合适。

（6）合理选择控制设备所需要的控制电源形式，优先采用以计算机、PLC 为控制核心的弱电控制设备，降低控制回路能耗。

（7）选择安全、稳定、可靠、低能耗直流系统控制电源。

（8）全系统实现自动化控制，执行节能调度运行、节能监测、监控。

5. 金属结构设备

（1）泵站应优先采用节能的断流方式。

（2）寒冷地区的闸站防冰、防冻方案在满足安全、可靠的前提下，方案比选应考虑长期运行节能的要求。

（3）管道附件、各类阀门应优先选用水力损失小的设备。

6. 暖通空调及给排水系统设备

（1）根据建筑物规模和运行环境要求，合理确定通风系统规模和通风机容量、数量配置，优先选择国家推荐的高效节能型风机。

（2）条件允许时应优先采用自然通风。

（3）合理确定工程所在地区的采暖期和供暖耗热指标，合理确定工程各区域要求的采暖温度，针对不同供暖区域选择采暖形式。有条件的宜优先采用太阳能采暖和充分利用地热资源。

（4）采用水采暖时，应采用国家推荐的高效节能型锅炉和热交换性能高的散热片，并对供水管网的材料、敷设方式、管道保温措施等进行优化，提高室外管网的热输送效率。

（5）泵站主厂房宜充分利用电动机的热风采暖。

（6）根据设备布置和运行人员工作要求，合理布设热（冷）空气调节系统。根据当地夏季室外空气参数，合理确定空调系统的制冷量要求。

7. 施工方案

（1）优化施工组织设计，按照运距最短、运行合理的原则进行施工厂区的布置，降低施工过程各种能耗。

（2）优化施工方案，根据项目施工特点合理选择施工机械和设备，使其能够得到充分利用，提高施工机械和设备的利用率。

（3）施工供水宜采用自流水源，并应优化工艺过程，使施工生产及生活用水尽量做到重复利用，节约水资源。

（4）施工中应尽量做到挖填平衡，充分利用开挖料，合理利用混凝土模板，提高模板的周转次数。并应统筹规划堆渣、弃渣场地。

（5）施工排水及照明应选择高效节能设备。在条件具备时，施工排水宜采用自流排水方式；照明应按工作要求分区布置和控制。

（6）料场的规划及开采应使料物及弃渣的总运输量、运距最小，应首先研究利用工程开挖料作为坝体填筑料及混凝土骨料的可能性。

六、征地移民

（一）控制项

（1）征地移民应遵循国家现行的法律法规和相关政策。

（2）依据国家批准的建设征地移民安置规划及有关设计文件，按照国家有关建设征地报批程序，办理建设征地的相关手续。

（3）在工程实施阶段应优化工程布置和施工组织设计，尽量减少征地与移民数量。

（二）评分项

（1）节约用地评价。输水线路方案比选考虑工程占地影响因素，在不改变河道、湖泊防洪调度原则的情况下，优先利用现有河道、湖泊及渠道、隧洞、渡槽等建筑物输水。

（2）征地移民范围评价。

（3）沿线输水线路区实物指标调查应经相关文物部门审查通过。

（4）占压矿藏调查经相关国土资源部门审查通过。

（5）沿线地面附着物及城镇地下公共设施和地下市政管道等专项设施调查属实情况。

（6）移民安置规划、城镇迁建规划、工业企业迁建、专业项目恢复改建和防护工程设计及水库水域开发利用规划。

（7）征地和移民政策落实情况。

七、材料利用

（一）控制项

（1）不得采用国家和地方禁止和限制使用的建筑材料和制品。

（2）调水工程的建筑物造型要素应简约，且无大量装饰性构件。

（二）评分项

（1）采用工业化生产的预制或加工构件。

（2）对地基基础、结构体系、结构构件和管道进行优化设计，达到节材效果。

（3）现浇混凝土采用预拌混凝土；建筑砂浆采用预拌砂浆。

（4）土建工程与装修工程所有部位均一体化设计；临时建筑物与永久建筑物结合。

（5）合理采用绿色和本地建材、管道和防腐蚀材料。

（6）混凝土结构合理采用高强建筑结构材料；钢结构采用高强钢材。

（7）合理采用高耐久性建筑结构材料。对混凝土结构，控制高耐久性混凝土用量占混凝土总量的比例；对钢结构，采用耐候结构钢或耐候型防腐涂料。

（8）尽量采用可再利用或回收、可再循环材料或装置。

（9）根据沿线水环境，采用合理、可靠的防腐蚀、防侵蚀保护措施。

八、工程施工

（一）控制项

（1）建立绿色调水项目施工管理体系和组织机构，并落实各级责任人。

（2）施工项目部应制订绿色施工过程的环境保护计划以及施工人员职业健康安全管理计划，并组织实施。

（3）施工项目部应制订施工过程节材、节水、节能、节地和环境保护方案，并组织实施。

（4）施工前工程技术交底应包含绿色调水施工的内容。

（二）评分项

（1）施工组织设计应有专门的绿色施工章节，绿色施工目标明确，内容涵盖"四节一环保"要求（节能、节地、节水、节材和环境保护）。充分考虑建设期与运行期、近期与远期、临时与永久的结合；施工导流建筑物级别、设计洪水标准根据建筑物类型和级别选用合理；施工总布置结合调水工程线性特点全线、分段、分区统筹考虑，合理利用地形和施工条件，施工设施布置紧凑，满足施工总进度和施工强度要求；取水建筑物、泵站、调蓄水库、输水明渠、隧洞、管涵、输水管道、交叉建筑物、控制建筑物工程的施工，应执行相关标准规定。施工方案、施工设备选型和"四节一环保"措施同时实施。

（2）采取洒水、覆盖、遮挡等降尘措施，设置围挡减少光污染；施工作业面采取有效的隔声降噪措施，现场设置噪声监测点，并实施动态监测；危险品、化学品存放处及污物排放应采取隔离措施；出场车辆及机械设备废气排放应符合国家年检要求；工程污水实现达标排放，对混凝土有中、强腐蚀性的施工排水不得对工程沿线建筑物、农作物等造成有害影响。

（3）施工现场供水、排水系统合理适用，采用节水施工工艺；混凝土和砂浆拌和用水、养护用水应合理，并有节水措施；保护施工场地四周原有地下水形态，基坑降水尽量储存使用，减少对地下水的抽取。

（4）根据工程沿线建筑物的分布及对天然建筑材料的需求选择多个料场进行比选，综合考虑天然建筑材料的位置、储量、质量、可采率、开采范围、开采深度及运输条件等因素确定；土石方施工尽量减少土石方开挖和回填量，充分利用土石方开挖料回填基坑；优先采用预拌混凝土和砂浆，采取措施减少预拌混凝土和钢筋的损耗，使用工具式模板并增加模板周转次数；输水管道施工排管方案力求合理，减少管材损耗，多余管道妥善保管和处理。

（5）施工机械设备选择符合工程需要、类型和数量与施工工序匹配合理，满足水土保持和环境保护的要求，不选用"三无"产品、高能耗产品、重污染产品以及国家明令禁止和报废淘汰的产品；选用运输距离较短的材料，减少运输能源消耗，合理安排施工工序和施工进度，采用能耗少的施工工艺；施工区、办公及生活区采用节能型设施设备，合理使用自然采光、通风等方式。

（6）施工临时用地有审批用地手续；施工场地布置紧凑合理并实施动态管理，尽量减少占地；采取防止水土流失的措施，充分利用山地、荒地作为取、弃土场的用地；土石方施工方案尽量做到挖填平衡，减少施工占地，施工完成后进行地貌复原。

（7）实施设计文件中绿色调水工程重点内容；严格控制设计文件变更，避免出现降低工程绿色性能的重大变更；施工过程中采取措施保证工程的耐久性；工程竣工验收前，由建设单位组织有关责任单位，进行调水全系统的综合调试和联合试运行，结果符合设计要求。

（8）施工日志以及检测、监测绿色调水重点内容实施情况的记录完整。

九、运行管理

（一）控制项

（1）制定并实施安全、环保、节能、节水、节材、节地和绿化管理制度。

（2）工程运行过程中产生的废气、污水等污染物应达标排放。

（3）制订调水期间安全事故应急预案。

（4）供暖、通风、空调、照明等设备的自动监控系统应工作正常，且运行记录完整。

（5）制定垃圾管理制度，合理规划垃圾物流，对生活废弃物进行分类收集，垃圾容器设置规范。

（二）评分项

1. 管理制度

（1）制定并实施节约资源、保护环境的绿色调水建设管理制度；配备专兼职管理人员；定期组织所有人员进行绿色调水理念相关业务培训、绿色知识的普及。

（2）按照节约用地、利于管理的原则确定调蓄水库、明渠、泵站、暗渠、管道、交叉建筑物、水闸、隧洞等建筑物工程管理范围和保护范围。

（3）创建国家、省级水利风景区评价。

（4）安全生产标准化达标评级。

（5）实施能源资源调度管理激励机制，管理绩效与节约能源、提高经济效益挂钩。

（6）调度运行操作规程、应急预案等完善，体现节约资源和保护环境且有效实施；工程沿线相关设施的操作规程在现场明示，操作人员严格遵守规定。

（7）具有完整的工程各监测项目的监测技术要求，监测设施投运正常，供水实行计划管理。

（8）制定垃圾管理制度，对生产、生活废弃物进行分类收集；工程运行过程中产生的废气、污水等污染物应达标排放，尽量使用可生物降解油料；节能、节水设施工作正常，且符合设计要求；供暖、通风、空调、照明等设备的自动监控系统应工作正常。

（9）工程设施已建立完善的检修维护制度，记录完整，运行安全。

（10）建立绿色教育宣传机制，编制绿色设施使用手册，形成良好的绿色氛围。

2. 技术管理

（1）定期检查、调试沿线输水工程及泵站、水闸等建筑物设施和设备，并根据运行检测数据进行设备系统的运行优化。设施和设备的检查、调试、运行、标定记录应完整；制订并实施设备能效改进等方案。

（2）对空调通风系统进行定期检查和清洗。

（3）定期进行水质检测，水质和用水量记录完整、准确。

（4）消防和灭火设施要定期检查和更新。

（5）应用信息化手段进行管理，建筑工程、设施、设备、部品、能耗等档案及记录齐全。

3. 环境管理

（1）采用无公害病虫害防治技术，规范杀虫剂、除草剂、化肥、农药等化学药品的使用，有效避免对土壤和地下水环境的损害。

（2）栽种和移植的树木一次成活率、植物生长状态、工作记录和现场观感评价。

（3）垃圾收集站及垃圾间不污染环境，定期冲洗、及时清运和处置。

（4）实行垃圾分类收集和处理评价。

十、提高创新

（一）一般规定

（1）进行绿色调水工程评价时，应按规定对加分项进行评价。

（2）加分项的附加得分为各加分项得分之和，并限制最大加分值。

（二）加分项

（1）工程总体布局充分考虑沿线地形、地貌、环境、资源等特征条件，进行综合技术经济比选，显著提高能源资源利用效率，节约投资。

（2）水泵设计效率高于国家相关标准1%以上或运行效率高于设计效率1%以上。

（3）建立梯级泵站调度集控中心并实现优化调度，节能效果显著。

（4）运行期实行用能考核、节能监控、能效评价并有明显效益的。

（5）运行期对各输水建筑物（明渠、暗渠、管道等）进行损失率或漏损率监测，漏损率低于同行业标准1%的。

（6）采用多功能、一体化等新技术、新结构、新材料和新设备，绿色特性显著。

（7）因地制宜地采取节约资源、保护生态环境、保障安全的其他重要创新，并有明显效益。

第三节　输水工程绿色技术

一、节能技术研究

长距离大型输水工程作为重要的基础设施，一般涉及的建筑物型式种类繁多，如引水闸、节制闸、倒虹吸、提水泵站、加压泵站、输水明渠、渡槽、管道、输水暗渠、隧洞、分水闸、管道分水口、调节水池等；输水方式常见的有无压重力流输水、加压输水、有压重力流输水，以及多种输水方式的结合等。大型长距离输水工程往往是多级提水和加压泵站、多种输水方式和建筑物型式组成的复杂输水系统，在建设期和运行期的能耗成本往往占很大的比例，且不同输水系统方案之间的能耗成本差别也较大。因此，节能降耗是工程总布置方案比选条件之一，节约能源和能源利用是评价输水工程绿色度的重要指标。

但大型调水工程系统总体布局复杂、输水线路长、组成建筑物多、建设周期长，以及目前我国在长距离大型输水工程的规划设计、设备制造、施工和运行管理等方面存在的不合理现象和不同程度的技术差距，造成了工程能源浪费、利用效率低和工程运行成本高等问题。因此，在长距离调水工程系统中研究节约能源，具有特别重要的意义。

（一）线路布局与节能

长距离大型输水工程的特点是输水线路长，沿线地形起伏大，地面附着物复杂，需要穿越铁路、公路、河道及其他管道等设施。在输水工程的起点和终点之间，一般均有几种线路走向可供选择，各路线布局方案的管道长度和沿线复杂程度可能会有所不同。输水线路越短，管道的沿程水头损失就越小，管道沿线的地形、地物越简单，管道沿线的管配件数量越少，由管道局部变化而引起的水流紊乱就越少，局部水头损失也就越小。因此，管道的路线走向和布局，影响着管道的水头损失，从而影响着水泵的扬程和电耗。

在长距离输水工程的路线布局选择上，应在符合规划要求的前提下，尽量使管道路线顺畅、简捷，以减小管道长度和管道附件数量。同时，尽量避免管道路线穿越河道、道路等障碍物，降低局部水头损失。因此，合理进行长距离输水工程系统的线路布局，做好不同输水系统布置的方案比较和可行性分析是做好工程节能的基础。

（二）输水方式与节能

大型长距离输水往往需要消耗大量的电能，长期运转费用高。重力流输水具备了节约能源的优点。因此，当有足够的可利用输水地形高差时，首先选择重力输水方式。选择重力输水时，如果充分利用地形高差，使输送设计流量时所用管径最小，可获得最佳经济效益。管道、隧洞和暗渠均可实现重力流输水：暗渠输水方式在地形适宜时采用无压重力流；在不能自流的地段，可采用管道、隧洞进行压力流输水。

在长距离压力流输水设计中，本着安全、节约、便于施工和有利维护管理的原则，加压泵站的级数应尽量减少。随着我国经济社会的发展，与输水工程相关的水泵、管材及各类阀门和附件生产技术得到了快速提高，使得山丘区大型长距离输水工程沿途不设或少设泵站的高压输水系统成为可能。合理确定泵站扬程和级数是节能、节水的重要途径。

在地形复杂的情况下，在可利用输水地形高差较小时，或仅用重力输水不够经济，管径过大、流速过低时，可选用重力和加压组合输水方式。

胶东地区引黄调水工程任家沟隧洞、村里集隧洞、孟良口子隧洞和卧龙隧洞均为无压隧洞，桂山隧洞为压力隧洞。黄水河泵站—米山水库输水工程各级加压泵站所对应的输水系统经综合经济技术比较，均采用了加压和重力组合的输水方式，取得了较好的节能效益。

（三）管道根数与节能

除多水源供水和具有调蓄水库的情况外，大多数情况下排除了敷设一根管道的可能。敷设三根管道总水量100%的造价，大致与两根管道总水量130%的造价相当，故一般情况下，输水管以设两根，每根管道的通水量为70%左右为宜。由于事故所占的时间很短，因而绝大部分时间管道处于较低流速（正常流速的70%）下运行，较三根输水管道节约电耗，而且，在同样工程规模条件下，管道根数越少，工程投资越小。

（四）管径与节能

长距离输水工程中管径的确定对于水泵的扬程和能耗有着较大的影响，也关系着输水工程的合理性和工程的总造价。在输水量一定的情况下，管径越大，管道流速越低，能耗越小，但工程投资越大。相反，管径越小，管道流速越大，能耗越高，但工程投资越小。因此，需要通过技术经济比较综合加以分析，确定工程的经济管径，控制经济流速。

（五）管（渠）糙率与节能

国内用于长距离输水工程的管材有许多种，它们各有特点，其中常用的大口径主要管材有钢管、球墨铸铁管、预应力钢筋混凝土管（PCP）、预应力钢筒混凝土管（PCCP）和玻璃钢夹砂管。这些管材的管内壁粗糙度有所不同。

从节能的角度出发，管内壁的粗糙度越小，水在管道中的流动阻力损失就越小，所需的水泵扬程越低，就越节能。因此，应尽量选择管内壁粗糙度低的管材，如玻璃钢夹砂管。但是，在实际工程应用中，管材的选择须同时结合管道的压力等级、管径、埋深、地质条件、施工技术，以及工程造价等方面综合进行确定。

渠道的糙率和纵坡对渠道断面有直接影响，纵坡增大可减小渠道的断面面积和工程量，减少占地，但较大的流速也带来较大的水头损失。混凝土机械化衬砌在可以得到较小的糙率情况下也可减小渠道断面。因此，渠道的糙率、线路纵坡、断面尺寸、材料和衬砌方式是工程量、占地、能耗方案比选的重要因素。

（六）水泵与节能

提高水泵效率、保障水泵高效运行是降低水泵电耗、促进节能减排的重要环节。水泵的效率与水泵选型、水泵运行方式及进出水设施等有关。

长距离输水工程的能源消耗主要是输水水泵的电耗，约占总能耗的90%以上，所以水泵节能是输水工程绿色设计的重点。

输水工程的节能途径涉及线路布置，输水方式，管材、管径选择，水泵选型和运行等多个方面。长距离输水工程的节能主要应从降低水泵扬程和提高水泵效率两个方面考虑。结合长距离输水工程的实践，这两方面又可以通过输水路线的合理布局，输水方式，管材、管径的选择，以及水泵的选择和设置等多方面实现。

1. 水泵选型

水泵选型合理、可靠是确保水泵高效运行的最直接因素，是实现供水任务并且获得最佳经济效果的关键所在。水泵选型时，应满足泵站设计流量、设计扬程及不同工况输水的要求。在平均扬程时，水泵应在高效区运行；在整个运行扬程范围内，水泵应能安全、稳定运行。水泵选型方法及步骤如下：

（1）根据泵站的主要特征设计参数，确定泵站的设计流量及其净扬程。

（2）计算管路的水头损失，结合设计净扬程求得设计总扬程。

（3）由水泵性能曲线选择几种扬程满足要求而流量不同的水泵型号，根据水泵选型原则确定选择泵型的台数；当流量或扬程变幅较大时，可采用大、小泵组合搭配方案或变速调节等方式满足要求；对于梯级泵站，水泵选型除满足泵站自身的流量以及扬程的要求外，还要保证各级泵站之间的流量相协调。

长距离输水工程常用的水泵类型主要有离心泵、混流泵及轴流泵。确定水泵类型主要根据流量和扬程的要求，由于离心泵的高效区范围很大，能适应扬程发生较大的变化，因此当泵站的设计扬程大于25m时，选择离心泵较为合适。轴流泵具有扬程低、流量大的特点，通常适用于扬程 $h < 10m$ 的情况，尤其是 $h < 6m$ 时更为合适。但由于轴流泵的功率性能曲线比较陡，扬程发生微小变化时，功率和效率就会发生大幅度的变化，所以轴流泵适应于扬程低、流量小，并且扬程变化幅度小的泵站。混流泵性能介于离心泵与轴流泵之间，适用于扬程为 $6 \sim 25m$ 的场合。混流泵的功率曲线平坦，高效区的范围在离心泵与轴流泵之间，扬程变化对功率影响比较小。此外，混流泵有较好的抗气蚀性能并且管理维护非常简单等优点。

水泵的台数根据工程规模和运行工况进行技术经济比较后确定。从泵站建设投资的方面来看，无论是机电设备费用或是土建工程投资费用，都与水泵的装机数量有直接的联系，装机数量越少，那么其投资就会越小。而从年运行费用方面来看的话，一般装机数量越少，效率就会越高，泵站需要的运行人员以及维修费用就会越少，水泵的年运行费用降低。考虑到泵站的经济性以及运行调度的灵活性，水泵装机台数为 $3 \sim 9$ 台比较合理。对于流量变化比较大的泵站，水泵台数宜增加；而流量变化相对稳定的泵站，台数宜减少。为了保证水泵机组在检修时或者在发生事故时仍能满足设计流量输水的要求，必须增设一定数量的备用泵。备用机组的数量应当由供水的重要性以及年利用的小时数，同时满足机组在正常检修时的供水要求确定。对于重要供水泵站，工作机组为 3 台或者 3 台以下时，设 1 台备用机组；多于 3 台时，设 2 台备用机组。

用大、小泵组合方案对流量或扬程变幅较大的明渠输水工程调度和工况切换将带来极大方便。山东省引黄济青工程（全线明渠梯级泵站输水）、胶东地区引黄调水工程明渠段提水泵站均得到了很好的应用。

（4）根据水泵及其相应的管路配置情况，求得管路水头损失曲线以及其工作点，并查出相应的功率、效率、允许吸上真空高度等参数。

（5）校核所选择的水泵能否在最高、最低扬程工况下安全稳定运行。

（6）对备选水泵所需的建筑费用、设备费用、年运行费用等进行综合分析比较，最终确定最优的选泵方案。

2. 水泵运行方式

按照最大流量工况条件下水泵在高效区运行进行水泵选型，只能确保一个工作点在水泵性能曲线的高效范围内，并说明所选择的水泵机组能够满足输水要求。但是，长距离输水管道工程输水流量的小幅变化即会引起所需扬程较大的变化，在水泵的其他工况条件下，由于输送水量减少，所需输水压力会大幅降低。而根据水泵的特性曲线，水泵的流量降低反而会造成水泵的扬程上升。一方面，水泵其他工况条件下的工作点可能会偏离高效区，甚至偏出水泵的特性曲线，造成效率降低；另一方面，输水所需压力降低而水泵扬程反而升高会产生较高的富余水头，浪费能源。所以，采用调速运行调节方式尤为重要。通过调整水泵的转速改变水泵的性能曲线，可以使水泵在各工况工作点位于其高效区，满足输水工程中的流量和扬程变化，可以有效降低水泵的轴功率，达到节能的目的。因此，在确定了调速泵和定速泵的台数以后，在工程实际运行时，各工况条件下调速泵和定速泵的组合及参数的确定等运行方式也是节能的关键。

3. 水泵传动效率

水泵机组机械传动方式的选择是否合理直接影响传动效率。在电机转速能够满足水泵运行工况的情况下，间接传动尽量改为直接传动。

当水泵工况变化较大，电机又无法调速时，可将直接传动改为间接传动。此时，尽管传动效率有所下降，但水泵效率、管路效率能有所提高。

4. 水泵的进出水设施

水泵的进出水管路应短而直，尽量减少不必要的管道附件，以降低水头损失，提高水泵效率。进出水弯头应采用偏心渐变弯头，保证水泵进出水口平顺衔接。

对于设有前池的泵站，前池的流态对水泵的安全运行及效率有很大影响。水池的形状及尺寸设计需合理，可采用折线型或曲线型的池型，并合理控制扩散角的大小，避免、限制在池内发生漩涡、回流、脱壁等不良水力现象。同时，可采取设置导流墩等措施，改善进水条件，提高水泵效率。

5. 水泵的安装及运行管理

水泵的安装精度、运行控制和维修保养等也对提高水泵效率，节约能耗有着一定的影响。在水泵安装时应选用经验丰富的施工单位，并加强施工管理。在水泵的运行过程中，应选用先进的控制仪表，实行自动监测，通过 PLC 实现最佳控制，合理调整工况，保证高效工作。同时，应加强水泵的维修保养。水泵运行一段时间后必将产生磨损，增加泵内的能量损失。为保证水泵能长期高效工作，应加强监督，及时进行维护保养，定期进行小修和大修，并更换损坏的零部件。重点监测的对象是水泵的叶轮、口环、填料、轴承和地脚螺栓等。

（七）管道附件与节能

检修阀门、减压阀、调流阀、伸缩器、止回阀等管道附件对输水系统的安全运行及效率有很大影响。输水管道气泡积聚会造成较大的水头损失，产生气阻并减小出水量，除隆起点和坡度转折点必须设置进排气阀外，连续升坡或平直管道每 1000m 之内都必须装进排气阀。

检修阀门、减压阀、调流阀、伸缩器、止回阀等管路附件的局部阻力系数很大，运行时必然会消耗大量的能量。因此，尽量减少长距离输水管道中的阀门及管路附件数量也可节能。管路进口和出口可采用喇叭口；闸阀尽可能处于全开状态；低扬程离心泵、混流泵可取消闸阀；水源泵站在扬程较低、有条件时可以不用单向阀。取消止回阀后，突然停泵使水倒流造成电机逆转的最大数在正常转速的 1.24 倍之下，一般不会因取消止回阀而造成意外事故。止回阀的局部阻力系数根据不同管径在 2 ~ 5，常用流速下，不同止回阀可节约 15 ~ 20 kWh/ 万 m³ 能耗。止回阀最适用闸阀、偏心半球阀，ROTO 阀等全流道阀门，因为全通径阀门水头损失比较小，不产生紊流和汽蚀现象，同时大大缩短了阀后的流量计、压力传感器等设备与进修阀的安装距离。

（八）变配电系统与节能

变配电系统设计的节能问题可从以下几方面考虑。

1. 高低压供电

决定高低压供电方式主要看电机功率的大小与外电网的电压和分布情况。功率大的电机如用低压，线路的有功损耗要比高压供电时大得多，因而一般希望采用大功率电机。

2. 变压器容量

变压器容量的大小要合适。当负荷系数小于 40% 时，空载损耗大；反之，当负荷系数大于 70% 时，则负载损耗大，一般希望选择的负载系数在 60% 左右。

采用低损耗变压器，可较大地减小变压器的损耗。

3. 线路损耗

变电所位置尽量紧靠负荷中心以减小线路损耗。

（九）节约用水与节能

采用合理的管道充水方式，有条件时通过自流充水、减少事故弃水、一水多用、循环用水等手段节约用水，山丘区尽量不采用打深井充水等都是大型长距离输水工程的节能措施。

（十）工程施工与节能

长距离输水工程总体呈线状分布，渠道和管道施工总布置采取分散布置、泵站和水库等建筑物集中布置是节能的合理方案。工程开挖料作为渠堤填筑料及混凝土骨料、土石方挖填平衡、堆渣和弃渣场地选择、总运输量和运距最小等是施工节能优化的重要因素和条件。

施工设备应满足高效节能，明渠、暗渠、管道工程各工序设备类型和数量匹配合理。隧洞钻爆法施工时，施工支洞的间距不宜超过 3km，且长度尽量短；根据长隧洞断面大小、纵坡方向及施工机械选择合理的弃渣运输方式和设备对节能降耗影响较大。

（十一）工程管理与节能

长距离输水工程的节能直接关系到工程效益的发挥，工程管理节能主要包括以下几方面。

（1）建立覆盖工程范围的信息自动化调度管理系统，并确保可靠运行是工程安全和节能的基础。实现数据采集、设备控制、测量、参数调节以及信号报警等功能，完成输水工程系统梯级泵站、渠道、管道等建筑物设备和工程运行情况的自动、安全监控。做到"无人值班，少人值守"，事故报警及处理指令自动及时，防止大量失水。

（2）优化调度运行方案和操作规程，实现工程系统梯级泵站间的顺序启停和流量调节。保证工程系统安全运行，减少事故和弃水发生，增加能源利用率。

（3）在满足供水目标的同时，追求耗电量最低。控制梯级泵站开停机流程，泵站调速泵、定速泵、大小泵工况调节和高效运行，沿线输水系统建筑物水位、流量、压力和清污机等设备的监测和控制，使全系统运行总功率最小。

二、绿色水压试验技术与装置

（一）一体化绿色水压试验技术与装置

1. 水压试验基本要求

管道功能性试验作为给排水管道施工质量验收的主控项目，试验合格是管道工程安全运行的基础，对长距离输水压力管道更是如此。水压试验是对输水管道的接口、管材、施工质量等内容的全面检验，是对管道安装及铺设后，进行最后质量检验的必要手段，是检验输水管道及相关设备是否满足设计工况的关键措施，也是规范强制性要求。

根据《给水排水管道工程施工及验收规范》的规定，管道安装完成后应进行管道功能性试验，给水管道必须经水压试验合格后，方可允许投入运行。输水管道水压试验前的必备条件如下：

第一，所有阀门井、进排气井、排水井内设备安装调试完毕，确保所有控制阀等设备随时都可以灵活开闭。

第二，所有阀门井、进排气井、排水井内积水及污物已清理干净，具备人工操作各设备的条件。

第三，输水管道内杂物应清理干净。

第四，输水管道安装验收合格，非金属管材接口处打压试验合格；钢管接口处采用100%的超声波探伤检测焊接质量，并检验合格。

第五，管道两侧及管顶以上回填土不应小于0.5m；管件的镇、支墩必须达到设计强度。

管道充水技术要求如下：

第一，输水管道充水时，应单根管道分别进行。

第二，充水的输水管道各管段沿线各阀井处应有专人值守，阀井间输水管道应有专人巡视。如发现进排气阀通气不畅、排水蝶阀无法关闭、输水管道漏水等现象，应及时通知停止充水，关闭输水管道控制蝶阀，打开充水管道排水阀及输水管道排水井蝶阀排水。

第三，输水管道各管段应分阶段充水，每阶段充水量为总充水量的 25%，各阶段间隔时间不少于 30min。

第四，输水管道充水时要控制水流流速不超过 0.3 ~ 0.5m/s。

第五，输水管道充水前管道内的进排气阀应全部处于打开状态，管道充水保证排气顺畅，并使充水流量低于排气装置的排气流量。

第六，充水前管道沿线各检修蝶阀、进排气阀下的检修蝶阀、封端板处连通钢管的连通阀门均应处于完全开启状态，超压泄压阀前的蝶阀及排水蝶阀均应处于完全关闭状态。

2. 存在的问题

《给水排水管道工程施工及验收规范》对水压试验分段相关内容进行了规定。需要在每 1km 试压管段两端都设置后背和堵板，以及后背支撑用的机械设备、支撑材料等，然后单独对该试压管段进行试压试验，试压后拆除全部试压装置。

对于长距离、大型或山丘区输水管道工程，现有水压试验方法存在以下问题。

（1）工程管径大，需水量多；野外分段试压不能保证每个试验段附近有足够的水源，给试压工作带来不便；山丘区输水工程打井取水则更为困难。

（2）试压装置复杂，包括千斤顶、顶铁、方木、钢板、后背和堵板等，每个试验段试压前浇筑靠背，试压后靠背需拆除。

（3）各试验段管道接口衔接工序复杂，施工条件差，质量不易保证；大口径输水管道试压原状土常因土质疏松，支撑力不足而造成非施工质量性试压失败。

（4）不能进行试压管段连续试压，水压试验工期长。

（5）施工综合费用高。

为解决以上问题，作者研究了阀井与水压试验一体化绿色技术及装置，可实现长距离、大型输水管道在单一水源条件下进行分段连续试压或分段整体同时试压。

3. 结构组成及试压方法

一体化绿色装置集水压试验墩、管道止推墩或镇墩、阀门井功能和结构于一体。施工过程中可代替常规的管道试压靠背，试压结束后作为管道止推墩、镇墩和阀门井等附属设施使用。其绿色特性表现在临时工程与永久工程相结合，多功能一体化结构，管道试压附件的装配可拆性结构和可循环使用性、节省钢筋混凝土材料，避免专用试压靠背的拆除弃渣，减少土地占用，节约水资源，节约能源，便于相邻试压管段的连接，节约工时，缩短试压工期，降低工程投资。

一体化试压装置由试压墩、钢短管、阀门、伸缩接头、通孔法兰、封堵板、加压泵、进排气阀、压力表等组成。其中，试压墩为带底板的回字形、圆环形或其他形状的空腔式钢筋混凝土结构，试压墩的混凝土结构边墙分别与上、下游试压段钢管刚性连接；封堵板为两端带有法兰、内部设有盲板的钢短管。封堵板、伸缩接头、加压泵、各阀门等均位于试压墩的空腔内。具体做法如下：

（1）在长距离输水管道试压分段的位置通过装配封堵板（或盲板法兰）和伸缩接头将管道分隔为上游试压段和下游试压段，在上、下游试压段的管道底部分别设置连通管，连通管之间并联两个支路，其中一个支路上连接有阀门和伸缩接头，另一个支路上连接有加压泵，在加压泵的两侧分别设有阀门，两个连接管上分别设有压力表。

（2）各试压段的进水通过管路连通，利用加压泵向上、下游试压段单独或同时充水进行试压。

（3）试压完毕后，将封堵板更换为通孔法兰短管与输水管道连接。

一体化绿色装置的试压墩承担管段试压压力，在试压过程中起到固定管道的作用，防止输水管道充水试压时发生位移；装配式封堵板（或盲板法兰）将管道分隔成相邻的上、下游试压段；相邻试压段上的旁通连接的阀门和伸缩接头。支路用于相邻试压管段的充水和排水，根据具体过程现场水资源情况实现单独充水试压，同时充水试压或一段接一段地逐段连续试压；试压结束后，只需将封堵板更换为通孔法兰短管，输水管道即可贯通。封堵板可以在不同试压段或其他工程继续使用；进排气阀和伸缩接头可作为管道正常运行附件利用；试压墩可直接作为止推墩或镇墩使用，也可作为阀门井的基础利用。作为阀井使用时，其内部结构尺寸应满足管道、试压设备和阀门的安装及检修要求，深度满足管道埋深要求；地下水位线以下部分应不透水，并进行抗浮验算；封堵板上、下游法兰间的尺寸与所需阀门尺寸相一致。

多功能一体化绿色水压试验技术与装置适用于长距离单管或双管输水管道的连续水压试验；适用于 PCCP、玻璃钢管及其他化学管材的承插式管道试压，也适用于钢管或混合使用管材的管道试压；尤其适用于一体化阀门井处。

（二）大口径承插式压力管道水压试验装置

长距离输水工程中检修阀门的间距应根据管路复杂情况、管材强度、事故预期以及事故排水难易等情况确定，一般每 5 ~ 10km 设置一处。如果每 1km 试压管段均采用一体化绿色水压试验装置，试压墩采用回字形或圆环形钢筋混凝土结构将造成浪费，为此就产生了大口径承插式压力管道水压试验装置。

与一体化绿色试压装置相比，大口径承插式压力管道水压试验装置具有如下特点。
（1）试压墩为非封闭型。将试压管道分成若干长度为 1km 左右的试压段，在相邻试压管段之间设置该装置，土建工程量显著减小。根据试压墩处地质条件及管道工作压力，在满足管道稳定要求下，确定相应的试压墩尺寸。

（2）根据管路起伏特性，在输水管道钢管段的上游或下游设置试压墩。

（3）在钢管内部直接焊接钢制堵板，堵板将管道分隔成相邻的上、下游试压管段。

（4）相邻试压管段底部设置的用于相邻试压管段的充水和排水旁通管根据具体应用情况可为单管。

（5）试压后割除堵板，磨光管道内壁后进行防腐处理。

（6）试压墩可以由管道止推墩或镇墩代替。

（7）适用于山丘地区和平原地区的 PCCP、玻璃钢管及其他化学管材输水工程，也适用于钢管或混合使用管材的试压段，当钢管具有足够长度时，经核算可适当减小或取消试压墩。

（8）能够实现单独充水试压，同时充水试压或一段接一段地逐段连续试压。

（9）临时工程与永久工程相结合，多功能一体化结构，管道试压附件的装配可拆性结构和可循环使用性，节省钢筋混凝土材料，避免专用试压靠背的拆除弃渣，减少土地占用，节约水资源，节约能源，便于相邻试压管段的连接，节约工时，缩短试压工期，降低工程投资。

（10）集水压试验墩、管道止推墩或镇墩功能和结构于一体。施工过程中代替常规的管道试压靠背，试压结束后作为管道止推墩或镇墩，具有较高的绿色特性。

（三）水压试验封堵装置

绿色水压试验技术与装置的显著特点之一是通过封堵板将输水管道分隔为相邻的试压段。一种封堵板为两端带有法兰、内部焊接有盲板的钢短管，试压后需将封堵板更换为通孔法兰短管或相应尺寸的阀门；另一种则在管道内直接焊接封堵盲板，试压后需将盲板割除。二者均为封堵盲板与钢管焊接，前者盲板连同钢短管一起循环使用，后者割除的盲板只能用于更小的管径或报废。另外，割除盲板后磨光管道内壁进行防腐处理费工费时，且对管道母材也有影响。

管道内部的装配式封堵装置是通过封堵装置将输水管道分隔为相邻的试压段，各试压段可以单独试压、同时试压或一段接一段地连续试压。试压结束后，只需要将封堵装置拆卸，而不需切割，输水管道即可贯通。封堵装置可以在不同试压段继续使用。

封堵装置与钢管轴线垂直安装，由堵板、密封圈、螺柱、手轮、支承调整架、限位块和行走轮、导向轮、防倾覆轮等组成。堵板为钢板，密封圈为双向止水的异型橡胶圈，并由螺栓和环形压板固定在堵板上；堵板通过与支承调整架连接；支承调整架由水平和竖直方向的钢板焊接组合而成，并在水平和竖直钢管直径方向分别装有调整手轮、螺柱、螺母，螺柱靠近钢管的端部安装有限位块，用于限制封堵装置沿管道轴线的位移；限位块上装有螺母，并在水流方向为通孔以减小水力损失，限位块与钢管焊接，试压完毕可不拆除；旋转手轮可以调整堵板密封圈与钢管的间隙，并使密封圈沿钢管圆周均匀压缩；反向旋转则拆卸封堵装置。封堵装置底部装有三个行走轮，两侧分别安装一个导向轮，顶部三个防倾覆轮，通过牵引环和把手可以在管道内移动。

封堵装置安装方便，通过将封堵装置采用装配方式设置在试压管道上，从而将输水管道分隔为若干试压段，每一试压段通过管路连通后即能够实现每一试压段单独试压、同时试压或逐段连续试压，可以有效缩短试压工期。同时，封堵装置拆卸简单，不需要切割堵板，在相同管径条件下可以重复使用，减少材料消耗，节约工程投资。

第八章 水利工程规划管理现代化创新发展

第一节 水利工程管理现代化的内涵与基本特征

水利工程管理现代化作为实现水利现代化的重要保障，其自身也具有深刻的内涵和特征，只有在理解这些内涵和特征的基础上，我们才能采取具体的方法和措施来加强这方面的建设，实现水利工程管理现代化的目的。

一、水利工程管理现代化的内涵

（一）现代化概述

现代化常被用来描述现代发生的社会和文化变迁的现象。一般而言，现代化包括学术知识上的科学化，政治上的民主化，经济上的工业化，社会生活上的城市化，思想领域的自由化和民主化，文化上的人性化等。

现代化是人类文明的一种深刻变化，是文明要素的创新、选择、传播和退出交替进行的过程，是追赶、达到和保持世界先进水平的国际竞争。现代化是一个动态的发展过程，指传统经济社会向现代经济社会的转变，它包括了经济领域的工业化、国际化，政治领域的民主化，社会领域的城市化，价值观念的理性化，科学领域的充分进步以及理论实践的不断创新，等等。其重要特征是生产力不断提高，经济持续增长，社会不断进步，人民生活不断改善，经济社会结构和生产关系随着生产力的发展需要不断改变和创新。其重要特点是，经济社会中充分体现了以工业化、国际化、智能化、信息化、知识化为动力，推动传统农业文明向工业文明、工业文明向知识文明的全球大转变，具有广泛的世界性和鲜明的时代性，并呈现加速发展的趋势。

现代化作为一个概念，既是一个时间概念，也是一个动态变化的概念；作为一个过程，既有时间特征，也有变化的特征；作为基本内涵，既有传统性的合理继承和发展，又有现代先进性和合理性的特质。需要从时间和变化的含义与特征中把握，才能理解现代化是社会状态在现代的变化或社会向现代状态的变化。

（二）水利现代化

认真贯彻落实新时期治水新思路，努力实现从传统水利向现代水利、可持续发展水利转变，坚持人和自然的协调与和谐，以水资源的可持续利用支持经济社会的可持续发展，保障用水安全、防洪安全、粮食安全和生态系统安全。因此，在传统水利的基础上建设现代水利，实现可持续发展水利，成为 21 世纪初期我国水利建设的首要任务。为贯彻落实中央关于加快水利改革发展的战略部署，水利部下发《关于开展推进水利现代化试点工作的通知》，出台《推进水利现代化试点工作的指导意见》，对新时期水利发展做出了全面部署。全国各地特别是东部经济发达地区积极开展了水利现代化建设的探索，积累了宝贵的实践经验，有力地推动了我国水利现代化的建设进程。

（三）水利工程管理现代化

水利工程管理现代化包括管理体制的现代化、管理技术的现代化、管理人才的现代化。管理技术的现代化依赖于水管理的信息化、自动化，充分利用现代信息技术，深入开发和广泛利用水利信息资源，包括水利信息的采集、传输、存储、处理和服务，全面提升水利事业活动的效率和效能以及发展地理信息系统、遥感、卫星通信和计算机网络等高新技术及应用。水管理与水信息的现代化作为水利现代化的重要内容，是实现水利工程科学管理、高效利用和有效保护的基础和前提。同时，管理技术的现代化除了要求在水利管理中优先采用现代科学管理技术，使水利行业发挥最大的效益外，还十分重视体制与人力资源的开发。水利管理人员要具有现代的观念、知识，掌握水利管理科学技术。在管理体制和机制上采取政府宏观调控、公众参与、民主协商、市场调节的方式，强调综合管理。

水利工程管理是通过检查观测、维修养护、加固改造、科学调度、控制运用水行政管理等行为，来维持工程的安全与完好，保障工程正常运行和功能、效益的充分发挥。所以，水利工程管理现代化的内涵可概括为：适应水利现代化的要求，创建先进、科学的水利工程管理体系，包括具有高标准的水利工程设施设备，拥有先进的调度监控手段，建立适应市场经济体制的良性运行的管理模式，规范化的行业管理和科学的涉河事务管理与公共服务的制度体系以及建设具备现代思想意识、现代技术水平的管理队伍。也就是说，要实现水利工程管理现代化，就要实现管理理念的现代化、管理体制与机制的现代化、水利工程设施设备的现代化（工程达到标准程度，工程设施设备完好情况等）、工程管理控制运用手段的现代化、人才队伍的现代化等。实现水利工程管理现代化是适应经济社会现代化和水利现代化的客观需要，建立现代的科学的水利工程管理体系是一个系统的、动态的过程，需要不断进行制度创新。

二、水利工程管理现代化的基本特征

我国作为农业大国、资源大国，近年来经济社会运行稳中有进、进中向好；我国水利工程密布，初步建成了集防洪、排涝、灌溉、航运、发电、城乡供水、水土保持、水生态保护于一体的水利工程体系。我国的国情和水情，决定了水利工程建设与管理在全国经济社会发展中的基础地位和支撑作用。为适应社会发展并符合现代化要求，水利工程管理现代化应具备以下"五大基本特征"。

（一）水利工程管理体制现代化

建立职能清晰、权责明确的水利工程分级管理体制，实行水利工程统一管理与分级管理相结合的方式，在界定责任主体的前提下明确各类水利工程的管理单位职能。加大水利工程管理单位内部改革力度，建立精干高效的管理模式。核定管养经费，实行管养分离，定岗定编，竞聘上岗，逐步建立管理科学，运行规范，与市场经济相适应，符合水利行业特点和发展规律的新型管理体制和运行机制，更好地保障公益性水利工程长期安全可靠地运行。

（二）水利工程管理制度化、规范化和法制化

建立、健全并不断完善各项管理规章制度。做到工程管理有章可循、有规可依。

规范工程维修养护管理。建立健全相关规章制度，制定适合维修养护实际的管理办法。用制度和办法约束、规范维修养护行为。建立规范的资金投入、使用、管理与监督机制。完善水利工程管理公共财政保障机制和社会资金的筹措机制，规范维修养护经费的使用。

水利工程运行管理规范化、科学化。要实现水利工程管理现代化，水利工程管理就必须实现规范化和科学化，如水库工程须制订调度方案、调度规程和调度制度，调度原则及调度权限应清晰，同时建立年度计划执行总结制度。水闸、泵站制订控制运用计划或调度方案，并按照操作规程运行。

（三）完好的水利工程管理基础设施

具有安全可靠的防洪减灾能力，是水利工程管理现代化的基本保障。要建立安全可靠的防洪减灾体系，到2020年，所有大中型水库、水闸、堤防、泵站、灌区均要达到规范设计标准；保证水利工程管理设施配套完好，按照水利工程管理相关设计规范，在工程建设或加固时，配备完善各类水利工程管理设施，保证现代化管理需要。

（四）水利工程管理手段现代化与信息化

加强水利工程管理信息化基础设施建设，以信息化带动现代化，提高水利工程管理的科技含量和管理效益，是水利工程管理发展的必由之路。

依靠科技进步，通过应用相应的现代化信息技术，不断加大水利工程管理的科技含量，全面提升现代化管理水平，符合信息化、自动化的现代化管理要求。

（五）适应工程管理现代化要求的水利工程管理队伍

实现水利工程管理现代化，人才是关键。水利管理要求实现从传统水利向现代水利、可持续发展水利转变，需要打造出一支素质高、结构合理、适应工程管理现代化要求的水利工程管理队伍。制定人才培养机制及科技创新激励机制，加大培训力度，大力培养和引进既掌握技术又懂管理的复合型人才。采取多种形式，培养一批能够掌握信息系统开发技术、精通信息系统管理、熟悉水利工程专业知识的多层次、高素质的信息化建设人才队伍。

第二节　水利工程管理现代化目标和内容

一、指导思想与基本原则

（一）指导思想

按照我国 2050 年基本实现现代化的总体目标，以科学发展观为指导，全面贯彻中央新时期水利工作方针，服从和服务于国家经济社会发展全局，坚持人与自然和谐发展，坚持经济社会与人口、资源、环境的协调发展，促进生态文明建设，依法治水和科学治水，改革与完善水资源管理体制，深化水利建设与管理体制改革，实现长效管理和水资源可持续利用，全面推进水利工程管理现代化进程。

（二）基本原则

1. 与我国社会主义现代化战略相协调，适度超前

水利是国民经济和社会发展的基础和保障，水利现代化是我国社会主义现代化的重要组成部分。水利现代化建设，是为了满足经济社会的现代化对水利的需求。随着经济不断发展和社会生产力水平的不断提高，人们对防洪保安、水资源供给、水环境保护等的需求也在不断发展、变化。因此，作为水利现代化重要组成部分的水利工程

管理现代化应与我国社会主义现代化的进程相协调，适度超前发展，满足经济社会发展到不同阶段的不同要求。

2. 因地制宜，因时制宜，东西南北中总揽，省、市、县兼顾，城乡统筹

我国各地区间自然条件、经济社会发展水平和发展速度存在较大差异，在东、中、西部之间也已形成较大差距，各地区对水利现代化的发展需求、目标和任务以及可以提供的保障条件不尽相同。因此，在推进水利工程管理现代化进程中，要因地制宜，东中西协调，南北总揽，城乡统筹，流域与区域统筹，根据需要与可能，确定本地区水利工程管理现代化建设阶段性的重点领域和主要任务，为基本实现水利现代化创造条件。

3. 整体推进，重点突出，分步实施，加快进程

水利工程管理现代化建设涉及很多方面，既包括水利建设与生态环境保护，人与自然关系变化以及治水思路的调整，又涉及管理体制、机制和法制的完善等。因此，要统筹兼顾，依靠科技进步，整体推进水利工程管理现代化水平；同时，又要合理配置人力、物力资源，突出重点领域和关键问题，抓住主要矛盾，集中力量，力争短时期在重点领域有所突破。

4. 深化改革，注入活力，开创新局面，加快发展

水是生命之源、生产之要、生态之基。兴水利、除水害，事关人类生存、经济发展、社会进步，历来是治国安邦的大事。促进经济长期平稳较快发展和社会和谐稳定，必须下决心加快水利发展，切实增强水利支撑保障能力，实现水资源可持续利用。水利面临着难得的发展机遇，中央和各级人民政府高度重视水利工作，水利投入大幅度增加，全社会水忧患意识普遍增强，为推进水利工程管理现代化提供了契机。在工程管理改革上，区别不同工程的功能和类型，建立与社会主义市场经济相适应的管理体制、运行机制，将水利工程经营性项目全面推向市场，并形成水利社会化经营服务格局。

二、水利工程管理现代化的目标与分区推进构想

（一）水利工程管理现代化目标

作为体现水利现代化水平重要方面的水利工程管理，必须加大改革和创新力度，以现代的治水理念、先进的科学技术、完善的基础设施、科学的管理制度，武装和改造传统水利，努力实现工程管理的制度化、规范化、科学化、法制化，创建现代化的水利工程管理体系。确保水利工程设施完好，保证水利工程实现各项功能，长期安全运行，持续并充分发挥效益。

（1）改革和创新水利工程管理模式，实现计划经济体制下的传统管理模式向现代化管理模式转变，努力构筑适应社会主义市场经济要求、符合水利工程管理特点和

发展规律的水利工程管理体制和运行机制，以实现水利工程管理的良性运行。

（2）实施标准化、精细化管理，认真贯彻落实《水利工程管理考核办法》，通过对水利工程管理单位全面系统的考核，促进管理法规与技术标准的贯彻落实，强化组织管理、运行管理和经济管理，以提高规范化管理的水平。

（3）依靠科技进步，不断提升水利工程管理的科技含量，全面提升现代化管理水平。

（4）保障水利工程安全运行，最大限度地保持工程设计能力、延长工程使用寿命、发挥工程综合功能效益，提供全面良好的优质水事服务，为经济社会可持续发展提供水安全、水资源、水环境支撑和保障。

（5）强化公共服务、社会管理职能，进一步加强河湖工程与资源管理以及工程管理范围内的涉水事务管理，维护河湖水系的引排调蓄能力，充分发挥河湖水系的水安全、水资源、水环境功能，并为水生态修复创造条件。

（二）分区推进构想

水利工程管理的现代化进程应科学规划，分步实施，按照工作步骤，制订周密的工作计划，完善工作程序，规范工作制度，有计划、有步骤地推进实施。全国各地经济发展不平衡，东西南北中区域间的发展差异较大。因此，现代水利的发展不能一哄而上，也不能一蹴而就，只能结合各地实际，走不同的发展路子，创造条件，分步实施。沿海、沿江地区，鉴于改革开放程度高，经济发展比较快，有些地方已经初步实现了管理现代化，水利工程管理现代化的发展可以快一点；中、西、北部地区目前相对来说属于经济欠发达地区，要求尽快实现水利管理现代化是不现实的，但是，一定要高起点规划，特别是要把工程标准、管理设施做得好一些。

各省、市、县都应选择不同类型的典型，按照"积极稳妥、先易后难、先点后面"的原则，开展试点工作，为全面推进改革积累经验。对试点中出现的新情况、新问题，及时研究、及时处理，对试点中发现的好经验、好做法，及时宣传、及时推广。要坚持一切从实际出发的原则，既要大胆借鉴事业单位和国有企业改革的成功经验，又要立足于水利行业和本单位的实际，根据各水利工程管理单位所承担的任务和人员、资产的现状，实行分类指导。既要重视国内外先进水利管理理论和实践经验的学习借鉴，又要注重总结推广基层单位在水利管理实践中涌现出来的改革创新的典型经验，以点带面、点面结合、积极稳妥、扎扎实实地推进水利管理与改革，不断加快水利管理现代化进程。

三、水利工程管理理念现代化

按照科学发展观的要求，在水利建设与管理工作中应自觉树立以下几种意识。

（一）以人为本的意识

优质的工程建设和良好运行管理的根本目的是人民群众的切身利益，为人民提供可靠的防洪保障和水资源保障，保证江河资源开发利用不会损害流域内的社会公共利益。

（二）公共安全的意识

水利工程公益性功能突出，与社会公共安全密切相关。要把切实保障人民群众生命安全作为首要目标，重点解决关系人民群众切身利益的工程建设质量和工程运行安全问题。

（三）公平公正的意识

公平公正是和谐社会的基本要求，也是水利工程建设管理的基本要求。在市场监管、招标投标、稽查检查、行政执法等方面，要坚持公平公正的原则，保证水利建筑市场规范有序。

（四）环境保护的意识

人与自然和谐相处是构建和谐社会的重要内容，要高度重视水利建设与运行中的生态和环境问题，水利工程管理工作要高度关注经济效益、社会效益、生态效益作用的协调发挥。

四、水利工程管理体制机制现代化

水利工程管理体制改革的实质是理顺管理体制，建立良性管理运行机制，实现对水利工程的有效管理，使水利工程更好地担负起维护公众利益，为社会提供基本公共服务的责任。

（一）建立职能清晰、权责明确的水利工程管理体制

准确界定水利工程管理单位性质，合理划分其公益性职能及经营性职能。承担公益性工程管理的水利工程管理单位，其管理职责要清晰、切实到位；同时要纳入公共财政支付，保证经费渠道畅通。

（二）建立管理科学、运行规范的水利工程管理单位运行机制

加大水利工程管理单位内部改革力度，建立精干高效的管理模式。核定管养经费，实行管养分离，定岗定编，竞聘上岗，逐步建立管理科学，运行规范，与市场经济相

适应，符合水利行业特点和发展规律的新型管理体制和运行机制，更好地保障公益性水利工程长期安全可靠的运行。

（三）建立市场化、专业化和社会化的水利工程维修养护体系

在水利工程管理单位的具体改革中，稳步推进水利工程管养分离。具体分三步进行：第一步，在水利工程管理单位内部实行管理与维修养护人员以及经费分离，工程维修养护业务从所属单位剥离出来，维修养护人员的工资逐步过渡到按维修养护工作量和定额标准计算；第二步，将维修养护部门与水利工程管理单位分离，但仍以承担原单位的养护任务为主；第三步，将工程维修养护业务从水利工程管理单位剥离出来，通过适当的采购方式择优确定维修养护企业，使水利工程维修养护走上社会化、规范化、标准化和专业化的道路。对管理运行人员全部落实岗位责任制，实行目标管理。

五、水利工程管理手段现代化

（一）水利工程自动化监控与信息化

制订水利工程管理信息化发展规划和实施计划。积极探索管理创新，引进、推广和使用管理新技术，引进、研究和开发先进管理设施，改善管理手段，提升管理工作科技含量，推进管理现代化、信息化建设，提高水利工程管理水平。

1. 推进水利工程管理信息化

依托信息化重点工程，加强水利工程管理信息化基础设施建设，包括信息采集与工程监控、通信与网络、数据库存储与服务等基础设施建设，全面提高水利工程管理工作的科技含量和管理水平。

建立大型水利枢纽信息自动采集体系。采集要素覆盖实时雨水情、工情、旱情等，其信息的要素类型、时效性应满足防汛抗旱管理、水资源管理、水利工程运行管理、水土保持监测管理的实际需要。

建立水利工程监控系统。建立水利工程监控系统，以提升水利工程运行管理的现代化水平，充分发挥水利工程的作用。

建立信息通信与网络设施体系。在信息化重点工程的推动下，建立和完善信息通信与网络设施体系。

建立信息存储与服务体系。提供信息服务的数据库，信息内容应覆盖实时雨水情、历史水文数据、水利工程基本信息、社会经济数据、水利空间数据、水资源数据、水利工程管理有关法规、规章和技术标准数据、水政监察执法管理基本信息等方面。

建立比较完善的信息化标准体系；提高信息资源采集、存储和整合的能力；提高应用信息化手段向公众提供服务的水平；大力推进信息资源的利用与共享；加强信息

系统运行维护管理，定期检查，实时维护；建立、健全水利工程管理信息化的运行维护保障机制。

在病险水库除险加固和堤防工程整治时，要将工程管理信息化纳入建设内容，列入工程概算。对于新的基建项目，要根据工程的性质和规模，确定信息化建设的任务和方案，做到同时设计，同期实施，同步运行。

2. 建立遥测与视频图像监视系统

对河道工程，建立遥测与视频图像监视系统。可实时"遥视"河道、水库的水位、雨势、风势及水利工程的运行情况，网络化采集、传输、处理水情数据及现场视频图像，为防汛决策及时提供信息支撑。有条件时，建立移动水利通信系统。对大中型水库工程，建立大坝安全监测系统，用于大坝安全因子的自动观测、采集和分析计算，并对大坝异常状态进行报警。

3. 建立水利枢纽及闸站自动化监控系统

建立水利枢纽及闸站自动化监控系统，对全枢纽的机电设备、泵站机组、水闸船闸启闭机、水文数据及水工建筑物进行实时监测、数据采集、控制和管理。运行操作人员通过计算机网络实时监视水利工程的运行状况，包括闸站上下游水位、闸门开度、泵站开启状况、闸站电机工作状态、监控设备的工作状态等信息，并且可依靠遥控命令信号控制闸站闸门的启闭。为确保遥控系统安全可靠，采用光纤信道，光纤以太网络将所有监测数据传输到控制中心的服务器上，通过相应系统对各种运行数据进行统计和分析，为工程调度提供及时准确的实时信息支撑。

4. 建立水情预报和水利工程运行调度系统

建立洪水预报模型和防洪调度自动化系统。该系统对各测站的水位、流量、雨量等洪水要素实行自动采集、处理并进行分析计算，按照给定的模型做出洪水预报和防洪调度方案。

建立供水调度自动化系统。该系统对供水工程设施（水库蓄泄建筑物、引水枢纽、抽水泵站等）和水源进行自动测量、计算和调节、控制，一般设有监控中心站和端站。监控中心站可以观测远方和各个端站的闸门开启状况、上下游水位，并可按照计划自动调节控制闸门启闭和开度。

（二）水利工程维修养护的专业化、市场化

水管体制改革，实施管养分离后，建立健全相关的规章制度，制定适合维修养护实际的管理办法，用制度和办法约束、规范维修养护行为，严格资金的使用与管理，实现维修养护工作的规范化管理。

1. 规范维修养护实施

依据有关法规、规范、标准、实施方案、维修养护合同等进行维修养护工作，严

格按照合同要求完成维修养护任务，确保维修养护项目的进度和质量。水利工程管理单位要合理确定维修养护内容，安排维修养护项目，主持项目的阶段验收、完工验收和初步验收，及时申请竣工验收，对维修养护项目质量负全责。

2. 规范维修养护项目合同管理

水利工程维修养护项目分日常维修养护和专项维修养护，日常维修养护合同根据工程类别及管理单位实际情况进行定期或不定期签订，专项维修养护合同根据项目情况签订。合同签订时，水利工程管理单位和维修养护企业要严格按照正规的维修养护合同文本进行，双方商讨并同意后签订维修养护合同，作为维修养护项目实施的依据。维修养护企业要严格按照合同规定履行维修养护职责，行使维修养护权利，按照合同约定的工期完成维修养护任务。水利工程管理单位及时对合同的执行情况进行检查、督促，及时掌握维修养护项目的实施情况。维修养护项目竣工验收后，及时对合同的执行情况、合同存在的问题进行总结，为今后合同的签订奠定基础，使维修养护合同更加规范、完善。

3. 规范维修养护项目实施

项目实施过程中，维修养护企业应加强现场管理，牢固树立质量意识，严格控制项目质量，完善项目实施程序及质量管理措施，认真落实质量检查制度，及时填写原始资料，真实反映项目实施的实际情况。水利工程管理单位对实施情况及时抽查，发现问题，及时责令维修养护企业加以整改，确保维修养护项目质量。主管单位适时进行检查、督促，促进维修养护项目的顺利实施。

4. 规范维修养护项目验收和结算手续

根据维修养护合同规定，工程价款一般按月结算，为此，工程价款结算前应对维修养护项目进行月验收，并出具验收签证，签证内容包括本月完成的维修养护项目工程量、质量及维修养护工作遗留问题，验收签证作为工程价款月支付的依据。季验收在月验收的基础上进行，主要对项目每季度完成情况和存在的问题进行检查；年度验收是对维修养护项目本年度的完成情况进行检查，查看项目实施过程中存在的问题，对维修养护项目的总体实施情况进行验收，为维修养护项目的结算和移交提供依据。

维修养护项目验收后，及时办理项目结算，对照维修养护合同进行审核，未验收或验收不合格的项目不予结算工程款。合同变更部分要有完备的变更手续，手续不全或尚未验收的项目，不进行价款结算。规范结算手续，确保维修养护经费的安全和合理使用。

5. 建立质量管理体系和完善质量管理措施

实行水利工程管理单位负责、监理单位控制、维修养护企业保证的质量管理体系。维修养护企业应建立健全质量保证体系，制定维修养护检测、检查、人员管理、结算等一系列规章制度，规范企业的行为，并采取有力措施，使之能够按照有关规范、规定和维修养护合同完成维修养护任务，确保维修养护质量。监理单位应建立健全质量控制体系，按照监理合同和维修养护合同要求，搞好项目质量抽查，控制项目的进度、质量、投资和安全，及时发现和处理项目实施过程中出现的问题，保证项目的顺利实施。水利工程管理单位应建立质量检查体系，制定检查、验收等管理制度和办法，成立监督、检查小组，督促维修养护企业严格按照规定和合同进行项目的实施，适时组织由项目建设各方参加的联合检查，发现问题，责令维修养护企业整改。项目建设各方相互协调、相互配合、相互监督，共同促进维修养护项目的顺利实施。

（三）水利工程管理制度化、规范化与法制化

1. 建立、健全各项规章制度

基层水利工程管理单位应建立、健全各项规章制度，包括人事劳动制度、学习培训制度、岗位责任制度、请示报告制度、检查报告制度、事故处理报告制度、工作总结制度、工作大事记制度、安全管理制度、档案管理制度等，使工程管理有规可依、有章可循。制度建立后，关键在于狠抓落实，只有这样，才能全面提高管理水平，确保工程的安全运行，发挥效益。

水利工程管理单位应按照档案主管部门的要求建有综合档案室，设施配套齐全，管理制度完备，档案分文书、工程技术、财务等三部分，由经档案部门专业培训合格的专职档案员负责档案的收集、整编、使用服务等综合管理工作。档案资料收集齐全，翔实可信，分类清楚，排列有序，有严格的存档、查阅、保密等相关管理制度，通过档案规范化管理验收。

同时，抓好各项管理制度的落实工作，真正做到有章可循，规范有序。

2. 建立严格的工程检查、观测工作制度

水利工程管理单位应制定详细的工程检查与观测制度，并随时根据上级要求结合单位实际修订完善。工程检查工作，可分为经常检查、定期检查、特别检查和安全鉴定。经常对建筑物各部位、设施和管理范围内的河道、堤防、拦河坝等进行检查。检查周期，每月不得少于一次。每年汛前、汛后或用水期前后，对水闸（水库、泵站、河道）各部位及各项设施进行全面检查。当水闸（水库、泵站、河道）遭受特大洪水、风暴潮、台风、强烈地震等和发生重大工程事故时，必须及时对工程进行特别检查。按照安全鉴定规定开展安全鉴定工作，鉴定成果用于指导水闸（水库、泵站、河道）的安全运行和除险加固。

按要求对水工建筑物进行垂直位移、渗透及河床变形等工程观测，固定时间、人员、仪器；观测资料整编成册；根据观测提出分析成果报告，提出利于工程安全、运行、管理的建议；观测设施完好率达 90% 以上。

要经常对水利工程进行检查，加强汛期的巡查和特殊情况下的特别检查，发现问

题及时解决，并做好检查记录。

3.推进水利工程运行管理规范化、科学化

水库工程制订调度方案、调度规程和调度制度，调度原则及调度权限应清晰；每年制订兴利调度运用计划并经主管部门批准；建立对执行计划进行年度总结的工作制度。水闸、泵站制订控制运行计划或调度方案；应按水闸、泵站控制运用计划或上级主管部门的指令组织实施；按照泵站操作规程运行。河道（网、闸、站）工程管理机构制订供水计划；防洪、排涝实现联网调度。

通过科学调度实现工程应有效益，是水利工程管理的一项重要内容。要把汛期调度与全年调度相结合，区域调度与流域调度相结合，洪水调度与资源调度相结合，水量调度与水质调度相结合，使调度在更长的时间、更大的空间、更多的要素、更高的目标上拓展，实现洪水资源化，实现对洪水、水资源和生态的有效调控，充分发挥工程应有作用和效益，确保防洪安全、供水安全、生态安全。

（四）做好社会管理工作，建立社会公众参与管理制度

建立完善依法、科学、民主决策机制，确定重大决策的具体范围、事项和量化标准并向社会公开，规范行政决策程序，细化公众参与、专家论证、合法性审查的程序和规则；全面推进政务公开，规范行政权力网上公开透明运行机制，建立健全法规、规章、规范性文件的定期清理、规范性文件审查备案、边界水事纠纷的协调等制度；规范执法行为，完善执法程序、规范行政处罚自由裁量权、推行执法公开制度，落实执法经费，提高执法质量和依法行政水平；推动水政监察信息化建设，严格查处各类水事违法行为，提高规费征收率，定期开展专项执法活动，完善水事矛盾纠纷预防调处机制，维护良好的社会水事秩序。

为提升社会公众参与度，需要做到：着力发展经济，夯实公众参与基础；加强思想教育，提升公众参与意识；强化制度建设，畅通公众参与渠道；转变政府职能，拓宽公众参与空间；发展社会组织，壮大公众参与载体；推进社区自治，筑牢公众参与平台。

六、水利工程管理队伍现代化

制订人才培养规划；改进人才培养机制及科技创新激励机制；加大培训力度，大力培养和引进既掌握技术又懂管理的复合型人才；采取多种形式，培养一批能够掌握信息系统开发技术、精通信息系统管理、熟悉水利工程专业知识的多层次、高素质的信息化建设人才。

（一）创新管理机制，激发队伍活力

建立轮岗锻炼机制。从中层领导到普通员工，都要设置不同周期、不同维度的轮岗路线，在保障中心工作正常运转的条件下，让干部职工接受更多的锻炼。在通过轮岗提高队伍综合能力的同时发现人才，让合适的人去适合的岗位工作。

建立人事管理机制。要不唯上、只唯实，突出人力资源配置中市场化调节的作用，通过建立健全科学、规范的人才招聘、选拔、考核、奖惩等闭环管理制度，建立起一套完整的动态管理机制，努力做到人尽其才、才尽其用。

（二）创新培训机制，提升队伍素质

创新培训机制。实行"学分制"教育培训，根据不同岗位、不同工作年限等设置不同的学分标准，并将学分与年度考核挂钩。

丰富培训方式。开展课题研究式学习，通过问题牵引、课题主导的方式，集中力量破解突出矛盾和现实难题；开展开放式学习，通过外请辅导、联系走访等形式，不断拓宽视野、开阔思路，激发学习的能动性；开展互动式学习，通过讨论辨析、访谈对话等形式，开展头脑风暴互动交流，搭建交流学习平台；开展自学式学习，建立网络学习课堂，将培训教材及相关文件传至网络平台，由员工根据自身实际进行自主学习。

实行分层培训。在培训工作中突出"专"字，更兼顾"博"字，将培训课程分为"必修课"和"选修课"两个层次。必修课主要讲解行业方针政策、业务理论等基础知识，重点提高队伍专业水平；选修课为行业先进建设理念、发展探索成功经验以及职工个人兴趣爱好等，重点增强队伍知识储备，提升员工综合素质。

（三）创新激励机制，增强队伍动力

建立层级分配体系。逐步打破用工身份限制，采取层级分配的形式解决用工形式不统一的难题。将人员细分层级，不同层级设置不同工资标准和晋升条件，根据员工现有工资情况划转至不同层级，定期根据工作表现对层级进行升降，实现员工收入的动态管理。

完善人才测评方式。既注重人才的显性绩效，又注重人才的隐性绩效，采取全方位测评方式系统考核人才。在实行日常考核与年度考核相结合、量化考核与定性考核相结合的同时，参考上级、下级、同部门与跨部门同事、服务对象等人员的综合评价，提高人才测评结果的准确性和全面性。同时，加强考核结果的运用，将测评结果与员工层级进行挂钩。

建立竞争上岗机制。对管理岗、关键岗进行公开竞争，挖掘、激发员工潜力，增强员工危机意识，营造"能者上、平者让、庸者下"的良好竞争氛围。

七、水文化建设

全国水利系统社会主义核心价值体系建设取得重大进展，水利职工队伍的思想道德素质和科学文化素质显著提高，水文化自觉和自信意识明显增强；政府主导、职能部门主抓、社会公众参与的水文化建设体制机制基本建立，全国各具特色的水文化特征更加彰显，与现代水利、可持续发展水利相适应的水文化发展格局基本形成；水文化研究取得新成果，水文化遗产保护和利用取得新成效，水文化产业取得新突破，水文化产品丰富多彩；水文化活动异彩纷呈，水文化队伍不断壮大，高素质水文化人才不断成长，水利行业的软实力和文化竞争力大为增强，助推了党中央、国务院确定的新的治水方针和新的治水思路。

（一）精神文化建设

弘扬创新科学治水理念。围绕人水和谐主题，遵循水的自然规律和经济社会发展规律，贯彻可持续发展治水思路，拓展水利服务经济社会发展的能力。

大力弘扬"献身、负责、求实"的水利行业精神，引领广大干部职工敬业奉献，为新时期治水战略的实施贡献聪明才智、创造辉煌业绩。

组织水文化创作活动。围绕打造水利品牌，确立水利标识，创作水利歌曲，编写水文化丛书，创作水利风采故事片，开展水文化理论研究，展示水利文化史的光辉与灿烂。

（二）物质文化建设

通过挖掘历史文化、融汇现代文化，把水文化中的美学形态、人文理念、历史风格融入水利工程规划设计、建设和管理中，建成一批"以工程为根、以文化为魂"的水利工程精品。

对现有水利工程和河湖库的历史底蕴、人文底蕴、时代风貌进行调查、遴选，通过水利工程建设、河湖保护、水生态环境综合整治等措施，打造一批具有地方特色、水景观特点和文化独特的重点水利风景区，基本形成布局合理、特色鲜明、景观其外、人文其内的水利风景区体系，以此为载体，传承水文化，扩大全社会对水利的认知度。

（三）行为文化建设

加强水文化宣传，通过举办"水文化周"或"水文化节"活动，编制并向社会发放水利知识宣传读本，强化保护生态水、饮用安全水、反对污染水的用水意识，弘扬文化兴水、安全饮水、科学治水、有效管水、节约用水、和谐亲水的行为理念。

开展水文化采风活动，组织文艺工作者、作家、学者深入水利一线，并通过其宣传推广作用，提高全社会对水利的认知水平。通过科学节水，自律和他律节水的创新实践，建立节水型水利工程，提升人们爱水、护水、节水的文化修养和文化品质。

组织水文化高层论坛，与文物部门联合拟定水物质文化遗产与非物质文化遗产的保护条例与制度，确保水利工程建设过程中的水文化遗产安全。

第三节　水利工程管理现代化评价指标体系

一、水利工程管理现代化评价体系基本框架

（一）指标体系构建原则

反映水利工程管理现代化单项特征的指标比较多，有些指标相关性很强，有些指标虽然重要，但不易取得准确数据，为了能够客观、准确而且比较全面地反映全省水利工程管理现代化建设发展水平，在确定指标体系时遵循以下基本原则。

1. 先进性、系统性与可行性相协调的原则

评价指标体系应充分反映水利工程管理与经济社会发展相协调并适度超前的要求，体现先进性，并综合反映水利工程管理现代化建设各方面要求，同时要充分考虑实施的可行性。

2. 定量和定性相结合的原则

评价指标应尽可能量化，增强指标的科学性和可操作性，尽可能利用现有统计数据和便于收集到的数据，对于不能统计收集到的数据指标及数据模棱两可的指标暂不纳入指标体系。

3. 强制性与灵活性相结合的原则

指标体系应能灵活反映不同水利工程的管理现代化水平，根据评价指标体系重要程度，采用强制性指标与一般性指标，体现水利工程管理现代化的重要特征和一般特征。

4. 层次性与可比性相结合的原则

评价指标体系应具有层次性，能从不同方面、不同层次反映水利工程管理现代化的实际情况。评价指标体系按三级指标设立，同一级内各指标应具有可比性，达到动态可比，横向可比，以便于权重确定。

5. 代表性与全面性相结合的原则

评价指标体系应反映大中型水利工程管理特点及建设要求，既要全面、科学、系统地体现水利工程管理现代化的整体情况，又能具有一定的代表性，避免评价指标内

涵的重复。

6. 可操作性和导向性相结合的原则

评价指标体系最终要能对具体工程进行评价，因此指标体系的内容应该简单易懂，所需资料应该便于评价人员收集、整理、归纳，计算过程简单明了，具备快速、方便实现评价水利工程管理水平的可操作性，同时指明已建水利工程在管理上的不足和可发展空间，为水利工程管理现代化未来发展的趋势提供思路。

（二）评价指标体系的组成项目

根据以上原则，参考国内外已有水利工程管理现代化评价指标体系，结合水利工程管理现代化建设目标及水利工程管理特点与现状，确定能够反映水利工程管理现代化的五个一级指标作为准则层，并下设若干二级指标与三级指标，构成水利工程管理现代化评价"五大指标体系"，即，第一，水利工程规范化管理体系；第二，水利工程设施设备管理体系；第三，水利工程信息化管理体系；第四，水利工程调度运行及应急处理能力体系；第五，水生态环境管理体系。

这五个方面的评价方法可分为两类：定性评价和定量评价。定性评价全面人为因素较多；定量评价客观且人为因素较少，数据来源稳定。定性评价为：第一，水利工程规范化管理体系；第二，水利工程设施设备管理体系；第三，水利工程信息化管理体系；第四，水利工程调度运行及应急处理能力体系。定量评价为：第五，水生态环境管理体系。这五大指标体系又称为一级指标体系，在各组成项目属下再分解为若干二级评价指标与三级指标。

二、定性评价指标含义

（一）水利工程规范化管理体系

1. 组织管理

组织管理指为了有效地配置资源，按照一定的规则构成的一种责权结构安排和人事安排，主要包括机构设置及运行机制、管理人员两方面。机构设置及运行机制方面包括机构设置合理，管理权限明确，管理体制顺畅；运行机制灵活，建立竞争机制，实行竞聘上岗；建立合理、有效的分配激励机制。管理人员方面包括管理机构设置和人员编制有批文；岗位设置合理，按定编标准配备人员；技术工人经培训上岗，关键岗位要持证上岗；单位有职工培训计划并按计划落实实施，职工年培训率达到30%以上。

2. 安全管理

安全管理指组织实施安全管理规划、指导、检查和决策，是保证水利工程处于最佳安全状态的根本环节，主要包括工程安全运行可靠和安全责任事故情况两方面。工程安全运行可靠，即工程达到设计防洪（或竣工验收）标准；定期开展安全鉴定工作，鉴定成果用于指导工程的安全运行和除险加固；落实防汛抗旱和安全管理责任制；制订安全管理应急预案。安全责任事故情况，即在设计标准情况下，未发生工程安全或其他重大安全责任事故。

3. 运行管理

运行管理指对水利工程运行过程的计划、组织、实施和控制，主要包括日常管理规范、工程养护质量、标志标牌齐全、工程观测、环境整洁美观等方面。日常管理规范包括制订年、月及日常巡查工作计划及巡视巡查交接班制度；巡查记录规范，有处理意见，按规定期限向有关部门报送巡查报表；定期组织水法规学习培训，管理人员熟悉水法规及相关法规，做到依法管理等。工程养护质量包括工程无缺损、无坍塌、无松动；定期开展害堤动物检查和防治；定期探查工程隐患等。标志标牌齐全指各类工程管理标志、标牌齐全、醒目、美观。工程观测包括熟悉掌握工程基本情况，按要求对工程及河势进行观测；观测资料及时分析，整编成册；观测设施完好率达 90% 以上。环境整洁美观指管理范围内整洁美观，水面无漂物、陆域无垃圾。

4. 经济管理

经济管理主要指管理经费落实情况，具体包括维修养护、运行管理费用来源渠道畅通，"两费"及时足额到位；有主管部门批准的年度预算计划；开支合理，严格执行财务会计制度，无违法违纪行为。

（二）水利工程设施设备管理体系

1. 堤防工程

（1）堤防断面

堤身断面、护堤地（面积）保持设计或竣工验收的尺度；堤肩线直、弧圆，堤坡平顺；堤身无裂缝、冲沟、洞穴，无杂物垃圾堆放。

（2）堤顶道路

堤顶（后戗、防汛路）路面满足防汛抢险通车要求，路面完整、平坦、无坑、无明显凹陷和波状起伏。

（3）堤防防护工程

护坡、护岸、丁坝、护脚等防护工程无缺损、无坍塌、无松动。

（4）穿堤建筑物

穿堤建筑物（涵闸、溢洪道、输水洞等）金属结构及启闭设备运转灵活，混凝土无老化、破损现象，堤身与建筑物联结可靠，堤身与建筑物结合部无隐患、渗漏现象。

（5）生物防护工程

工程管理范围内的宜绿化面积绿化率达 95% 以上；树、草种植合理，宜植防护林的地段能形成生物防护体系；堤坡草皮整齐，无高秆杂草；堤肩草皮（有堤肩边坡的除外）每侧宽 0.5m 以上；林木缺损率小于 5%，无病虫害。

（6）排水系统

排水沟、减压井、排渗沟齐全、畅通；沟内无杂草、杂物，无堵塞、破损现象。

（7）观测设施

观测设施先进、自动化程度高，应具备的观测设施完好率达 90% 以上。

（8）管理辅助设施

各类工程管理标志、标牌（里程桩、禁行杆、分界牌、疫区标志牌、警示牌、险工险段及工程标牌、工程简介牌等）齐全、醒目、美观。

2. 水库工程

（1）坝身断面

坝身断面、护坝地（面积）保持设计或竣工验收的尺度；坝肩线直、弧圆，坝坡平顺；坝身无裂缝、冲沟、洞穴，无杂物垃圾堆放。

（2）坝顶道路

坝顶路面满足防汛抢险通车要求，路面完整、平坦、无坑、无明显凹陷和波状起伏。

（3）大坝防护工程

土工布、混凝土护坡、草皮护坡等防护工程无缺损、无松动。

（4）生物防护工程

生物防护工程指工程管理范围内的宜绿化面积绿化率达 95% 以上；树、草种植合理，宜植防护林的地段能形成生物防护体系；堤坡草皮整齐，无高秆杂草；堤肩草皮（有堤肩边坡的除外）每侧宽 0.5m 以上；林木缺损率小于 5%，无病虫害。

（5）排水系统

排水沟、减压井、排渗沟齐全、畅通；沟内无杂草、杂物，无堵塞、破损现象。

（6）观测设施

观测设施先进、自动化程度高，应具备的观测设施完好率达 90% 以上。

（7）管理辅助设施

管理辅助设施指各类工程管理标志、标牌（里程桩、禁行杆、分界牌、疫区标志牌、警示牌、险工险段及工程标牌、工程简介牌等）齐全、醒目、美观。

3. 水闸工程（含水库泄洪闸、泄洪洞）

（1）闸门

闸门表面无明显锈蚀，闸门止水装置密封可靠，钢门体的承载构件无变形，运转部位的加油设施完好、畅通。

（2）启闭机

启闭机外观完好，控制系统动作可靠；传动部位保持润滑；润滑系统注油设施可靠，开度及限位装置准确可靠。

（3）机电设备及防雷设施

各类电气设备、指示仪表、避雷设施符合规定；各类线路保持畅通，无安全隐患；备用发电机维护良好，能随时投入运行。

（4）土工建筑物

堤（坝）无雨淋沟、渗漏、裂缝、塌陷等缺陷，岸、翼墙后填土区无跌落、塌陷。

（5）石工建筑物

砌石护坡、护底无松动、塌陷等缺陷；浆砌块石墙身无渗漏、倾斜或错动，墙基无冒水冒沙现象；防冲设施（防冲槽、海漫等）无冲刷破坏；反滤设施、减压井、导渗沟、排水设施等保持畅通。

（6）混凝土建筑物

混凝土结构表面整洁，无脱壳、剥落、露筋、裂缝等现象；伸缩缝填料无流失。

（7）观测设施

观测设施先进、自动化程度高，应具备的观测设施完好率达 90% 以上。

4. 泵站工程

（1）主机泵

主电机外壳保持无尘、无污、无锈；冷却系统及断流装置、励磁系统、保护装置性能稳定、工作可靠；上下油缸以及稀油水导轴承密封良好；叶片调节机构工作正常；主水泵汽蚀、振动以及主水泵轴承摆动、振动符合规定要求；泵管及进出水流道、结合面无漏水、漏气现象。

（2）辅机系统

油泵、水泵、空压机（真空破坏阀）以及辅机控制系统运行可靠；管道和阀件标识规范，密封良好；压力继电器、压力容器和各种表计等信号准确，动作可靠。

（3）高低压电气设备

高低压电气设备标识清楚，外部清洁，运行安全可靠。

（4）机电设备及防雷设施

各类电气设备、指示仪表、避雷设施符合规定；各类线路保持畅通，无安全隐患；备用发电机维护良好，能随时投入运行。

（5）闸门

闸门表面无明显锈蚀，闸门止水装置密封可靠，钢门体的承载构件无变形，运转部位的加油设施完好、畅通。

（6）启闭机

启闭机外观完好，控制系统动作可靠；传动件传动部位保持润滑；润滑系统注油设施可靠，开高及限位装置准确可靠。

（7）土工建筑物

堤（坝）无雨淋沟、渗漏、裂缝、塌陷等缺陷，岸、翼墙后填土区无跌落、塌陷。

（8）石工建筑物

砌石护坡、护底无松动、塌陷等缺陷；浆砌块石墙身无渗漏、倾斜或错动，墙基无冒水冒沙现象；防冲设施（防冲槽、海漫等）无冲刷破坏；反滤设施、减压井、导渗沟、排水设施等保持畅通。

（9）混凝土建筑物

混凝土结构表面整洁，无脱壳、剥落、露筋、裂缝等现象；伸缩缝填料无流失。

（10）观测设施

观测设施先进、自动化程度高，应具备的观测设施完好率达90%以上。

5. 灌区工程

（1）渡槽工程

①土工建筑物

岸坡填土区无跌落、无塌陷，翼墙后填土区无跌落、无塌陷。

②石工建筑物

槽身、支撑结构无渗漏、裂缝、塌陷等缺陷，砌石护坡、护底无松动、塌陷等缺陷，防冲设施无冲刷破坏。

③混凝土建筑物

混凝土结构表面整洁，无脱壳、剥落、露筋、裂缝等现象；伸缩缝填料无流失；基础无裸露，无明显位移。

（2）倒虹吸工程

①闸门

闸门表面无明显锈蚀，闸门止水装置密封可靠，钢门体的承载构件无变形，运转部位的加油设施完好、畅通。

②石工建筑物

支墩结构无渗漏、裂缝、塌陷等缺陷，沉沙设施（沉沙池）无冲刷破坏。

③管身建筑物

混凝土管道：混凝土结构表面整洁，无脱壳、剥落、露筋、裂缝等现象；伸缩缝填料无流失；管道防腐完整；防冲设施（消力池）无冲刷破坏。

钢管：管道接头处焊缝无裂纹；钢管未发生锈蚀。

④零部件

压力表无过期、无破损，完好运行；进出口阀件完好。

（三）水利工程信息化管理体系

1. 信息基础设施

信息基础设施指依托国家防汛抗旱指挥系统二期工程、国家水资源管理系统、国家水土保持监控网络和信息系统、全国农村水利管理信息系统等业务应用建设项目以及水文、地下水、水质、水量等监测能力建设项目，扩大省级以下网络覆盖范围，形成覆盖到各类大中型水利工程的纵向水利信息业务网，不断提高水利工程水情信息的采集和获取能力。主要包括数据采集、工程自动监控系统、网络建设、信息化管理机构（或人员）等方面。

2. 水利信息资源

水利信息资源是指对水文数据、工程观测数据、运行管理数据、地理信息数据的采集、输送、存储、处理和服务。完善的水利信息资源需建立数据中心管理与维护机制，完成信息接收处理，实施信息资源收集与整合，完善水利数据库和水利地理空间数据库，完成信息共享与交换系统、信息服务与发布系统、基本运行环境、安全备份等系统建设。

3. 业务应用系统

业务应用系统在水利工程管理方面主要包括水信息综合服务、调度运行指挥系统、水利工程和河湖资源管理系统等。运用数据中心的数据资源，将系统生成的成果数据存储在数据中心，可在内外网门户上发布，形成一套可管理、可扩充、可拓展的业务应用系统，为水利业务工作提供快速、高效的手段。

（四）水利工程调度运行及应急处理能力体系

1. 指挥决策科学化

指挥决策科学化是掌握了现代决策理论的决策主体遵循科学决策的原则，按照科学的决策程序进行决策的一种决策模式，主要包括：第一，组织机构完善程度；第二，岗位设置合理程度；第三，办公设施齐全程度；第四，防汛值班制度执行情况；第五，建立健全调度运行方案；第六，调度指令的执行力；第七，调度运行基本信息适时性程度等方面。

2. 应急处置规范化

应急处置规范化指建立起"统一指挥、反应灵敏、协调有序、运转高效"应急管理机制，主要包括：第一，日常与专项检查情况；第二，调度运行责任制全面落实；第三，运行安全知识宣传适应性；第四，应急预案建设及执行情况；第五，统计报送时效性和准确率等方面。

3. 防汛抢险专业化

防汛抢险专业化指建立起专业化、正规化、技术化的防汛抢险体系，具体包括防汛物资贮备及管理水平、队伍建设与保障能力、建立健全调度队伍等方面。各级水利管理单位应积极做好防汛抢险应急准备，加强抢险和救援装备和物资储备、维护和保养，足额配置更新抢险机械设备，优化人员结构，强化技能培训和演练，不断研究推广防汛抢险新技术、新材料、新机具、新方法、新工艺，提高应对处置防汛抢险突发事件的能力和水平。

三、定量评价指标定义

（一）水土流失治理

水土流失治理率是指水利工程管理范围内已经得到治理的水土面积占水土流失总面积的百分比。它是反映生态效益效率性和效果性的指标，水土流失治理率越高，说明生态效益越好。计算公式：

水土流失治理率 = 已经得到治理的水土面积 / 水土流失总面积 × 100%

（二）水质达标管理

水质达标管理涵盖水质达标程度和水质管理措施两方面内容。不同的水源地要达到相应的水质标准，满足工农业生产和生活对水质的要求。水质管理措施包括对流入水域的污染源进行控制、监视，或者实施水域内水质改善的措施，水域的定期水质调查和异常水质的控制等各种水质保护措施。

（三）环境管理

环境管理主要是指管理范围内的保洁程度，用保洁率表示。保洁率是指水利工程管理范围内持续保持洁净的水面和土地面积占总面积的百分比。关键是建立长效管理机制，保持水面、岸边护坡、河道周边环境洁净，确保河道保洁率达到100%。计算公式：

保洁率 = 持续保持洁净的水面和土地面积 / 水利工程管理范围内总面积 × 100%

（六）绿化管理

绿化管理主要是指管理范围内的绿化覆盖率。绿化覆盖率是指水利工程管理范围内绿地总面积占用地总面积的百分比，它是衡量一个水利工程绿化水平的主要指标，绿化覆盖率越高，说明生态效益越好。计算公式：

绿化覆盖率 = 水利工程管理范围内绿地总面积 / 用地总面积 × 100%

四、评价方法、步骤及标准

（一）评价方法

与评价指标体系三级结构相适应，对水利工程管理现代化建设水平和效果的评析分三级进行，并在此基础上对总体建设水平进行评价。

1.定性指标评价

对于定性考核内容，根据水利工程管理实践和现代化建设情况，对照水利工程管理现代化评价指标体系中的定性指标内涵，对水利工程管理现代化建设进展作分析评价，依据评价意见确定定性指标达到等级。定性指标分为五级：优秀，良好，一般，合格，不合格；相应分值如下：［0.9～1.0］［0.8～0.9］［0.7～0.8］［0.6～0.7］［0.4～0.6］。按照指标达到等级所确定的分值被定义为该指标的实现程度。

2.定量指标评价

对于定量考核内容，根据水利工程管理实践和现代化建设情况，对照和应用水利工程管理现代化评价指标体系中的定量指标定义，对水利工程管理现代化建设进展作分析评价，计算测定"定量指标现状值"。此外，依据水利工程管理现代化建设目标，参照相关规定、规划和科学研究成果确定"定量指标目标水平"，或根据专家意见汇总确定。在确定指标的目标水平并根据指标定义测定指标现状值的基础上，以（现状值／目标水平）作为该指标的实现程度。

3.合理缺项说明

针对具体的管理单位，有合理缺项，缺项指标不赋分，相应的目标水平值中同时减去该项分值。

4.分层级综合评价

二级指标评价方法：根据三级指标的考核值、指标权重的综合，采用算术加权法，确定二级指标的考核分值，对二级指标的建设水平进行评价。

一级指标评价方法：根据二级指标的考核值相加，确定一级指标的考核分值，对一级指标的建设水平进行评价。

综合水平评价方法：根据一级指标的考核值、指标权重的综合，采用算术加权法，确定系统总体的综合实现程度，对该体系综合建设水平进行评价。

（二）评价步骤

（1）选择评价指标和权重。针对不同类型和功能的水利工程，可对指标选择有所取舍，而且指标的权重也应区别确定。

（2）确定定量指标的目标水平。目标水平值的确定是对定量指标进行评价的基础，并带有特定社会发展阶段的技术水平、经济水平和价值取向的特征，兼具阶段性和地域性。因此，对定量指标确定目标水平值，是在评价过程中需要处理的一个重要环节。

（3）对三级指标进行评析、考核。在评价指标体系中，三级指标是具体的考核对象，对定性指标可根据其内涵进行考核以确定达到等级，对定量指标可根据其定义直接进行计算求得；在此基础上，确定各三级指标的实现程度。

（4）对二级指标进行评析、考核。二级指标是根据下一级各指标（三级指标）的考核结果、权重进行加权平均计算得到；在此基础上，确定该二级指标的实现程度。

（5）对一级指标进行评析、考核。一级指标是根据下一级各指标（二级指标）的考核结果进行相加得到；在此基础上，确定该一级指标的实现程度。

（6）对系统总体进行评价。系统总体指标是根据下一级各指标（一级指标）的考核结果、权重进行加权平均计算得到；在此基础上，确定系统总体的综合实现程度。

（7）分级评价和综合评价的关系。综合评价是对水利工程管理现代化建设水平和效果的高度概括，但不能反映具体的不足之处；从综合评价到一级指标评价，再到二级指标评价、三级指标评价，是逐步分解、分析的过程，存在的问题也逐渐明朗。因此，从衡量建设目标实现情况和指导今后建设发展方向角度出发，分级评价更切合实际，也更重要。

三、评价标准

将水利工程管理现代化建设进程划分为三个阶段：初步实现、基本实现、实现。拟定了不同阶段的现代化评价标准，初步实现，水利工程管理现代化要求系统总体的综合实现程度达到85%及以上；基本实现，水利工程管理现代化要求系统总体的综合实现程度达到90%及以上；实现，水利工程管理现代化要求系统总体的综合实现程度达到95%及以上。

参考文献

[1] 黄智刚.创新引领打造精品长距离输水工程建设创新与实践 [M].北京：中国水利水电出版社，2021.

[2] 刘焕永，席景华，刘映泉.水利水电工程移民安置规划与设计 [M].北京：中国水利水电出版社，2021.

[3] 韩世亮.水利工程施工设计优化研究 [M].长春：吉林科学技术出版社，2021.

[4] 张瑞云，朱永全.面向可持续发展的土建类工程教育丛书地下建筑结构设计[M].北京：机械工业出版社，2021.

[5] 夏祖伟，王俊，油俊巧.水利工程设计 [M].长春：吉林科学技术出版社，2020.

[6] 严力姣，蒋子杰.水利工程景观设计 [M].北京：中国轻工业出版社，2020.

[7] 李广贺.水资源利用与保护 [M].北京：中国建筑工业出版社，2020.

[8] 陈正.土木工程材料 [M].北京：机械工业出版社，2020.

[9] 刘志强，季耀波，孟健婷.水利水电建设项目环境保护与水土保持管理 [M].昆明：云南大学出版社，2020.

[10] 吴永编.地下水工程地质问题及防治 [M].郑州：黄河水利出版社，2020.

[11] 程红强，李平先.水工钢结构设计原理 [M].郑州：黄河水利出版社，2020.

[12] 孙玉玥，姬志军，孙剑.水利工程规划与设计 [M].长春：吉林科学技术出版社，2019.

[13] 贺芳丁，刘荣钊，马成远.水利工程施工设计优化研究 [M].长春：吉林科学技术出版社，2019.

[14] 郝秀玲，李钰，杨杨.水利工程设计与施工 [M].长春：吉林科学技术出版社，2019.

[15] 牛立军，黄俊超.BIM 技术在水利工程设计中的应用 [M].北京：中国水利水电出版社，2019.

[16] 贾艳霞，樊振华，赵洪志.水工建筑物设计与水利工程管理 [M].北京：中国石化出版社，2019.

[17] 郝建新.城市水利工程生态规划与设计 [M].延吉：延边大学出版社，2019.

[18] 张金良.多沙河流水利枢纽工程泥沙设计理论与关键技术 [M].郑州：黄河水利出版社，2019.

[19] 李宝亭，余继明.水利水电工程建设与施工设计优化 [M].长春：吉林科学技术出版社，2019.

[20] 刘建国.水利工程计算机辅助设计 [M].北京：中国水利水电出版社，2019.

[21] 许建贵，胡东亚，郭慧娟.水利工程生态环境效应研究 [M].黄河水利出版社，2019.

[22] 袁俊周，郭磊，王春艳.水利水电工程与管理研究 [M].郑州：黄河水利出版社，2019.

[23] 朱木兰，刘光生编.水务工程专业课程设计指导书 [M].长春:吉林大学出版社，2019.

[24] 吴卿，徐建昭，张璐.南水北调中线水源区石质荒漠化特征及防治技术研究 [M].北京：地质出版社，2018.

[25] 汪义杰，蔡尚途，李丽.流域水生态文明建设理论、方法及实践 [M].中国环境出版集团，2018.

[26] 沈凤生.节水供水重大水利工程规划设计技术 [M].郑州：黄河水利出版社，2018.

[27] 李锟，王达，王锡杰.水利工程设计与施工 [M].北京：现代出版社，2018.

[28] 杨杰，张金星，朱孝静.水利工程规划设计与项目管理 [M].北京：北京工业大学出版社，2018.

[29] 吴怀河，蔡文勇，岳绍华.水利工程施工管理与规划设计 [M].昆明：云南科技出版社，2018.

[30] 王东升，徐培蓁.水利水电工程施工安全生产技术 [M].徐州：中国矿业大学出版社，2018.

[31] 王海雷，王力，李忠才.水利工程管理与施工技术 [M].北京：九州出版社，2018.

[32] 高占祥.水利水电工程施工项目管理 [M].南昌：江西科学技术出版社，2018.